高等院校新能源专业系列教材

普通高等教育新能源类"十四五"精品系列教材

融合教材

Electric Machinery of Wind Turbines

风电机组电机学

主　编　孟克其劳

副主编　贾大江　云怀中

中国水利水电出版社

www.waterpub.com.cn

·北京·

内 容 提 要

　　本书对风电机组电机学进行统一汇编并深入讲解，注重基础理论的讲解与实际设计应用的综合。立足于风电机组所涉及的电机学基础理论、运行原理及设计方法，对变压器、交流绕组、同步电机与异步电机进行了理论分析与讲解，并对同步发电机和异步发电机应用于风电机组时的设计方法进行了详细的阐述，针对风电机组用永磁同步发电机的理论、工作运行状态、控制方法等做出了进一步的探讨。

　　本书可作为新能源科学与工程、风能与动力工程等高等学校风电相关专业的教材、参考书籍，也可供从事风电机组设计及研究的科技人员阅读参考。

图书在版编目（CIP）数据

风电机组电机学 / 孟克其劳主编. -- 北京 ： 中国
水利水电出版社，2022.4
高等院校新能源专业系列教材　普通高等教育新能源
类"十四五"精品系列教材
ISBN 978-7-5226-0638-5

Ⅰ．①风… Ⅱ．①孟… Ⅲ．①风力发电机－发电机组
－电机学－高等学校－教材 Ⅳ．①TM315

中国版本图书馆CIP数据核字（2022）第066672号

书　　　名	高等院校新能源专业系列教材 普通高等教育新能源类"十四五"精品系列教材 **风电机组电机学** FENGDIANJIZU DIANJIXUE
作　　　者	主　编　孟克其劳 副主编　贾大江　云怀中
出 版 发 行	中国水利水电出版社 （北京市海淀区玉渊潭南路 1 号 D 座　　100038） 网址：www.waterpub.com.cn E-mail：sales@mwr.gov.cn 电话：（010）68545888（营销中心）
经　　　售	北京科水图书销售有限公司 电话：（010）68545874、63202643 全国各地新华书店和相关出版物销售网点
排　　　版	中国水利水电出版社微机排版中心
印　　　刷	天津嘉恒印务有限公司
规　　　格	184mm×260mm　16 开本　15 印张　365 千字
版　　　次	2022 年 4 月第 1 版　2022 年 4 月第 1 次印刷
印　　　数	0001—3000 册
定　　　价	**68.00 元**

本书编委会

主　　编　孟克其劳

副主编　贾大江　云怀中

参编人员　任永峰　张占强　李　华　王　藤　海日罕

　　　　　周　冉　张　磊　边丰硕　雷明壮　菅　春

　　　　　周云飞　刘宇佳　田　野　郑顺河　冀鹏强

序

当前，随着全球新一轮能源革命和科技革命的深度演变，能源转型进程明显加快，以风电为代表的新能源呈现出性能快速提高、经济性持续提升、应用规模加速发展的态势。过去五年，全球新增发电装机中可再生能源约占70%，全球新增发电量中可再生能源约占60%，预计2050年全球80%左右的电力消费来自可再生能源。

"十三五"时期，我国风电产业实现跨越式发展，装机规模、利用水平、技术装备、产业竞争力迈上新台阶，连续多年稳居世界第一，取得了举世瞩目的成就，为风电产业高质量发展奠定了坚实基础。作为碳减排的重要举措，我国风电将加速步入跃升发展新阶段，风电技术持续进步、竞争力不断提升，正处于平价上网的历史性拐点，迎来成本优势凸显的重大机遇，将全面进入无补贴平价甚至低价市场化发展新时期。同时，我国风电发展又面临既要大规模开发、又要高水平消纳、更要保障电力安全可靠供应等多重挑战，必须加大力度解决高比例消纳、关键技术创新、稳定性可靠性等关键问题，风电高质量发展的任务艰巨而繁重。因此，风电产业对高端技术研发和运维管理人才的需求更加迫切，亟须培养更多的新能源专业人才支撑产业发展。

经过多年的研究开发和工程实践，我国在风能资源调查评估、大型风电机组研发制备、集群化风电基地规划建设、先进并网技术、规范化运维管理等方面都积累了丰富经验，取得了斐然的成绩。但从总体上看，加大科研的投入力度，进一步提升我国风电设备制造的技术水平，完善风电咨询和服务体系，加强风能资源调查和风电场建设的前期工作，提高运维管理水平，降低投资和风电电价，特别是培育风电专业的技术人才等，目前仍是我国发展风电产业迫切需要解决的一些问题。

为配合我国风电产业发展的需求，内蒙古工业大学从事风电事业多年的多位专家和工程技术人员，以提升专业人才培养质量为目标，在总结理论创新、开发经验和工程实践的基础上，编写了这本《风电机组电机学》，就风电机组专用电机的基础原理、变压器、交流绕组、设计方法、PWM变流器配合调制方法等进行了较全面的介绍。该书可作为风电专业本科生和研究生学习的教材，也可为从事风电事业的技术人员提供帮助。希望也相信本书的出版，将对提升我国风电从业人员技术水平，促进我国风电产业的发展起到作用。

何雅玲
西安交通大学
2022 年 2 月

前　　言

2020 年 9 月，习近平总书记宣布我国将提高国家自主贡献力度，采取更加有力的政策和措施，力争 2030 年前二氧化碳排放达到峰值，努力争取 2060 年前实现碳中和。这一"碳达峰碳中和"目标必将进一步加快推动风能从补充能源转向替代能源的步伐，带动风电产业更加快速的发展。

我国风电机组随着风电产业的发展而不断进步，从早期的消化吸收到不断创新发展，已成为世界风电大国。目前，全国风电累计装机已达 3.28 亿 kW，占全国电源装机容量的 13.8%，发电量占全社会用电量的 7.9%。在风电产业快速发展的背景之下，新能源科学与工程专业应运而生，不少高校以风电为专业培养方向，但少见专门应用于风电机组电机学的相关教材。一方面，由于新能源科学与工程是能源动力类专业，学科交叉性强、专业跨度大，能用于电机学分配的课时有限，不可能与电气工程及其自动化专业的电机学学时相同。另一方面，风电机组具有独特的特性，现代机组多以变速运行，风轮、发电机和变流器耦合运行是主要特色。因此，很有必要对风电机组中应用的电机学进行专门论述，从而使风力发电从业者对其理论特点有更好的了解。

本书对风电机组电机学进行统一汇编并深入讲解，注重基础理论的讲解与实际设计应用的综合。立足于风电机组所涉及的电机学基础理论、运行原理及设计方法，对变压器、交流绕组、同步电机与异步电机进行了理论分析与讲解，并对同步发电机和异步发电机应用于风电机组时的设计方法进行了详细的阐述，针对风电机组用永磁同步发电机的理论、工作运行状态、控制方法等做出了进一步的探讨。

作为本书撰写基础的科研工作得到了中国可再生能源学会及全国新能源科学与工程专业联盟的热情关注与支持，在此表示衷心的感谢。本书的创作由孟克其劳主持，主要内容由孟克其劳、贾大江、云怀中撰写。参与撰写的还有任永强、张占强、李华、王藤、海日罕、周冉、张磊、边丰硕、雷明壮、菅春、周云飞、刘宇佳、田野、郑顺河、冀鹏强等，全书由孟克其劳审阅并定稿。本书在编写过程中，参考了国内外有关文献资料，在此向相关作者表示诚挚的谢意。

本书可作为新能源科学与工程、风能与动力工程等高等学校风电相关专业的教材、参考书籍，也可供从事风电机组设计及研究的科技人员阅读参考。

由于风电行业发展迅猛，电机的更新与迭代升级日新月异，作者水平有限，书中难免有疏漏与错误，恳请读者批评指正。

作者

2022 年 2 月

目　　录

第 *1* 章　电机学基本原理

电机学基本原理

1.1　电　机　概　述

1.1.1　电机的定义

广义言之，电机可泛指所有实施电能生产、传输、使用和电能特性变换的装置。然而，由于生产、传输、使用电能和实施电能特性变换的方式很多，原理各异，如机械摩擦、电磁感应、光电效应、磁光效应、热电效应、压电效应、记忆效应、化学反应、电磁波等，内容广泛，不可能由一门课程包括。因此，作为电气工程学科的技术基础课，电机学的主要研究范畴还只限于那些依据电磁感应定律实现机电能量转换和信号转换的装置。依此定义，严格意义上，这类装置的全称应该是电磁式电机，但习惯上已将之简称为电机。虽然含义上是狭义的，但就目前来说，能够大量生产电能、实施机电能量转换的装置主要还是电磁式电机，因此，在理解上不会有歧义。

1.1.2　电机的主要类型

电机的种类很多，分类方法也很多。如按运动方式分为静止的变压器、运动的直线电机和旋转电机；直线电机和旋转电机继续按电源性质，又可分为直流电机和交流电机两种；交流电机按运行速度与电源频率的关系又可分为异步电机和同步电机两大类。此分类还可以进一步细分下去，这里就不一一列举了。鉴于直线电机应用较少，在风电中几乎没有使用，直流电机在风电中也极少，而电机学只侧重于旋转电机的研究，因此上述分类结果可归纳为

$$\text{电机}\begin{cases}\text{变压器}\\\text{旋转电机—交流电机}\begin{cases}\text{感应电机}\\\text{同步电机}\end{cases}\end{cases}$$

以上分类方法从理论体系上是合理的，也是大部分电机学教材编写的基本构架。但从习惯上，人们还普遍接受另一种按功能分类的方法，具体如下：

（1）发电机。由原动机拖动，将机械能转换为电能。

（2）电动机。将电能转换为机械能，驱动电力机械。

（3）变压器、交流机、变频器、移相器。分别用于改变电压、电流、频率和相位。

（4）控制电机。进行信号的传递和转换，控制系统中的执行、检测或解算元件。

需要指出，发电机和电动机只是电机的两种不同运行形式，其本身是可逆的；也就是说，同一台电机，既可作发电机运行，也可作电动机运行，只是从设计要求和综合性能考虑，其技术性和经济性未必能兼得。然而，无论是作发电机运行，还是作电动机运行，电机的基本任务都是实现机电能量转换，前提是必须能够产生机械运动。对旋转电机，这在结构上就必然要求有一个静止部分和一个旋转部分，且两者之间还要有一个适当的间隙。在电机学中，静止部分被称为定子，旋转部分被称为转子，间隙被称为气隙。气隙中的磁场分布及其变化规律在能量转换过程中起决定性作用，也是电机学研究的重点问题之一。

1.1.3　电机中使用的材料

由于电机是依据电磁感应定律实现能量转换的，因此，电机中必须要有电流通道和磁通通道，即通常所说的电路和磁路，并要求由性能优良的导电材料和导磁材料构成。具体说来，电机中导电材料是绕制线圈（在电机学中将一组线圈称为绕组），要求导电性能好，电阻引起的损耗小，因此一般选用紫铜线（棒）。电机中的导磁材料又称为铁磁材料，主要采用硅钢片，也称为电工钢片。硅钢片是电机工业专用的特殊材料，其磁导率极高（可达真空磁导率的数百乃至数千倍），能减小电机体积，降低励磁损耗，但磁化过程中存在反可逆性磁滞现象，在交变磁场作用下还会产生磁滞损耗和涡流损耗。

除导电和导磁材料外，电机中还需要有能将电、磁两部分融合为一个有机整体的结构材料，这些材料不仅包括机械强度高、加工方便的铸铁、铸钢和钢板，还包括大量介电强度高、耐热性能好的绝缘材料（如聚酯漆、环氧树脂、玻璃丝带、电工纸、云母片、玻璃纤维板等），专用于导体之间和各类构件之间的绝缘处理。电机常用绝缘材料按性能划分为 A、E、B、F、H、C 等 6 个等级。如 B 级绝缘材料可在 130℃下长期使用，超过 130℃则很快老化，但 H 级绝缘材料允许在 180℃下长期使用。

1.2　电机中的基本电磁定律

1.2.1　全电流定律

早在公元前，人们就知道了磁的存在。但在很长时间里，人们都把磁场和电流当作两种独立无关的自然现象，直到 1829 年才发现了它们之间的内在联系，即磁场是由电流的激励而产生的。换句话说，磁场与产生该磁场的电流同时存在。全电流定律就是描述这种电磁联系的基本电磁定律。

在电机中，全电流定律的表述可以简化。设空间有 n 个载流导体，导体中的电流分别为 I_1，I_2，$\cdots$，I_n，则沿任意可包含所有这些导体的闭合路径 l，磁场强度 H 的线积分等于这些导体电流的代数和，即

$$\oint_l H \cdot \mathrm{d}l = \sum_{i=1}^n I_i \tag{1.1}$$

分析中使用的全电流定律（积分形式），也称为安培环路定律。式中电流的符号由右手螺旋法则确定，即当导体电流的方向与积分路径的方向呈右手螺旋关系时，该电流为正，反之为负。以图 1.1 为例，虽有积分路径 l 和 l'，但其中包含的载流导体相同，积分结果必然相等，并且就是电流 I_1，I_2，I_3 的代数和。依右手螺旋法则，I_1 和 I_2 应取正号，而 I_3 应取负号。写成数学表达形式为

$$\oint_l H \mathrm{d}l = \oint_{l'} H \mathrm{d}l = I_1 + I_2 - I_3 \tag{1.2}$$

即积分与路径无关，只与路径内包含的导体电流的大小和方向有关。

全电流定律在电机中应用很广，它是电机和变压器磁路计算的基础。

1.2.2 电磁感应定律

电磁感应定律是法拉第发现的。将一个匝数为 N 的线圈置于磁场中，与线圈交链的磁链为 ψ，则不论什么原因（如线圈与磁场发生相对运动或磁场本身发生变化等），只要 ψ 发生了变化，线圈内就会感应出电动势。该电动势倾向于在线圈内产生电流，以阻止 ψ 的变化。设电流的正方向与电动势的正方向一致，即正电动势产生正电流，而正电流又产生正磁通，即电流方向与磁通方向符合右手螺旋法则（图 1.2），则电磁感应定律的数学描述为

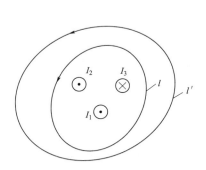

图 1.1　全电流定律原理

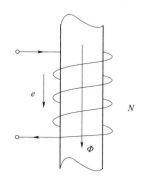

图 1.2　电磁感应定律原理

$$e = -\frac{\mathrm{d}\psi}{\mathrm{d}t} \tag{1.3}$$

式（1.3）为实验定律，式中负号表明感应电动势产生的电流所激励的磁场总是倾向于阻止线圈中磁链的变化，通称为楞次定律。

特别地，若 N 匝线圈中通过的磁通均为 Φ，即磁链

$$\psi = N\Phi \tag{1.4}$$

则式（1.3）可改写为

$$e = -N \frac{\mathrm{d}\Phi}{\mathrm{d}t} \tag{1.5}$$

导致磁通变化的原因可归纳为两大类。一类是磁通由时变电流产生，即磁通是时间 t 的函数；另一类是线圈与磁场间有相对运动，即磁通是位移变量 x 的函数。综合起来，磁通的全增量为

$$\mathrm{d}\Phi = \frac{\partial \Phi}{\partial t}\mathrm{d}t + \frac{\partial \Phi}{\partial x}\mathrm{d}x \tag{1.6}$$

从而有

$$e = -N \frac{\partial \Phi}{\partial t} - Nv \frac{\partial \Phi}{\partial x} = e_T + e_v \tag{1.7}$$

式中　　v——线圈与磁场间相对运动的速度，$v = \mathrm{d}x/\mathrm{d}t$；

　　　　e_T——变压器电动势，$e_T = -N\partial\Phi/\partial t$，它是线圈与磁场相对静止时，单由磁通随时间变化而在线圈中产生的感应电动势，与变压器工作时的情况一样，由此而得名；

　　　　e_v——运动电动势，$e_v = -N_v\partial\Phi/\partial t$，在电机学中也称为速度电动势或旋转电动势，或俗称切割电动势，它是磁场恒定时，单由线圈（或导体）与磁场之间的相对运动所产生的。

虽然普遍说来，任一线圈中都可能同时存在上述两种电动势，但为了简化分析，同时也利于突出特点，将两种电动势分别予以讨论，并尽可能与电机中的实际情况相符。

1. 变压器电动势

设线圈与磁场相对静止，与线圈交链的磁通随时间变化，特别地，按正弦规律变化，即

$$\Phi = \Phi_\mathrm{m}\sin\omega t \tag{1.8}$$

式中：Φ_m——磁通幅值；

　　　ω——磁通交变角频率，$\omega = 2\pi f$，rad/s。

于是可得

$$e = e_T = -N\omega\Phi_\mathrm{m}\cos\omega t = E_\mathrm{m}\sin(\omega t - 90°) \tag{1.9}$$

式中　E——感应电动势幅值，$E_\mathrm{m} = -N_\omega\Phi_\mathrm{m}$。

式（1.9）表明，电动势的变化规律与磁通变化规律相同，但相位上滞后 $90°$，如图 1.3 所示。

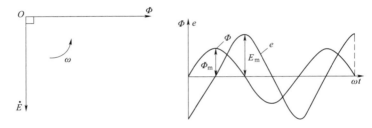

图 1.3　电动势与磁通的相位关系

在交流正弦分析中，相量的大小用有效值表示。感应电动势的有效值为

$$E = \frac{E_m}{\sqrt{2}} = \frac{N_\omega \Phi_m}{\sqrt{2}} = \frac{2\pi}{\sqrt{2}} N f \Phi_m = 4.44 N f \Phi_m \tag{1.10}$$

这就是电机学中计算变压器电动势的一般化公式。

2. 运动电动势

线圈切割磁场感应电动势如图 1.4 所示，设
匝数为 N 的线圈在恒定正交磁场［即 B 不随时
间变化，仅在长度 l 范围内沿 ξ 方向按一定规律
分布，即函数 $B_n(\xi)$，正方向 n 为垂直进入纸
面］中以速度 v 沿 ξ 方向运动，线圈两边平行，
但与 ξ 垂直，宽度为 b，有效长度亦为 l，距原
点距离为 x，则任意时刻穿过线圈的磁通为

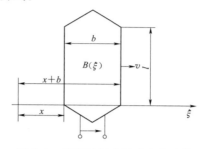

图 1.4　线圈切割磁场感应电动势

$$\Phi = l \int_x^{x+b} B_n(\xi) d\xi \tag{1.11}$$

线圈内产生的感应电动势即运动电动势为

$$e = e_v = -Nvl[B_n(x) - B_n(x+b)] = N\Delta B_n lv \tag{1.12}$$

式（1.12）中磁场 B_n、线圈运动方向 v 和感应电动势 e 之间方向的关系由右手
定则（又称发电机定则）确定。

显然，若希望磁场得以最充分利用，则磁场应只有垂直于线圈平面的分量，即
$B(\xi) \equiv B_n(\xi)$。若进一步希望在线圈中得到最大感应电动势，还应要求 $B(x) \equiv$
$-B(x+b)$，即线圈一侧边与另一侧边处的磁场大小恒相等，但方向（极性）恒相
反。事实上，这也是电机设计的基本准则。

对于单根导体，在 B、v 及 l 相互垂直的假设条件下，由式（1.12）可得 $|e| =$
Blv，这与物理学中的结果是一致的。

1.2.3　电磁力定律

磁场对电流的作用是磁场的基本特征之一。实验表明，将长度为 l 的导体置于
磁场 B 中，通入电流 i 后，导体会受到力的作用，称为电磁力，其计算公式为

$$F = \sum dF = i \sum dl \times B \tag{1.13}$$

特别地，对于长直载流导体，若磁场与之垂直，则计算电磁力大小的公式可简
化为

$$F = Bli \tag{1.14}$$

这就是通常所说的电磁力定律，也叫毕奥—萨伐尔电磁力定律。

式（1.14）中，电磁力 F、磁场 B 和载流导体 l 方向的关系由左手定则（又称
电动机定则）确定。

显然，当磁场与载流导体相互垂直时，由式（1.14）计算的电磁力有最大值。
普通电机中，l 通常沿轴线方向，而 B 在径向方向，正是出于这种考虑。这种考虑
与产生最大感应电动势的基本设计准则完全一致，实际上隐含了电机的可逆性

原理。

由左手定则可知，电磁力作用在转子的切向方向，因而就会在转子上产生转矩。

由电磁力产生的转矩称为电磁转矩。设转子半径为 r，则单根导体产生的电磁转矩为

$$T_s = Fr = Blir \tag{1.15}$$

对匝数为 N 的线圈，仿照运动电动势分析过程，设线圈两侧边所在处的磁场分别为 B_1 和 B_2，则有

$$T_e = Nlir(B_1 - B_2) \tag{1.16}$$

同理，若希望获得最大电磁转矩，$B_2 \equiv -B_1$ 是期望的。也就是说，线圈两侧边处的磁场大小恒相等、极性恒相反，这也是产生最大电磁转矩的需要。对于一台沿圆周均匀布置线圈的电机来说，这种需要就上升为要求气隙磁场尽可能均匀，即 B 的大小处处都比较接近。这样，电机的最大可能电磁转矩为

$$T_{em} = \sum_{j=1}^{M} T_{ej} = MNBliD \tag{1.17}$$

式中　M——总线圈个数；

　　　D——转子直径。

在电动机里，电磁转矩是驱使电机旋转的原动力，即电磁转矩是驱动性质的转矩，在电磁转矩作用下，电能转换为机械能。在发电机里，可以证明，电磁转矩是制动性质的转矩，即电磁转矩的方向与拖动发电机的原动机的驱动转矩的方向相反，原动机的驱动转矩克服发电机内制动性质的电磁转矩而做功，机械能转换为电能。

电磁转矩还可以用功率的关系求得。设 P 为电机的电磁功率，Ω 为电机气隙磁场旋转的机械角速度，则有

$$T_{em} = \frac{P}{\Omega} \tag{1.18}$$

式中，P 可为输入电磁功率，也可为输出电磁功率；相应地，电磁转矩 T_{em} 也就有输入、输出之分。

1.3　铁　磁　材　料　特　性

1.3.1　铁磁材料的磁导率

电磁学中定义磁介质的磁导率为

$$\mu = \frac{\boldsymbol{B}}{\boldsymbol{H}} \tag{1.19}$$

式中　$\boldsymbol{B}$——磁感应强度（习惯称磁通密度）矢量；

　　　$\boldsymbol{H}$——磁场强度矢量；

　　　μ——磁导率张量。

对于均匀各向同性磁介质，μ 为一实数，显然 **B** 和 **H** 是同方向的。

铁磁材料包括铁、钴、镍以及它们的合金。实验表明，所有非导磁材料的磁导率都是常数，并且都接近于真空磁导率 μ_0（$\mu_0 = 4\pi \times 10^{-7}$ H/m）。但铁磁材料却是非线性的，即其中 **B** 与 **H** 的比值不是常数，磁导率 μ_{Fe} 在较大的范围内变化，而且数值远大于 μ_0，一般为 μ_0 的数百乃至数千倍。对电机中常用的铁磁材料来说，μ_{Fe} 为 $2000\mu_0 \sim 6000\mu_0$。因此，当线圈匝数和励磁电流相同时，铁芯线圈激发的磁通量比空心线圈的大得多，从而电机的体积也就可以减小。

铁磁材料之所以有高导磁性能，依磁畴假说，微观上铁磁材料内部存在着很多很小的具有确定磁极性的自发磁化区域，并且有很强的磁化强度，就相当于一个个超微型小磁铁，称为磁畴，如图 1.5（a）所示。磁化前，这些磁畴随机排列，磁效应相互抵消，宏观上对外不显磁性。但在外界磁场作用下，这些磁畴将沿外磁场方向重新有规则排列，与外磁场同方向的磁畴不断增加，其他方向上的磁畴不断减少，甚至在外磁场

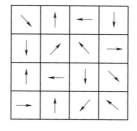
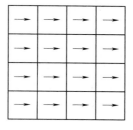

（a）磁化前　　　　　　　（b）完全磁化后

图 1.5　铁磁材料中的磁畴

足够强时全部消失，被完全磁化，如图 1.5（b）所示，结果内部磁效应不能相互抵消，宏观上对外显示磁性，也就相当于形成了一个附加磁场叠加在外磁场上，从而使实际产生的磁场比非铁磁材料中的磁场大很多，用特性参数磁导率来表示，就是 $\mu_{Fe} \gg \mu_0$。

结合铁磁材料的磁化特性分析其磁化过程时，

在外磁场 **H** 作用下，磁感应强度 **B** 将发生变化，两者之间的关系曲线称为磁化曲线，记为 $B = f(H)$，相应地，还可以描绘磁导率与磁场强度的关系曲线，记为 $\mu = f(H)$，称为磁导率曲线。铁磁材料的基本磁化曲线如图 1.6 所示，该曲线一般由材料生产厂家的型式试验结果提供。

图 1.7 中的磁化曲线分为四段。在 Oa 段，外磁场 **H** 较弱，与外磁场方向接近的磁畴发生偏转，顺外磁场方向的磁畴缓缓增加，**B** 增长缓慢；在 ab 段，**H** 较强，且不断增加，绝大部分非顺磁方向的磁畴开始转动，甚至少量逆外磁场方向的磁畴也发生倒转，**B** 迅速增加；在 bc 段，外磁场进一步加强，非顺磁或逆磁方向磁畴的转动不断减少，**B** 的增加逐渐缓慢下来，开始出现了磁饱和现象；至 c 点以后，所有磁畴都转到与外磁场一致的方向，**H** 再增加，**B** 的增加也很有限，出现了深度饱和，**H** 和 **B** 的关系最终类似于真空中的情况。

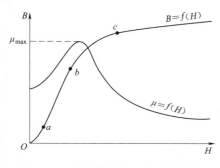

图 1.6　铁磁材料的基本磁化曲线

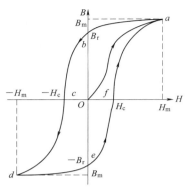

图 1.7　铁磁材料的磁滞回线

图 1.7 中还画出了磁导率曲线。由于饱和现象在 bc 段开始出现，其标志就是磁导率随 H 的增加反而变小，因此存在最大值 μ_{max}。

1.3.2　磁滞与磁滞损耗

以上仅讨论了铁磁材料的单向磁化过程。事实上，被极化了的铁磁材料在外磁场撤除后，磁畴的排列将不可能完全恢复到原始状态，即初始随机排列不复存在，对外也就会显示出磁性。铁磁材料中这种 B 的变化滞后于 H 的变化的现象称为磁滞。

铁磁材料磁滞现象的完整描述需要考察铁磁材料的交变（循环）磁化过程。图 1.7 就是铁磁材料交变（循环）磁化过程的磁滞回线，由实验测定。测取过程为：H 由 O 上升至最大值 H_m，B 从 Oa 上升至 B_m；接下来 H 由 H_m 下降至 O，但 B 不是沿 aO 下降到 0，而是沿 ab 下降到 B_r，B_r 称为剩余磁感应强度，简称剩磁密度；要使 B 进一步从 B_r 下降至 O，就要求 H 继续往反方向变化，直至 $-H_c$（曲线中的 c 点），H_c 称为矫顽力，而所谓磁滞也就是形象表述这种 B 滞后于 H 过 O 的磁化过程；H 继续反向增加至 $-H_m$，B 沿 cd 至 $-B_m$；然后，H 再从 $-H_m$ 上升至 O，B 沿 de 变化至 $-B_r$，进而 H 从 O 经 H_c 到 H_m 沿 efa 从 $-B_r$ 经 O 到 B_m。这样经历了一个循环，就得到了闭合回线 $abcdefa$，称为磁滞回线。

磁滞回线表明，上升磁化曲线与下降磁化曲线不重合，或者说，铁磁材料的磁化过程是不可逆的。不同铁磁材料有不同的磁滞回线，且同一铁磁材料，B_m 越大，磁滞回线所包围的面积也越大。因此，用不同的 B_m 值可测得不同的磁滞回线，而将所有磁滞回线在第 I 象限内的顶点连接起来得到的磁化曲线就称为基本磁化曲线或平均磁化曲线，如图 1.8 所示。基本磁化曲线解决了磁滞回线上 B 与 H 的多值函数问题，在工程中得以广泛应用。一般情况下，若无特别说明，生产厂家提供的铁磁材料磁化曲线或相应数据都是指基本磁化曲线。严格来说，用基本磁化曲线代替磁滞回线是有误差的，但这种误差一般为工程所允许。因为大多数铁磁材料的磁滞回线都很窄，即 B_r 和 H_c 都很小。磁滞回线很窄的铁磁材料也称为软磁材料，在电机中常用的有硅钢片、铸铁、铸钢等。

B_r 和 H_c 都比较大，即磁滞回线很宽的铁磁材料，通常也形象地称为硬磁材料或永磁材料。电机中常用的永磁材料有铁氧体、稀土钴、钕铁硼等。需要特别说明的是，与软磁材料相比，硬磁材料的磁导率很小，如常用永磁材料的磁导率都接近 μ_0。

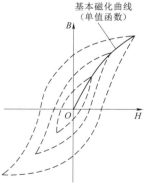

图 1.8　磁滞回线与基本磁化曲线

　　铁磁材料在交变磁场作用下的反复磁化过程中，磁畴会不停转动，相互之间会不断摩擦，因而就要消耗一定的能量，产生功率损耗，这种损耗称为磁滞损耗。

　　图 1.9 所示为截面积为 A、平均周长为 l 的铁磁材料圆环（简称铁芯），其上均匀而紧密地绕有多匝线圈。设线圈中通以电流 i，在铁芯内产生的磁场强度为 H，由全电流定律有

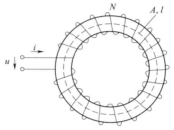

$$i = \frac{Hl}{N}$$

而电源供给线圈的瞬时功率为

$$p = ui \tag{1.20}$$

　　忽略线圈电阻，线圈端电压应与感应电动势平衡，由电磁感应定律得

图 1.9　带铁芯的螺旋线圈圆环

$$u = -e = N\frac{\mathrm{d}\varPhi}{\mathrm{d}t} \tag{1.21}$$

式中　$\varPhi$——铁芯内的磁通量。

　　设铁芯内的磁感应强度为 B，则

$$\varPhi = BA \tag{1.22}$$

　　从而有

$$p = ui = N\frac{\mathrm{d}\varPhi}{\mathrm{d}t} \cdot \frac{Hl}{N} = VH\frac{\mathrm{d}B}{\mathrm{d}t} \tag{1.23}$$

式中　V——铁芯的体积，$V = Al$。

　　实际上，p 也就是在铁芯中建立交变磁通、克服磁畴回转所需的瞬时功率，其在一个周期 T 内的平均值即铁芯磁滞损耗为

$$p_{\mathrm{h}} = \frac{1}{T}\int_{0}^{T} p\,\mathrm{d}t = fV\oint H\,\mathrm{d}B \tag{1.24}$$

式中　T——电流 i 的变化周期；

　　　　f——频率。

　　两者关系为 $f = 1/T$。

　　式（1.24）表明，磁滞损耗与磁滞回线的面积 $\oint H\,\mathrm{d}B$、电流频率 f 和铁芯体积 V 成正比。

　　如前所述，磁滞回线的面积首先取决于不同的铁磁材料，而对于同一铁磁材料，则取决于磁感应强度的最大值 B_{m}。综合两者考虑，为避免提供完整磁滞回线的困难，根据经验，式（1.24）在工程上可改写为

$$P_{\mathrm{h}} = K_{\mathrm{h}}fB_{\mathrm{m}}^{a}V \tag{1.25}$$

式中　K_{h}——不同材料的计算系数；

　　　　α——由实验确定的指数。

　　由于硅钢片的磁滞回线面积很小，而且导磁性能好，可有效减小铁芯体积。因此，大多数电机、变压器或普通电器的铁芯都采用硅钢片制成，目的之一就是要尽量减少磁滞损耗。

1.3.3　涡流与涡流损耗

在分析了铁磁材料的磁滞现象并定量计算了磁滞损耗后可以发现，铁磁材料在交变磁场作用下的磁滞现象和磁滞损耗是铁磁材料的固有特性之一。与此同时，对于硅钢片一类具有导电能力的铁磁材料，在交变磁场作用下，还有另外一个重要的特性，那就是产生涡流及涡流损耗。

图 1.10 所示是铁芯中的一片硅钢片，厚度为 d，高度为 b（$b \gg d$），长度为 l，体积 $V = lbd$。在垂直进入的交变磁场 B_{m} 的作用下，根据电磁感应定律，硅钢片中将有围绕磁通呈涡旋状的感应电动势和电流产生，简称涡流。涡流在其流通路径上的等效电阻中产生的功率损耗 I^2R 称为涡流损耗。

根据电磁感应定律，参照图 1.10，涡流回路的感应电动势为

$$E_{\mathrm{w}} = Kfb2xB_{\mathrm{m}} \qquad (1.26)$$

式中　K——电动势比例常数；

f——磁场交变频率；

x——涡流回路与硅钢片对称轴线间的距离。

忽略上、下两短边的影响，涡流回路的等效电阻为

$$\mathrm{d}R = \rho \frac{2b}{l\,\mathrm{d}x} \qquad (1.27)$$

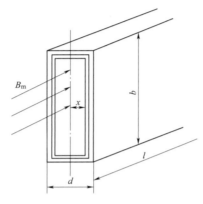

图 1.10　硅钢片中的涡流

式中　ρ——硅钢片的电阻率。

从而给定涡流回路中的功率损耗为

$$\mathrm{d}p_{\mathrm{w}} = \frac{E_{\mathrm{w}}^2}{\mathrm{d}R} = \frac{2K^2f^2lbB_{\mathrm{m}}^2}{\rho}x^2\,\mathrm{d}x \qquad (1.28)$$

由此可得硅钢片中的涡流损耗为

$$p_{\mathrm{w}} = \int_0^{d/2} \mathrm{d}p_{\mathrm{w}} = \int_0^{d/2} \frac{2K^2f^2lbB_{\mathrm{m}}^2x^2}{\rho}\,\mathrm{d}x = \frac{K^2f^2d^2B_{\mathrm{m}}^2V}{12\rho} \qquad (1.29)$$

式（1.29）表明，涡流损耗与磁场交变频率 f、硅钢片厚度 d 和最大磁感应强度 B_{m} 的平方成正比，与硅钢片电阻率 ρ 成反比。由此可见，要减少涡流损耗，首先应减小硅钢片厚度（目前一般厚度已做成 0.5mm 和 0.3mm 或更薄；目前，部分电力变压器中已采用厚度为 0.2mm 以下的冷轧硅钢片，在中高频电机中甚至采用厚度为 0.1mm 的硅钢片）；其次是增加涡流回路中的电阻。电工钢片中加入适量的硅，制成硅钢片，就是为了使材料改性，成为半导体类合金，显著提高电阻率。

1.3.4　交流铁芯损耗

交变磁场作用下，发生在铁磁材料中的磁滞现象和涡流现象，以及与之相关的

磁滞损耗和涡流损耗的定量计算问题等都是铁磁材料在交变磁场作用时的固有特性，并且是同时发生的。因此，在电机和变压器的计算中，当铁芯内的磁场为交变磁场时，常将磁滞损耗和涡流损耗合在一起来计算，并统称为铁芯损耗，简称铁耗。单位重量中铁耗的计算公式为

$$P_{\mathrm{Fe}} = P_{10/50} \left(\frac{f}{50} \right)^{\beta} B_{\mathrm{m}}^2 \tag{1.30}$$

式中　P_{Fe}——铁耗，W/kg；

$\quad\quad P_{10/50}$——铁耗系数，为 $B_{\mathrm{m}} = 1\mathrm{T}$，$f = 50\mathrm{Hz}$ 时，每千克硅钢片的铁耗，其值在 $1.05\sim2.50$ 范围内；

$\quad\quad \beta$——频率指数，其值为 $1.2\sim1.6$，随硅钢片的含硅量而异。

对于不同铁磁材料，其单位重量铁耗通常以曲线或数表形式给出。特别地，对于各向异性铁磁材料，如变压器铁芯采用的冷轧有取向硅钢片，其磁化特性和铁耗特性还会随交变磁场作用的方向（磁化角）不同而不同。图 1.11 就是某种各向异性冷硅钢片的铁耗曲线，在频率固定条件下，使用时需采用二维插值方法确定铁耗值。

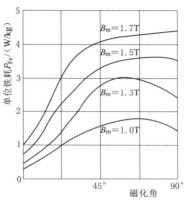

图 1.11　各向异性冷硅钢片的
铁耗曲线（$f = 50\mathrm{Hz}$）

需要强调说明的是，无论是磁滞损耗还是涡流损耗，或者统称为铁芯损耗，都是相对于交变磁场作用于铁磁材料而言的。也就是说，对于恒定磁场，或铁磁材料相对于磁场静止，即在铁磁材料中，当磁场的交变频率 $f \equiv 0$ 时，讨论这些问题的前提条件就不成立，也就不存在这些损耗了。这一点也是磁路与电路的显著区别之一，必须牢固掌握。

1.4　磁路基本定律及计算方法

本质上讲，各类电磁装置中物理现象的研究都应归结为物理场问题的求解，如温度场、流场、力场、电场、磁场等。但这样太复杂，也难以得出一般性的分析设计规律，因此，工程上总是力图简化。以电场为例，就是通过引入几类简单的集总参数分立元件（电压源、电流源、电阻、电容、电感等），将场问题化简为路问题求解，并由此形成了一门关于电路分析设计的完整理论。

工程中对磁场的处理与电场类似，也引进磁路概念，并大量沿用电路分析的基本原理和方法。其物理背景是电和磁两种现象本来就统一由麦克斯韦方程组描述，皆为势（位）场；而数学背景则归结为同类型偏微分方程的定解问题，如椭圆型、抛物线型、双曲线型等。

与电路相仿，将磁通比拟为电流，则磁路是电机、电器中磁通行经的路径。磁

路一般由铁磁材料制成，磁通也有主磁通（又称工作磁通）和漏磁通之分。习惯上，主磁通行经的路径称为主磁路，漏磁通行经的路径称为漏磁路。在电机中，主磁通即实现机电能量转换所需要的磁通，而主磁路亦多由软磁材料（永磁电机例外）构成，因此，磁路所研究的对象主要是主磁通行经的以铁磁材料为主的路径。

　　磁路计算的任务是确定磁动势 F、磁通 Φ 和磁路结构（如材料、形状、几何尺寸等）的关系。类比于电路基本定律，表达这些关系的磁路基本定律有磁路欧姆定律、磁路基尔霍夫第一定律和磁路基尔霍夫第二定律等。由于磁路只是磁场的简化描述方式，因此有关磁路定律均可由磁场基本定律导出，下面分别予以讨论。

1.4.1　磁路基本定律

　　1. 磁路欧姆定律

　　图 1.12 是一个单框铁芯磁路示意图。铁芯上绕有 N 匝线圈，通以电流 i，产生的沿铁芯闭合的主磁通为 Φ，沿空气闭合的漏磁通用 Φ_σ 表示。设铁芯截面积为 A，平均磁路长度为 l，铁磁材料的磁导率为 μ（μ 不是常数，随磁感应强度 B 变化）。

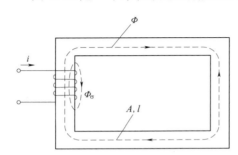

图 1.12　单框铁芯磁路示意图

　　假设漏磁可以不考虑（即令 $\Phi_\sigma = 0$，视单框铁芯为无分支磁路），并且认为磁路 l 上的磁场强度 $\boldsymbol{H}$ 处处相等，于是，根据全电流定律有

$$\oint \boldsymbol{H} \cdot \mathrm{d}l = Hl = Ni \qquad (1.31)$$

因 $H = B/\mu$ 而 $B = \Phi/A$，故可由式（1.31）推得

$$\Phi = \frac{Ni}{l/(\mu A)} = \frac{F}{R_\mathrm{m}} = F\Lambda_\mathrm{m} \qquad (1.32)$$

式中　F——磁动势，$F = Ni$；

　　　　R_m——磁阻，$R_\mathrm{m} = l/(\mu A)$；

　　　　Λ_m——磁导，$\Lambda_\mathrm{m} = 1/R_\mathrm{m} = \mu A/l$。

　　式（1.32）即磁路欧姆定律。它表明，磁动势 F 越大，所激发的磁通量 Φ 会越大；而磁阻 R_m 越大，则可产生的磁通量 Φ 会越小（磁阻 R_m 与磁导率 μ 成反比，$\mu_0 \ll \mu_{\mathrm{Fe}}$，表明 $R_{\mathrm{m}0} \gg R_{\mathrm{mFe}}$，故分析中可忽略 Φ）。这与电路欧姆定律 $I = U/R = UG$ 是一致的，并且磁通与电流、磁动势与电动势、磁阻与电阻、磁导和电导保持一一对应关系。由此可推断，磁路基尔霍夫第一、第二定律应与电路基尔霍夫第一、第二定律具有相同形式。

　　2. 磁路基尔霍夫第一定律

　　在磁路计算时，当磁路结构比较复杂时，单用磁路欧姆定律是不够的，还需应用磁路基尔霍夫第一、第二定律进行分析。下面以图 1.13 的最简有分支磁路为例展开讨论。

　　磁路计算时，一般都根据材料、截面积的不同而将磁路进行分段。图 1.13 所示主磁路可分为三段（下标分别为 1，2，3），各段的磁动势、主磁通、磁导率、截面积、路径长度定义见表 1.1。

完全忽略各部分的漏磁作用，在主磁通 Φ_1、Φ_2 和 Φ_3 的汇合处做一个封闭面（相当于电路中的一个节点），仿电路基尔霍夫第一定律 $\sum i = 0$（即电流连续性原理），由磁通连续性原理 $\oint_s B \cdot \mathrm{d}S = 0$，有

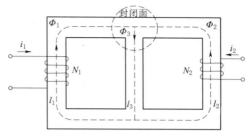

图 1.13　有分支磁路示意图（忽略漏磁）

表 1.1　　　　　　　　　　**磁 路 基 本 定 义**

分段序号	磁动势	主磁通	磁导率	截面积	路径长度
1	$F_1 = N_1 i_1$	Φ_1	μ_1	A_1	l_1
2	$F_2 = N_2 i_2$	Φ_2	μ_2	A_2	l_2
3	$F_3 = 0$	Φ_3	μ_3	A_2	l_3

$$\sum \Phi = 0 \tag{1.33}$$

式（1.33）为磁路基尔霍夫第一定律。

对应于图 1.13 中的磁通假定正方向，式（1.33）可改写为

$$\Phi_1 + \Phi_2 = \Phi_3 \tag{1.34}$$

综上，磁路基尔霍夫第一定律表明，进入或穿出任一封闭面的总磁通量的代数和等于零，或穿入任一封闭面的磁通量恒等于穿出该封闭面的磁通量。

3. 磁路基尔霍夫第二定律

仍以图 1.13 为例，先考察由路径 l_1 和 l_3 构成的闭合磁路。设漏磁可以忽略，沿 l_1 和 l_3 的均匀磁场强度分别为 H_1 和 H_3，则由全电流定律有

$$\oint H \cdot \mathrm{d}l = N_1 i_1 = F_1 = H_1 l_1 + H_3 l_3 \tag{1.35}$$

其中 $H_1 = \dfrac{B_1}{\mu_1} = \dfrac{\Phi_1}{\mu_1 A_1}$，$H_3 = \dfrac{B_3}{\mu_3} = \dfrac{\Phi_3}{\mu_3 A_3}$

故得

$$F_1 = \frac{\Phi_1 l_1}{\mu_1 A_1} + \frac{\Phi_3 l_3}{\mu_3 A_3} = \Phi_1 R_{\mathrm{m1}} + \Phi_3 R_{\mathrm{m3}} \tag{1.36}$$

式中　R_{m1}、R_{m3}——各部分磁路上的等效磁阻。

同理，考虑由 l_1 和 l_2 组成的闭合磁路。取 l_1 绕行方向为正方向，可得

$$F_1 - F_2 = N_1 i_1 - N_2 i_2 = H_1 l_1 - H_2 l_2 = \Phi_1 R_{\mathrm{m1}} - \Phi_2 R_{\mathrm{m2}} \tag{1.37}$$

综合式（1.35）～式（1.37）有

$$\sum F = \sum Ni = \sum Hl = \sum \Phi R_{\mathrm{m}} \tag{1.38}$$

式（1.38）为磁路基尔霍夫第二定律。它是全电流定律在分段磁路中的体现，

与电路基尔霍夫第二定律在形式上完全一样。

　　定义 Hl 为磁压降，$\sum Hl$ 为闭合磁路上磁压降的代数和。磁路基尔霍夫第二定律表明，任一闭合磁路上磁动势的代数和恒等于磁压降的代数和，这与电路基尔霍夫第二定律在意义上也是一样的。

　　为了更好地理解磁路基本定律及磁路中各物理量的基本定义，特别地，为准确把握磁路与电路的类比关系，表 1.2 列出了磁路和电路中有关物理量及计算公式的对应关系。

表 1.2　磁路和电路的类比关系

磁　路		电　路	
基本物理量及公式	单位	基本物理量及公式	单位
磁通 Φ	Wb	电流 i	A
磁动势 F	A	电动势 e	V
磁压降 $Hl=\Phi R_{\mathrm{m}}$	A	电压降 $u=iR$	V
磁阻 $R_{\mathrm{m}}=l/(\mu A)$	H^{-1}	电阻 $R=\rho l/A$	Ω
磁导 $\Lambda_{\mathrm{m}}=\mu A/l=1/R_{\mathrm{m}}$	H	电导 $G=A/(\rho l)=1/R$	S
欧姆定律 $\Phi=F/R_{\mathrm{m}}=\Lambda_{\mathrm{m}}F$		欧姆定律 $i=e/R$	
基氏第一定律 $\sum\Phi=0$		基氏第一定律 $\sum i=0$	
基氏第二定律 $\sum F=\sum Hl=\sum\Phi R_{\mathrm{m}}$		基氏第二定律 $\sum e=\sum u=\sum iR$	

　　需要说明的是，虽然磁路和电路有一一对应关系，但在实际分析计算时仍有较大区别。这是因为，一般导电材料的电阻率 ρ 随电流变化不明显（不考虑温度变化时），也就是说，电阻 R 一般可作为常数处理。但铁磁材料却不然，其磁导率 μ 随磁感应强度 B 的变化而变化的幅度非常显著（图 1.6），即磁阻 R_{m} 是磁感应强度 B 或磁通 Φ 的函数，并且是非线性关系，一般无法用数学表达式进行简单描述，而这种非线性关系还因材料而异。因此，考虑非线性因素，磁路计算往往要比电路计算复杂得多。实际上，贯穿电机学学习过程始终的重点和难点之一也就是铁磁材料的非线性特性对电机参数和性能的影响。如在一般情况下，磁路不饱和时，μ_{Fe} 较大，并近似为常数，R_{m} 亦为较小常数，建立正常工作磁通所需的磁动势和励磁电流都比较小；而随着饱和程度增加，μ_{Fe} 逐渐变小，磁阻相应增大，所需励磁电流必然增加；至高度饱和状态，$\mu_{\mathrm{Fe}}\rightarrow\mu_{0}$，励磁电流将锐增。这些概念从现在起就应该有所认识，并要求随着学习的深入而不断加深。

1.4.2　铁芯磁路计算

　　磁路计算是电机分析和设计过程中的一项重要工作，它包含给定磁通 Φ 求磁动势 F 和给定磁动势 F 求磁通 Φ 两大类型。电机和变压器设计中的磁路计算通常属于第一种类型，是我们讨论的重点。对于第二种类型的问题，一般要用迭代法确定，编程由计算机完成，本书将只作简要介绍。

　　虽然实际磁路千差万别，但总可以化简为串联和并联两种基本形式，下面分别讨论。

1. 串联磁路计算

对于串联磁路，给定磁通求磁动势的具体步骤如下：

（1）将磁路分段，保证每段磁路的均匀性（即材料相同、截面积相等）。

（2）计算各段磁路的截面积 A_x 和平均长度 l_x。

（3）根据给定磁通 Φ，由 $B_x = \Phi / A_x$ 确定各段内的平均磁感应强度（通称磁通密度，简称磁密）。

（4）由磁密 B_x 确定对应的磁场强度 H_x（铁磁材料由基本磁化曲线或相应数据表格确定，对空气隙和非磁性材料，统一由 $H_x = B_x / \mu_0$ 计算）。

（5）计算各段磁路上的磁压降 $H_x l_x$。

（6）由磁路基尔霍夫第二定律计算 $F = \sum H_x l_x$。

以上方法也称为分段计算法。

【例 1.1】 在图 1.14 中，铁芯用硅钢片 DR510 - 50（磁化曲线见表 1.3）叠成，截面积 $A = 9 \times 10^{-4} \, \text{m}^2$，铁芯的平均长度 $l = 0.3\text{m}$，气隙长度 $\delta = 5 \times 10^{-3}\text{m}$，线圈匝数 $N = 500$ 匝，试求产生磁通 $\Phi = 9.9 \times 10^{-4}\text{Wb}$ 时所需的励磁磁动势 F 和励磁电流 I。

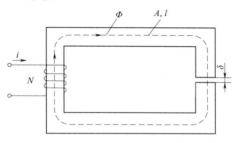

图 1.14 串联磁路计算示例

表 1.3		50Hz，0.5mm，DR510 - 50 硅钢片磁化曲线						单位：A/m	
B/T	0.01	0.02	0.03	0.04	0.05	0.06	0.07	0.08	0.09
0.4	140	142	144	146	148	150	152	154	156
0.5	160	162	164	166	169	171	174	176	178
0.6	184	186	189	191	194	197	200	203	206
0.7	213	216	220	224	228	232	236	240	245
0.8	255	260	265	270	276	281	287	293	299
0.9	313	319	326	333	341	349	357	365	374
1.0	392	401	411	422	433	444	456	467	480
1.1	507	521	536	552	568	584	600	616	633
1.2	672	694	716	738	762	786	810	836	862
1.3	920	950	980	1010	1050	1090	1130	1170	1210
1.4	1310	1360	1420	1480	1550	1630	1710	1810	1910
1.5	2120	2240	2370	2500	2670	2850	3040	3260	3510
1.6	4070	4370	4680	5000	5340	5680	6040	6400	6780
1.7	7640	8080	8540	9020	9500	10000	10500	11000	11600
1.8	12800	13400	14000	14600	15200	15800	16500	17200	18000

解：（1）磁路分为铁芯部分和气隙部分两段。

（2）不计边缘效应，则两部分磁路的截面面积均为 $A=9\times10^{-4}\,\mathrm{m}^2$，铁芯部分磁路长度 $l=0.3\,\mathrm{m}$，气隙长度 $\delta=0.5\times10^{-3}\,\mathrm{m}$。

（3）忽略漏磁，两部分的磁通密度均为

$$B=\frac{\varPhi}{A}=\frac{9.9\times10^{-4}}{9\times10^{-4}}\mathrm{T}=1.1\mathrm{T}$$

（4）查 DR510-50 硅钢片磁化曲线表，在 $B=1.1\mathrm{T}$ 时，$H_{\mathrm{Fe}}=493\mathrm{A/m}$；对气隙部分有

$$H_\delta=\frac{B_\delta}{\mu_0}=\frac{1.1}{4\pi\times10^{-7}}\mathrm{A/m}=8.753\times10^5\mathrm{A/m}$$

（5）铁芯部分磁压降为

$$H_{\mathrm{Fe}}l=493\times0.3\mathrm{A}=147.9\mathrm{A}$$

气隙部分磁压降为

$$H_\delta\delta=8.753\times10^5\times0.5\times10^{-3}\mathrm{A}=437.7\mathrm{A}$$

（6）磁动势为

$$F=H_{\mathrm{Fe}}l+H_\delta\delta=585.6\mathrm{A}$$

励磁电流为

$$I=F/N=585.6/500\mathrm{A}=1.17\mathrm{A}$$

第二种类型的磁路计算问题，即给定磁动势求磁通时，由于磁路的非线性关系，解决这类问题的常用方法为迭代法，即给定磁通初值 $\varPhi'$，计算磁动势 F'；若 F' 与给定磁动势 F 相等或者两者之差小于给定误差 ε，则 $\varPhi'$ 即为所求，计算结束；反之，根据 $\Delta F=F-F'$ 确定适当的 $\Delta\varPhi$，然后由 $\varPhi+\Delta\varPhi$ 得到新的 $\varPhi'$，继续计算，直到 $|F|\leqslant\varepsilon$ 为止。

综上所述，迭代法实质上是将第二类问题转化成第一类问题进行计算，然后根据误差进行迭代修正，并逐步逼近真解。

【例 1.2】　串联磁路如图 1.14 所示，设 $F=654\mathrm{A}$，求磁通 $\varPhi$。

解：给定误差 $\varepsilon=1\mathrm{A}$，迭代开始：

（1）给定 $\varPhi'=9.9\times10^{-4}\mathrm{Wb}$，得 $F'=585.6\mathrm{A}$，$|\Delta F|=68.4\mathrm{A}>\varepsilon$，$\Delta F>0$，取 $\Delta\varPhi=1.08\times10^{-4}\mathrm{Wb}>0$。

（2）给定 $\varPhi''=10.98\times10^{-4}\mathrm{Wb}$，得 $F''=693.6\mathrm{A}$，$|F|=39.6\mathrm{A}>\varepsilon$，$\Delta F<0$，取 $\Delta\varPhi=-0.36\times10^{-4}\mathrm{Wb}<0$。

（3）给定 $\varPhi'''=10.62\times10^{-4}\mathrm{Wb}$，得 $F'''=654\mathrm{A}$，$|F|=0<\varepsilon$，迭代终止。

故磁通 $\varPhi=10.62\times10^{-4}\mathrm{Wb}$ 为所求。

以上迭代过程可编制成程序，由计算机完成，读者可自行练习。注意磁化曲线数据的正确输入和一维插值程序中选用的插值方法（线性或抛物线插值，等间隔或不等间隔），以及误差的给定和根据 ΔF 确定 $\Delta\varPhi$ 的恰当比例系数等。

2. 并联磁路计算

与串联磁路计算相同，第一类问题可顺序求解，第二类问题采用迭代法。这里

只讨论第一类问题，其求解步骤如下：

（1）磁路分段处理，做法同串联磁路。

（2）根据磁路基尔霍夫第一、第二定律列写节点方程和回路方程并求解。

（3）分段逐一确定磁密 B_x 和与之对应的磁场强度 H_x。

（4）计算磁动势 F。

【例 1.3】 并联磁路如图 1.15 所示，铁芯材料为 DR510-50 硅钢片，截面积 $A_1 = A_2 = 6 \times 10^{-4} \text{m}^2$，$A_3 = 10 \times 10^{-4} \text{m}^2$，平均长度 $l_1 = l_2 = 0.5\text{m}$，$l_3 = 2 \times 0.07\text{m}$，气隙长度 $\delta = 1 \times 10^{-4}\text{m}$。已知 $\Phi_3 = 10 \times 10^{-4}\text{Wb}$，$F_1 = 350\text{A}$，求 F_2。

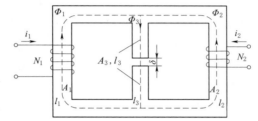

图 1.15　并联磁路计算示例

解： （1）磁路分为四段：左侧铁芯段、右侧铁芯段、中柱铁芯段、气隙段。

（2）四部分截面积 $A_1 = A_2 = 6 \times 10^{-4}\text{m}^2$，$A_3 = A_4 = 10 \times 10^{-4}\text{m}^2$（不计边缘效应）。

平均长度 $l_1 = l_2 = 0.5\text{m}$，$l_3 = 2 \times 0.07\text{m}$，$l_4 = \delta = 1 \times 10^{-4}\text{m}$。

（3）中柱磁密为

$$B_3 = \frac{\Phi_3}{A_3} = \frac{10 \times 10^{-4}}{10 \times 10^{-4}}\text{T} = 1.0\text{T}$$

由表 1.3 得 $H_3 = 383\text{A/m}$，又由于 $B_\delta = B_3 = 1.0\text{T}$，故中柱磁压降为

$$H_3 l_3 + \frac{B_\delta \delta}{\mu_0} = 383 \times 0.14 + \frac{1.0 \times 1.0 \times 10^{-4}}{4\pi \times 10^{-7}}\text{A} = 133.2\text{A}$$

而对左侧铁芯回路，有

$$H_1 l_1 = F_1 - H_3 l_3 - \frac{B_\delta \delta}{\mu_0} = (350 - 133.2)\text{A} = 216.8\text{A}$$

查表 1.3 得

$B_1 = 1.052\text{T}$，从而有 $\Phi_1 = B_1 A_1 = 1.052 \times 6 \times 10^{-4}\text{Wb} = 6.132 \times 10^{-4}\text{Wb}$

于是，右侧铁芯回路中有

$$\Phi_2 = \Phi_3 - \Phi_1 = (10 \times 10^{-4} - 6.312 \times 10^{-4})\text{Wb} = 3.69 \times 10^{-4}\text{Wb}$$

$$B_2 = \frac{\Phi_2}{A_2} = \frac{3.69 \times 10^{-4}}{6 \times 10^{-4}}\text{T} = 0.615\text{T}$$

查表 1.3 得 $H_2 = 185\text{A/m}$，即 $H_2 l_2 = 185 \times 0.5\text{A} = 92.5\text{A}$，故最终有

$$F_2 = H_2 l_2 + H_3 l_3 + \frac{B_\delta \delta}{u_0} = (92.5 + 133.2)\text{A} = 225.7\text{A}$$

1.4.3　永磁体磁路计算

简单的串、并联磁路计算主要是针对由软磁材料构成的铁芯磁路而进行的，它

们是普通电机、电器中的共性问题。然而，由于永磁体类硬磁材料性能的不断提高，以较小体积在空间形成较强的稳定磁场已经成为可能，并且在长期使用过程中不会再消耗能量，提高了效率，减小了体积，节约了材料，且使用便利、维护简单。因此，永磁材料在电机和电气工程中的应用日益广泛，并由此构成了永磁类电机、电器分析设计的特定问题。下面对永磁体磁路计算方法进行介绍。

永磁体是利用硬磁材料的剩磁而工作的。图 1.16 所示为最简单的环形永久磁铁磁路（截面积 A，平均长 l，气隙长 δ），其磁化过程通常是：首先在环上套一个密绕的励磁线圈，并在气隙处填入一块由软磁材料制成的衔铁，组成一个闭合磁路；然后在线圈内通入励磁电流，至完全磁化后，切除电源，取下线圈和衔铁，则硬磁材料环成为具有一定磁性的永久磁铁。上述磁化过程称为充磁。之所以要在气隙中填入衔铁进行磁化，主要是为了减小磁路磁阻，从而减小励磁电流、励磁功率和励磁损耗，同时也使磁化更均匀。

永磁体工作于图 1.17 所示的磁滞回线的去磁段 CR，通称为退磁曲线（由生产厂家提供，就如同生产厂家必须提供软磁材料的基本磁化曲线一样）。永磁体磁路的计算必须结合退磁曲线进行，这是与普通磁路计算截然不同的。

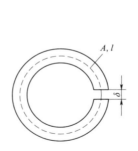

图 1.16　环形永久磁铁磁路

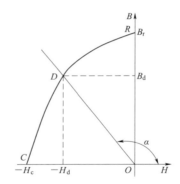

图 1.17　退磁曲线

不过，仿照普通磁路分析过程，永磁体磁路计算也可分为已知磁路尺寸求磁通和给定磁通设计磁体两类问题。下面分别予以讨论。为简明起见，假设磁路气隙较小，漏磁可以忽略不计。

1. 根据磁路尺寸求气隙中的工作磁通

忽略充磁衔铁的磁阻，则图 1.16 所示磁路与衔铁一起在完全磁化并切断励磁电源后，闭合磁路上的平均磁感应强度为材料的剩磁 B_r，就是图 1.17 所示退磁曲线上的 R 点，整个磁路内的磁通为 $\Phi_0 = B_r A$，撤去衔铁后，磁路总磁阻增大，磁通 Φ 将减小，磁感应强度 B 将低于 B_r，相当于产生了去磁作用，实际工作点下移为退磁曲线上的 D 点（图 1.17）。设磁铁内的磁场强度为 H，气隙磁场强度为 H_δ，因无励磁电流，即磁动势 $F=0$，故由磁路基尔霍夫第二定律有

$$Hl + H_\delta \delta = 0 \tag{1.39}$$

由于不计边缘效应并忽略漏磁后，有 $B_\delta = B$ 即 $H_\delta = B/\mu_0$，故有

$$Hl + \delta \frac{B}{\mu_0} = 0 \tag{1.40}$$

$$B = -\frac{\mu_0 l}{\delta} H \tag{1.41}$$

这是第Ⅱ象限内一条过原点、斜率为 $\tan\alpha = -\mu_0 l/\delta$ 的直线，其与退磁曲线的交点即为工作点 D $(H_\mathrm{d}, B_\mathrm{d})$。相应地，气隙中的工作磁通为

$$\Phi = B_\mathrm{d} A \tag{1.42}$$

D 点的磁场强度 H_d 为负值，说明磁铁工作时，其内的实际磁场与原磁化场方向相反，称为自退磁场。

综上可知，已知永磁体磁路尺寸确定气隙工作磁通或磁体工作点的过程是一个结合材料退磁曲线而进行的图解过程。结果表明，永磁体的工作磁密 B_d 不但与所用材料的退磁曲线的形状有关，而且还与永磁体长度 l 与气隙长度 δ 的比值有关。l/δ 越大则 α 越小（极限为 $\pi/2$），B_d 就越接近于 B_r；反之，l/δ 越小则 α 越大（极限为 π），B_d 偏离 B_r 越远，数值就越小。因此，增加永磁体长度，减少气隙长度是使永磁体磁路获得较强磁性的基本准则。

2. 根据气隙长度 δ 和工作磁通 Φ 设计磁体

这类问题属于逆问题，解答不唯一，一般是根据实际情况（工作条件、性能价格比等）综合考虑，选择最优方案。

首先是选择适当的硬磁材料。若工作磁密要求不高，则普通铁氧体永磁材料是可以考虑的，其中 $B_\mathrm{r} = 0.3 \sim 0.4\mathrm{T}$，$H_\mathrm{c} = 200 \sim 300\mathrm{kA/m}$，能满足普通需要，且价格低廉。其他多数情况下可考虑选用钕铁硼或稀土永磁体，虽价格稍高，但性能优良，尤其是钕铁硼磁体，B_r 可达 1.2T 以上，H_c 超过 1000kA/m。

其次是合理选择材料的工作点。为此，重画硬磁材料退磁曲线如图 1.18 所示。理论分析表明，为充分利用永磁材料，应使工作点 D 的磁能积 $H_\mathrm{d} B_\mathrm{d}$ 最大，这通常可用作图法确定。如图 1.18 所示，由 B_r 作水平线（平行于 H 轴）交于 $-H_\mathrm{c}$ 所作的垂线（平行于 B 轴）于 P 点，连接 OP 交退磁曲线于 D 点），则 D 点即为所求最佳工作点。

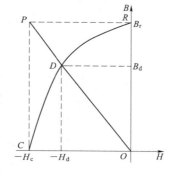

图 1.18 确定最佳工作点

求得 $D(-H_\mathrm{d}, B_\mathrm{d})$ 后，磁体设计为截面面积 $A = \Phi/B_\mathrm{d}$，由于 $-H_\mathrm{d} l + \delta B_\mathrm{d}/\mu_0 = 0$，故磁体长度为

$$l = \frac{B_\mathrm{d} \delta}{H_\mathrm{d} \mu_0} \tag{1.43}$$

磁体体积为

$$V = Al = \frac{\Phi \delta}{H_\mathrm{d} \mu_0} \tag{1.44}$$

当然，实际永磁体磁路的结构可能很复杂，有时可能还需要进行分段处理，但上述基本设计原则是通用的。

1.4.4　交流磁路特点

通常，由于励磁电流不同，人们将铁芯磁路分成交流和直流两大类。所谓交流磁路，就是由交流电流励磁、磁场发生交变的磁路，它与直流磁路在磁路构成上并不存在实际区别，铁芯线圈的电感系数统一为

自感系数
$$L = \frac{N^2}{R_m} = N^2 \Lambda_m \tag{1.45}$$

互感系数
$$M = \frac{N_1 N_2}{R_{m1.2}} = N_1 N_2 \Lambda_{m1.2} \tag{1.46}$$

磁路设计及分析计算方法也大同小异，但在磁化特性等方面却有以下显著特点：

（1）在交变磁场作用下，铁芯中将产生损耗（磁滞损耗和涡流损耗），这是直流磁路不会出现的。上节已专门讨论了铁耗的产生原因及计算方法。

（2）直流磁路中，励磁线圈的外施电压只需要与线圈电阻的压降相等，数值较小；而交流磁路中要考虑外施电压与线圈中感应的反电动势平衡；因而其幅值会大很多，并且相比较之下，线圈电阻上的压降相对较小，一般还可以忽略。

（3）就是交变磁通、电流的波形和相位的关系问题。这是交流磁路的特殊问题，在本课程的有关章节中将会重点介绍，这里只作简要讨论。

因为 $B \propto \Phi$，$H \propto i$，因而很容易将铁磁材料的基本磁化曲线 $B = f(H)$ 通过比例尺变换，转换为 $\Phi - i$ 曲线。显然，由 $\Phi - i$ 曲线保留曲线的特性及非线性关系。

由于电压波形呈正弦是交流供电系统的基本要求，而电磁感应定律严格定义了感应电动势波形正弦交变的前提条件是磁通波形必须为正弦，因此，把正弦交变磁通作为磁场的基本约束条件。然而，由图 1.19 可知，由于铁磁材料的非线性磁化特性，当磁通按正弦规律变化时，电流却是一个富含奇数次谐波的尖顶波形。这是由于磁通较大、铁芯饱和后，较小的磁通增量需要较大的励磁电流增量去建立。同理，若电流按正弦规律变化，则当电流较大，导致铁芯饱和后，电流的增加只能产生很小的磁通增量，故磁通呈平顶波形，由它产生的感应电动势则为尖顶波，如图 1.20 所示。综上可知，对于实际系统，由于饱和影响，磁通、电流和电动势波形中都会含有不同程度的谐波成分，这是在分析理想的线性系统中所没有碰到过的新问题。谐波的存在给电机和变压器的分析带来困难，也对运行造成不良影响，因此，改善波形、削弱谐波影响也是电机学中将要研究解决的实际问题。

以上仅介绍了交流磁路饱和对波形的影响。除此之外，由于磁滞和涡流现

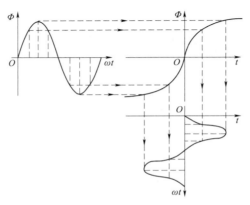

图 1.19　Φ 为正弦时 i 的波形图

象的存在，对磁通和电流的波形，特别是相位还会产生进一步的影响。考虑磁滞作用，$\Phi-i$ 曲线不再是单值函数，而是闭合回线。由于测定磁滞回线时，一般是通入直流电流逐点描绘的，没有考虑涡流作用，如图 1.21 中的虚线所示。当采用交流励磁后，涡流的作用将使回线变宽，如图 1.21 中的实线所示。这是因为当电流变化时，设由 $-I_{\mathrm{m}}$ 增加到 I_{m}，根据楞次定律，涡流的作用将是企图产生一个阻止铁芯磁通增加的磁动势。而若要维持铁芯磁通的变化，则线圈中的电流就应增加一个克服涡流磁动势的增量，即原虚线上升段会右扩为实线上升段。同理，在电流从 I_{m} 减小到 $-I_{\mathrm{m}}$ 过程中，虚线下降段要左扩为实线下降段。至于回线上、下顶点，因为 Φ 达最大值，变化率为零，涡流亦为零，故无涡流效应，实线与虚线重合。

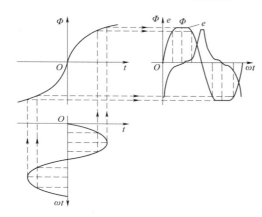

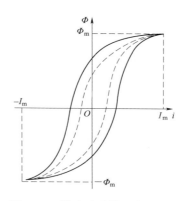

图 1.20　i 为正弦时 Φ 和 e 的波形　　图 1.21　涡流对磁滞回线的影响

设考虑磁滞、涡流作用后的 Φ $-i$ 回线如图 1.22 所示，则由作图法可知，对于按正弦规律变化的磁通，对应的励磁电流波形已完全不同于图 1.19，非但不对称变化，而且相位还超前磁通一个角度。进一步的分析表明，此时电流可分解成两个分量，一个是与磁通同相位的尖顶波分量（图 1.19），称为励磁分量；另一个是超前磁通 $90°$ 的正弦波分量，称为铁耗分量，是从电源吸取有功电流、提供铁耗功率的客观反映。

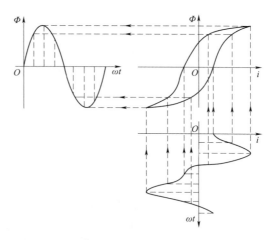

图 1.22　磁滞和涡流对电流波形和相位的影响

1.5　机电能量转换过程

若在图 1.4 中的线圈端口接入灯泡，则在电动势 e 作用下会有电流 i 流过灯泡，

方向为从线圈左侧流向右侧的顺时针方向，输出的电功率为

$$p_e = ei = N\Delta B_n lvi \tag{1.47}$$

相当于一台简单的发电机。但与此同时，一旦电流出现，磁场就会与电流相互作用而产生电磁力，即

$$F = N\Delta B_n lvi \tag{1.48}$$

根据左手定则，可知 F 的方向与线圈运动的方向相反。这就是说，为了使线圈能够继续以速度 v 运动，必须外加一个与 F 大小相等，但方向相反的机械力来克服电磁力的反作用。该机械力所作的功率，即由外界输入发电机的机械功率，公式为

$$P_{mec} = fv = N\Delta B_n lvi \tag{1.49}$$

比较式（1.47）和式（1.49），可知在忽略各种损耗（如机械摩擦损耗和线圈电阻损耗等）的理想化条件下，发电机所发出的电功率正好等于其所获得的机械功率。

从而准确地表述了发电机如何通过电磁感应和电磁力作用，把获得的机械功率转换成电功率输出，实现将机械能转换为电能的基本过程。在这一过程中，磁场起到了能量转换媒介的关键作用。这一点必须予以充分注意，并要求深入理解。

仿照以上分析方法，若把图 1.4 中线圈端口接入的灯泡换为电压源，保证 $u = e$。即电流方向为逆时针方向，就相当于一台简单的电动机，从而可以据此简述电动机将电能转换为机械能的基本过程，以及电机的可逆性原理。读者可自行练习。

实际的机电能量转换系统示意图如图 1.23 所示。图中机械系统对发电机而言是原动机，对电动机而言是生产机械，而电气系统则为电源或电力负载，两者通过电机联系在一起。本质上，实施这种联系的基础就是电机中的气隙磁场，称为耦合磁场。

图 1.23　机电能量转换系统示意图

发电机在机电系统中起着把机械能转换为电能的作用，而电动机则将电能转换为机械能。但无论是发电机还是电动机，在能量转换过程中，能量总是守恒的，即能量不会凭空产生，也不会随意消失，而只能改变其存在形态。这就是物理学中的能量守恒原理。该原理和基本电磁定律以及牛顿力学定律都是研究各类电机运行原理的理论基础。

电机内部在进行能量形态的转换过程中，存在电能、机械能、磁场储能和热能四种能量形态。根据能量守恒原理，在实际电机中，即不忽略损耗时，这四种能量之间存在的平衡关系为

$$\pm 机械能\ W_{mec} = 磁场储能增量\ \Delta W_m + 热能损耗\ p_T \pm 电能\ W_e \tag{1.50}$$

式中　"$\pm$"——相对于发电机和电动机而定，发电机取"$+$"，电动机取"$-$"。

电机内转换成热能的损耗有三种：一是电路中的电阻损耗 p_{Cu}；二是磁路中的铁芯损耗 p_{Fe}；三是各类机械摩擦损耗 p_{mec}。这三部分损耗转换为热能后使电机发热。因此，为了保证电机的正常运行，必须要对电机进行冷却。

将上述三种能量损耗分别计入式（1.50）中的电能、磁场储能和机械能中，则能量平衡方程式改写为

$$\pm(W_{mec}-p_{mec})=(\Delta W_m+p_{Fe})\pm(W_e+p_{Cu}) \tag{1.51}$$

与此对应的能量平衡图如图 1.24 所示。

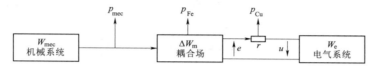

图 1.24　电机中的能量平衡图

从图 1.24 可知，当电机作发电机运行时，在 dt 时间内，输出电能为

$$dW_e=ui\,dt \tag{1.52}$$

而电阻损耗为.

$$dp_{Cu}=i^2r\,dt \tag{1.53}$$

故经耦合磁场传递的总电磁能量的增量为

$$dW_{em}=dW_e+dp_{Cu}=(u+ir)i\,dt=ei\,dt \tag{1.54}$$

从而可得转换为电能的电磁功率为

$$p_{em}=\frac{dW_{em}}{dt}=ei \tag{1.55}$$

也就是说，电机电磁功率 p_{em} 的瞬时值等于耦合磁场在电机绕组中感应的电动势（瞬时值）和通过该绕组的电流 i（瞬时值）的乘积。如果 e 和 i 同按角频率 ω 成正弦规律变化，且

$$e=\sqrt{2}E\sin\omega t$$
$$i=\sqrt{2}I\sin(\omega t-\varphi) \tag{1.56}$$

则电磁功率的平均值为

$$p_{em}=EI\cos\varphi \tag{1.57}$$

如果电机有 n 个绕组接到电气系统，则电磁功率的一般表达式为

$$p_{em}=\sum_{j=1}^{n}E_jI_j\cos\varphi_j \tag{1.58}$$

综上分析可知，电机进行机电能量转换的核心就是耦合磁场与电气系统和机械系统之间的作用和反作用。

耦合磁场对电气系统的作用或反作用是通过感应电动势表现出来的。当与电机绕组交链的磁通发生变化时，绕组内就会感应出电动势。正因为有了感应电动势，发电机才能向电气系统输出电磁功率（即 $p_{em}>0$，隐含 $\varphi<90°$），而电动机也能从电气系统吸取电磁功率（表明 $p_{em}<0$，亦隐含 $\varphi>90°$，或改变电流方向仍认为 $\varphi<90°$）。

耦合磁场对机械系统的作用或反作用是通过电磁力或电磁转矩表现出来的。以旋转电机为例，当置于耦合磁场中的电机绕组内有电流流过时，由电磁力定律可知，转子受到电磁转矩的作用。在发电机中，电磁转矩对转子起制动作用，而在电

动机中起驱动作用。于是，原动机必须克服制动性质的电磁转矩，即输入机械功率给发电机，才能拖动发电机以恒速旋转，将机械能转换为电能输出。对电动机，要拖动生产机械，输出机械功率，就必须吸取电磁功率以产生具有驱动性质的电磁转矩，维持转子的恒速旋转，将电能转换为机械能。

总之，在电机的机电能量转换过程起重要作用的是电磁功率和电磁转矩，而无论是电磁功率还是电磁转矩，都需要通过耦合磁场——气隙磁场的作用才能产生，因此联系电气系统和机械系统的耦合磁场具有最为重要的地位。

1.6 电机的发热和冷却

各种电机在运行过程中都会产生损耗。这些损耗一方面降低了电机运行时的效率；另一方面作为热源给电机构件加热，使电机温度上升。

电机内各种绝缘材料的使用寿命与其工作温度密切相关。温度过高，会加速绝缘材料的老化，甚至烧毁电机，因此电机的发热问题直接关系到电机的使用寿命和运行可靠性。为限制电机的温度，首先是尽量降低电机各部分的损耗，使发热量减少；其次就是改善电机的冷却系统，提高传热和散热能力。

发热和冷却是所有电机的共性问题，尤其是大容量电机在发展中应妥善解决的问题。

1.6.1 电机的发热和冷却过程

虽然电机是由许多物理性质不同的部件组成，内部的发热和传热过程本质上是一个构件与流体耦合的温度场问题，关系很复杂，但实践证明，将之作为一个均质等温体来进行考察，可以得到工程上能够接受的分析精度。

所谓均质等温体，是指物体各点温度相同，表面散热能力也一致。将物体温度与环境温度之差定义为温升，设某均质等温体时刻 t 的温升为 τ，而单位时间内物体中产生的热量为 Q，dt 时间间隔内物体的温升增量为 $d\tau$，则由能量守恒原理有

$$Q dt = Q_s dt = cm d\tau \tag{1.59}$$

式中 m——均质等温体的质量；

c——比热容量；

Q_s——单位时间内经物体表面散发到周围空间的热量。

由传热学知识有

$$Q_s = \lambda A \tau \tag{1.60}$$

式中 λ——散热系数；

A——均质等温体的表面积。

综上所述，整理后可得微分方程

$$\frac{d\tau}{dt} + \frac{\lambda A}{cm}\tau = \frac{Q}{cm} \tag{1.61}$$

解之得

$$\tau = \tau_\infty (1 - e^{-t/T}) + \tau_0 e^{-t/T} \qquad (1.62)$$

式中 τ_∞——稳态温升，$\tau_\infty = Q / \lambda A$；

   τ_0——初始温升；

   T——时间常数，$T = cm / \lambda A$。

若物体加热过程自冷态开始，即物体的起始温度为环境温度，初始温升 $\tau_0 = 0$，则温升函数变为

$$\tau = \tau_\infty (1 - e^{-t/T}) \qquad (1.63)$$

均质等温体的发热曲线描述如图 1.25 所示。

类似地，若研究物体的冷却过程，即 $Q = 0$，物体的最终温度为环境温度，稳态温升 $\tau_\infty = 0$，则冷却曲线为

$$\tau = \tau_0 e^{-t/T} \qquad (1.64)$$

均质等温体的冷却曲线如图 1.26 所示。

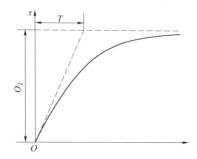
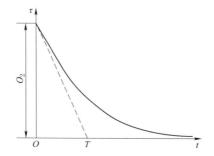

图 1.25　均质等温体的发热曲线　　　图 1.26　均质等温体的冷却曲线

虽然实际电机的发热和冷却过程较均质等温体复杂得多，但实验表明，实际情况与图 1.25 和图 1.26 所示曲线差别不大，因此，上述方法及基本规律基本上适用于电机发热和冷却过程的研究。

1.6.2　电机的绝缘材料和允许温升

1. 绝缘材料

电机中常用绝缘材料的绝缘等级和温度限值见表 1.4。

表 1.4　　　　　　　　　　绝缘等级与绝缘材料

绝缘等级	A	E	B	F	H	C
温度限值/℃	105	120	130	155	180	>180
材料举例	浸渍处理过的有机材料，如纸、棉纱和普通漆包线用漆等	聚酯薄膜、环氧树脂薄膜、三醋酸纤维、高强度漆包线用漆等	云母片、云母带、石棉、玻璃漆布、漆脂黏合物、高强度漆包线用漆等	云母、石棉、玻璃纤维、合成树脂漆、合成树脂黏合物等	云母、石棉、玻璃丝等无机物用硅有机漆黏合而成的材料	无黏合剂云母、石英、玻璃等，聚酰亚胺薄膜、聚酰亚胺浸渍石棉

当绝缘材料处于表 1.4 中极限工作温度范围之内时，电机的使用寿命为 15～20 年；若高于极限温度连续运行，寿命会迅速下降。据试验统计，A 级绝缘的工作温度每上升 8～10℃，绝缘寿命将缩短一半。

现代电机中应用最多的是 B 级和 F 级绝缘。在比较重要的场合，特别是有缩小尺寸和减轻重量需要时，亦常采用 F 级或 H 级绝缘。

2. 允许温升

工程中表示电机发热和散热情况的是电机的温升，而不是温度。如一台电机的工作温度达到 120℃，但环境温度为 100℃，则温升 $\tau = 20$℃，这说明电机本身的发热情况并不严重，而电机的工作温度偏高则是由于环境温度高的缘故。反之，即便电机工作温度仅 100℃，但环境温度只有 10℃，实际温升达到 90℃，如果是 B 级绝缘发热情况就相当严重了。

绝缘材料的温度限值只是确定了电机的最高工作温度，温升限值则取决于环境温度。为适应我国大部分地区不同季节的运行环境，国家统一制订的环境温度标准是 40℃（介质为空气）。在此环境下，E 级和 B 级绝缘材料的温升限值分别为 75℃ 和 80℃，其他类推。

1.6.3 电机的冷却介质和冷却方式

电机的冷却状况决定了电机的温升，而温升又直接影响到电机的使用寿命和额定容量。因此，冷却问题是电机设计制造和运行维护中的重要问题，其核心是选择经济有效的冷却介质和冷却方式。

1. 冷却介质

（1）气体。电机中采用的气体冷却介质有空气和氢气等。氢气的密度小（约为空气的 1/10），可降低通风摩擦损耗，明显提高电机效率，且热容量大，能显著改善冷却效果，故在需要强化冷却手段的大型汽轮发电机（单机容量在 5MW 以上）中得以广泛应用。一般来说，从空气冷却改为氢气冷却后，汽轮发电机转子绕组的温升约降低一半，电机容量约提高 1/4，效果是非常显著的。不过，采用氢气冷却的成本很高，并且还要求防漏、防爆等保证措施，因此大部分电机仍首选空气冷却。

（2）液体。液体冷却主要采用水、油等冷却介质。由于液体的热容量和导热能力远大于气体，因此冷却效果也优越得多。电力变压器大都采用油浸冷却方式。汽轮发电机改空气冷却为水冷却后，发电效率成倍提高。不过，液体冷却面临泄漏和积垢堵塞等新问题。

2. 冷却方式

电机的冷却方式有直接冷却（又称内部冷却）和间接冷却（又称外部冷却）两大类型。直接冷却将冷却介质（多为氢气和水）导入发热体内，吸收热量并直接带走；间接冷却则以改善发热体外表的散热环境，即以提高对流换热能力为目标。显然，直接冷却的效果要比间接冷却好得多，且正因为直接冷却方式的不断发展才使电机的单机容量不断突破，并使得超临界巨型机组问世。但直接冷却方式成本昂贵，电机的冷却结构也非常复杂，所涉及的知识内容超出了本课程的讲授范围，因此仅扼要介绍间接冷却方式。

间接冷却方式的冷却介质主要是空气，具体有自然冷却、自扇冷却、他扇冷却三种形式，分述如下：

（1）自然冷却。不装设任何专门冷却装置，靠空气在电机中的自然流通来散热，只在几百瓦以下的小电机中采用。

（2）自扇冷却。在电机转轴上装有风扇，使冷却空气顺风道进入电机，掠过发热表面带走热量。

按气体在电机中的流动方向，自扇冷却有内风扇轴向通风（图1.27）和径向通风（图1.28）或轴、径向混合通风以及外风扇自冷通风（图1.29）等多种形式。其中外风扇自冷通风方式多用于封闭式电机，意在加强机座外表面的对流散热效果；内风扇通风冷却方式适用于非封闭式电机径向通风方式时，冷却空气经两端鼓入，穿过径向通风道由机座流出。轴向通风系统中，冷却空气一端进，另一端出，并有抽出式〔图1.27（a）〕和鼓入式〔图1.27（b）〕之分，但实际中多采用抽出式。

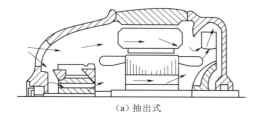

（a）抽出式　　　　　　　　　　　　（b）鼓入式

图1.27　轴向通风系统

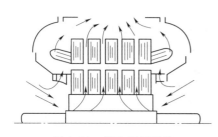

图1.28　径向通风系统

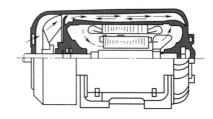

图1.29　封闭式电机外风扇自冷通风系统

（3）他扇冷却。冷却空气由专门的风扇或鼓风机等辅助通风设备供给（若通过管道输送，则称为管道通风式，适合于宽调速电机，因为这种电机低速运行时的自通风能力显著降低）。进入电机的空气直接排入大气称为开放式系统，适用于中小型电机；若冷却空气在一个封闭的系统中经冷却器循环，称为闭路式系统，这种系统在大型电机中广泛应用。

思　考　题

1. 电机和变压器的磁路常采用什么材料制成？这些材料各有哪些主要特性？
2. 磁滞损耗和涡流损耗是什么原因引起的？它们的大小与哪些因素有关？

第 1 章　电机学基本原理

3. 变压器电动势、运动电动势产生的原因有什么不同？其大小与哪些因素有关？

4. 自感系数的大小与哪些因素有关？有两个匝数相等的线圈，一个绕在闭合铁芯上，一个绕在木质材料上，哪一个的自感系数大？哪一个的自感系数是常数？哪一个的自感系数是变数，随什么因素变化？

习　　题

1. 在图 1.30 中，若一次绕组外加正弦电压 u_1，绕组电阻为 R_1、电流为 i_1 时，问：

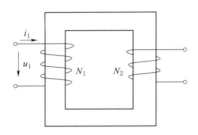

图 1.30　习题 1 和习题 2 附图

（1）绕组内为什么会感应出电动势？

（2）标出磁通、一次绕组的自感电动势、二次绕组的互感电动势的正方向。

（3）写出一次侧电压平衡方程式。

（4）当电流 i_1 增加或减小时，分别标出两侧绕组的感应电动势的实际方向。

2. 在图 1.30 中，如果电流 i_1 在铁芯中建立的磁通是 $\Phi = \Phi_m \sin\omega t$，二次绕组的匝数是 N_2，试求二次绕组内感应电动势有效值的计算公式，并写出感应电动势与磁通量关系的复数表达式。

3. 有一单组矩形线圈与一无限长导体在同一平面上，如图 1.31 所示，试分别求出下列条件下线圈内的感应电动势：

（1）导体中通以直流电流 I，线圈以线速度 v 从左向右移动。

（2）导体中通以电流 $i = I_m \sin\omega t$，线圈不动。

（3）导体中通以电流 $i = I_m \sin\omega t$，线圈以线速度 v 从左向右移动。

4. 在图 1.32 的磁路中，两个线圈都接在直流电源上，已知 I_1，I_2，N_1，N_2，回答下列问题：

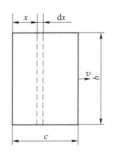

图 1.31　习题 3 附图

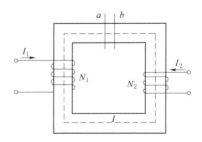

图 1.32　习题 4 附图

（1）总磁动势 F 是多少？

（2）若 I_2 反向，总磁动势 F 又是多少？

（3）电流方向仍如图 1.32 所示，若在 a、b 处切开形成一空气隙 $\delta = l/1000$，总磁动势 F 是多少？此时铁芯磁压降大还是空气隙磁压降大？

（4）在铁芯截面积均匀和不计漏磁的情况下，比较（3）中铁芯和气隙中 B、H 的大小。

（5）比较（1）和（3）中两种情况下铁芯中的 B、H 的大小。

5. 一个带有气隙的铁芯线圈（参考图 1.14），若线圈电阻为 R，接到电压为 U 的直流电源上，如果改变气隙的大小，问铁芯内的磁通 U 和线圈中的电流 I 将如何变化？若线圈电阻可忽略不计，但线圈接到电压有效值为 U 的工频交流电源上，如果改变气隙大小，问铁芯内磁通和线圈中电流是否变化？

6. 电机运行时，热量主要来源于哪些部分？

7. 电机中常用的绝缘材料有哪些种类？是根据什么分级的？各级材料的最高允许温度是多少？

8. 为什么用温升而不直接用温度来表示电机的发热程度？各级绝缘的允许温升限值是多少？

9. 电机的发热（或冷却）规律如何？为什么电机刚投入运行时温升增长得快些，越到后来温升就增长得越慢？

10. 电机的冷却方式和通风系统有哪些种类？一台已制成的电机被加强冷却后，容量可否提高？

11. 一个有铁芯的线圈，电阻为 2Ω。当将其接入 110V 的交流电源时，测得输入功率为 90W，电流为 2.5A，试求此铁芯的铁芯损耗。

12. 对于图 1.14，如果铁芯用 DR510－50 硅钢片叠成，截面积 $A = 12.25 \times 10^{-4} \text{m}^2$，铁芯的平均长度 $l = 0.4\text{m}$，空气隙 $\delta = 0.5 \times 10^{-3}\text{m}$，绕组的匝数为 600 匝，试求产生磁通 $\Phi = 10.9 \times 10^{-4}\text{Wb}$ 时所需的励磁磁动势和励磁电流。

13. 设 12 题的励磁绕组的电阻为 120Ω，接于 10V 的直流电源上，问铁芯磁通是多少？

14. 设 13 题的励磁绕组的电阻可忽略不计，接于 50Hz 的正弦电压 110V（有效值）上，问铁芯磁通最大值是多少？

15. 图 1.33 中直流磁路由 DR510－50 硅钢片叠成，磁路各截面的净面积相等，为 $A = 2.5 \times 10^{-3}\text{m}^2$，磁路平均长 $l_1 = 0.5\text{m}$，$l_2 = 0.2\text{m}$，$l_3 = 0.5\text{m}$（包括气隙 δ），$\delta = 0.2 \times 10^{-2}\text{m}$。已知空气隙中的磁通量 $\Phi = 4.6 \times 10^{-3}\text{Wb}$，又 $N_2 I_2 = 10300\text{A}$，求另外两支路中的 Φ_1、Φ_2 及 $N_1 I_1$。

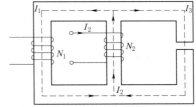

图 1.33 习题 15 图

第2章 变压器

变压器

2.1 概　　述

变压器在国民经济各个领域中的应用十分广泛，且种类很多。在电力系统中，要把大功率的电能从发电厂输送到远距离的用电地区，需用电力变压器将发电机电压升高（如将发电机的出口电压 20kV 升高到 220～500kV），输送距离越远，电压等级越高。电能输送到用电地区后，还要将电压逐级降低至配电电压（如 380V）供给用户使用，如图 2.1 所示。因此，变压器的数量和总容量要比发电机的装机容量大得多，一般在 7：1 左右。变压器是一种静止的电气设备。它利用电磁感应原理，将一种等级的交流电压和电流转换为同频率的另一种等级的电压和电流，实现电能的传递。

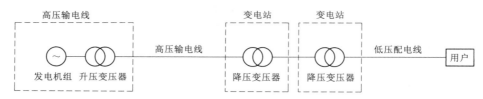

图 2.1　电力变压器在电力系统中的应用示意图

2.1.1　变压器的基本工作原理

变压器最少有两个绕组，套装在同一个铁芯上。两个绕组分别接电源和负载，接电源的绕组称为一次绕组或原绕组，接负载的绕组称为二次绕组或副绕组。有关一次绕组的各量均用下标 1 表示，二次绕组的各量均用下标 2 表示。两个绕组中匝数多的为高压绕组，匝数少的为低压绕组。变压器的基本工作原理如图 2.2 所示。当一次绕组接上电压为 u_1 的交流电源时，一次绕组中将有交流电流 i_1 流入，变压器从一次绕组输入功率。电流在铁芯中建立交变磁通 Φ，该磁通同时交链一次、二次绕组，根据电磁感应原理在绕组

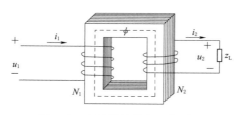

图 2.2　变压器的基本工作原理

中感应出交变电动势 e_1 和 e_2，感应电动势的大小正比于各绕组的匝数。将 e_2 引出即得到变压器输出电压 u_2，接上负载将有电流 i_2 通过，因此从二次绕组输出功率，达到由电源经变压器传递电能的目的。

2.1.2 电力变压器的基本结构

不同容量和作用的变压器有着不同的结构。下面以普通油浸式电力变压器为例，介绍变压器的主要结构和部件。

1. 绕组

绕组是变压器的电路部分，一般用纸或纱布等绝缘材料包裹的铝线或铜线绕制而成，其线型有扁线和圆线两种。制成绕组的各线圈呈圆柱形，因这种形状的绕组绕制比较方便，而且在电磁力的作用下仍具有较好的机械性能，不易变形。

装配时将低压绕组套在铁芯柱上，并靠近铁芯，高压绕组则套在低压绕组外面，使高低压绕组同时与铁芯柱中的磁通相交链。高低压绕组间、绕组与铁轭间都以绝缘板衬垫。绕组间留有油道，便于变压器油的流动，以加强绝缘和散热。

变压器绕组主要有同心式和交叠式两种类型。同心式绕组又有圆筒式、连续式、纠结式等形式，此类绕组结构较简单，制造方便，国产电力变压器均采用这种结构。交叠式绕组易做成多条并联支路，主要用于低电压、大电流的电炉和电焊变压器。

2. 铁芯

铁芯用来构成变压器的磁路，分为芯柱和铁轭两部分。芯柱用来套高低压绕组，铁轭将各芯柱连接起来，构成完整的闭合磁路，并可作为变压器本体的机械骨架。为了减少涡流和磁滞损耗，变压器的铁芯用电工钢片叠制而成。目前，较大容量变压器的电工钢片采用较多的是 0.35mm 厚的冷轧高导磁晶粒取向硅钢片，可有效降低空载损耗与噪声，硅钢片的表面涂有很薄的绝缘层。

铁芯在叠装时多采用交叠式装配，如图 2.3 所示。冷轧硅钢片采用全斜接缝，可进一步减小变压器的附加损耗。圆柱形芯柱与铁轭截面积相等，采用内接圆的多级矩形叠片，如图 2.4 所示。大型变压器铁芯中还留有油道，用来改善散热条件。

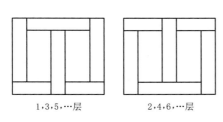

1,3,5…层　　2,4,6…层

图 2.3　铁芯装配叠片

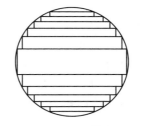

图 2.4　铁芯柱和铁轭的截面形

3. 油箱、变压器油及储油柜

油浸式电力变压器的器身装在用钢板焊制成的油箱中。油箱一般为椭圆柱体状，有较高的机械强度。为了加强散热，在油箱的外壁上安装有圆形或扁形散热管以增加散热面积。大容量变压器则将散热管做成散热器，再接到油箱上。更大容量的电力变压器还可采用风吹冷却或强迫油循环等方式来加强变压器的散热。

变压器油箱中充满专用变压器油，变压器油的主要作用如下：

（1）提高绕组间、绕组与铁芯和油箱间的绝缘，变压器油比空气的绝缘强度大。

（2）通过冷热油的对流作用或强迫油循环的方法进行散热。

（3）利用故障在油中产生的气体启动气体继电器或通过安全气道保护变压器。

变压器油是一种矿物油，要求十分纯净。水分对绝缘强度的影响很大，变压器油长期与含有水分的空气接触会因氧化作用使油发生老化，降低其绝缘性能。运行中变压器油因受热产生的杂质过多会堵塞油道影响散热。所以经常要对运行中的变压器油进行去潮去杂处理，并定期进行全面的色谱分析和油质检验。

在变压器油箱上方旁侧装设一圆筒形的储油柜（也称油枕），与油箱之间用管道相连，变压器油一直充到储油柜的一半左右，储油柜上有标尺显示。储油柜的作用是减缓油箱内油受潮及老化的速度。因为采用储油柜后油面与空气的接触面大为减小，水分在储油柜中不容易进入油箱，受潮及老化的速度因此而放慢了。此外，油面会随着运行时油的膨胀或收缩而发生变化，当油面低于标尺下限时应及时补充，以保证变压器的正常运行。在储油柜上装设有吸湿器（也称呼吸器），与储油柜的上部空气相连，吸湿器中装有能吸潮的物质，如变色硅胶等，可以吸去储油柜中的部分水分。

4. 绝缘套管

变压器高低压绕组的引出线是通过绝缘套管引到箱外的，绝缘套管用瓷质材料制成，有良好的绝缘性能，以保证高压线与接地的箱体之间的绝缘。电压等级在 1kV 以下采用的是实心瓷套管，10～35kV 采用空心充气式或充油式套管，110kV 及以上的电压等级多采用电容式套管。为了增加放电距离，套管外形常做成多级伞状形，且电压等级越高，级数越多。

从外观上看，高压套管长，引出的高压导线细；低压套管短，引出的低压导线粗。

5. 气体继电器和压力释放阀

为了保护变压器箱体的安全，在中等容量以上的电力变压器上还设置了气体继电器和安全气道或压力释放阀。

气体继电器安装在储油柜与油箱之间的连通油管上，当变压器内部发生故障产生较多气体或因漏油使油面下降过多时，继电器将发出报警信号或自动跳闸，使变压器退出电网以便检查或加油。

在变压器油箱顶部盖板上装有钢管状的安全气道，其封口处安有玻璃或纸板，当发生严重故障时，变压器内部产生的大量气体使压力迅速增大，气体冲破玻璃或纸板、喷出箱体，由此消除压力，以免油箱受到强大压力而发生爆裂。电力变压器现已广泛采用压力释放阀来替代安全气道，当气体压力过大时，压力释放阀动作并报警，压力减小后可自动恢复。

2.1.3　变压器的分类

在电力系统中应用的电力变压器有很多种类型，根据不同的用途和场合，其性能和结构有很大的差异，主要的分类方式如下：

（1）按用途分类，可分为电力变压器、仪用互感器和特殊用途变压器。

（2）按绕组数目分类，可分为双绕组变压器、三绕组变压器和自耦变压器。

（3）按相数分类，可分为单相变压器和三相变压器。

（4）按绝缘介质分类，可分为油浸式变压器和干式变压器。

（5）按调压方式分类，可分为无励磁调压变压器和有载调压变压器。

（6）按冷却介质和冷却方式分类，可分为油浸式变压器（包括油浸自冷式、油浸风冷式、强迫油循环风冷式、强迫油循环水冷式、强迫油循环导向风冷式）和干式变压器（包括空气绝缘、SF_6 气体绝缘、树脂浇注绝缘）等。

（7）按容量大小分类，可分为小型变压器（630kVA 及以下）、中型变压器（800～6300kVA）、大型变压器（8～63MVA）和特大型变压器（90MVA 及以上）。

电力变压器还可分为升压变压器、降压变压器和配电变压器等。

2.1.4　变压器的额定值

变压器制造厂和设计部门对变压器正常工作时所规定的一些量值，称为额定值。额定值一般标注在铭牌上，也称为铭牌数据。变压器在额定状态下运行称为额定运行，变压器在额定运行时，可以保证长期可靠地工作，并具有良好的性能。

1. 额定容量

变压器的额定容量是指在铭牌所规定的额定状态下，变压器输出的额定视在功率。电力变压器的容量大小用 kVA 或 MVA 来表示。对于三相变压器而言是指三相的总容量。由于变压器的效率较高，故变压器的输入和输出容量通常都相等。

2. 一次、二次侧额定电压

一次侧额定电压 U_{1N} 为正常运行时规定加到一次侧端点间的电压。二次侧额定电压 U_{2N} 为当一次侧电压为额定值时，二次侧开路时两端点间的电压。对三相变压器而言，额定电压是指线电压。额定电压的单位用 V 或 kV 表示。

由于电力变压器接在电网上运行，因此，变压器一次、二次侧的额定电压必须与电网电压相同。我国目前三相电使用最广泛的标准电压等级为 0.38kV、3kV、6kV、10kV、35kV、110kV、220kV 和 500kV 等。

由于长距离输电线会使电压降落，为保证变压器的输入端为标准电压值，应根据情况将变压器输出端的电压比标准电压等级提高 5% 或 10%。例如，发电机出口端升压变压器的额定电压为 121kV/20kV，其中一次侧电压 20kV 为发电机的出口电压，二次侧电压 121kV 为变压器输出电压，即标准电压 110kV 加上 10% 的电压；配电用降压变压器的额定电压为 10kV/0.4kV，其中一次侧电压 10kV 输入电压为标准电压，二次侧电压 0.4kV 则是在标准电压的基础上提高了 5% 的电压，供给380V 的用户使用。

3. 一次、二次侧额定电流

变压器在额定状态运行时的电流称为额定电流，单位用 A 或 kA 表示。额定电流与额定容量、额定电压的关系为

单相变压器
$$S_N = U_{1N} I_{1N} = U_{2N} I_{2N}$$

三相变压器
$$S_N = \sqrt{3} U_{1N} I_{1N} = \sqrt{3} U_{2N} I_{2N}$$

在实际中常用上式来计算变压器的电流，注意三相变压器公式中的各电压、电流量均为线电压和线电流，所以计算时与变压器的星形或三角形接法无关。

4. 额定频率

额定频率 f_N 是指变压器使用的规定频率，我国的工业频率为 50Hz，故 $f_N = 50$Hz。

此外，铭牌上还有型号、相数、阻抗电压、接线图与连接组、运行方式、调压方式及重量等参数。

2.1.5　变压器的发热与冷却

1. 变压器的发热及温升

变压器在运行时，铁芯和绕组都会产生损耗。这些损耗转变为热量，引起变压器发热，并向周围介质散发。当发热量与散热量相等时，温度不再升高，变压器各部分温度达到稳定值。这时变压器的温度与周围冷却介质温度之差称为温升。

变压器达到稳定温升的时间与其容量大小和冷却方式有关，小容量油浸式变压器和干式变压器，通常运行 10h 就可认为达到了稳定温升。而大型变压器一般则要经过 24h 左右才能达到稳定温升。

温升对变压器的寿命有很大的影响。若变压器的负载增大，运行温度过高超过规定的温升限值时，将使绝缘材料加速老化，从而缩短变压器的使用寿命。根据绝缘老化的 6℃ 规则，绕组温度每升高 6℃，使用年限将缩短一半。而运行温度低于温度限值时，又会延长其寿命。

我国国家标准规定，变压器的额定使用条件为最高气温 +40℃、最高日平均气温 +30℃、最高年平均气温 +20℃、最低气温 −30℃。变压器各部分的温升不得超过表 2.1 中所列值。

表 2.1　　　　　　　　　变压器的温升限值　　　　　　　　单位：℃

各部分温升	冷却方式	
	自然油循环自冷、风冷的变压器	强迫油循环风冷的变压器
绕组对空气的温升	65（平均值）	65（平均值）
绕组对油的温升	21（平均值）	30（平均值）
油对空气的温升	44（平均值）/55（最大值）	35（平均值）/40（最大值）

2. 变压器的散热及冷却方式

油浸式变压器的散热过程为：绕组和铁芯产生的热量传导到变压器油中，油在箱体内不断流动，再传导到油箱壁，油箱壁通过辐射和对流作用将热量散发到空

气中。

由于热油向上运动，冷油向下运动，所以变压器箱体内各部分的温度都是上部比下部高，一般变压器温度最高点出现在绕组最高处略下一点的位置。

为了加强变压器的散热能力，变压器通常在油箱壁上安装有散热油管，油管增加了散热面积，提高了油的冷却效果。油浸自冷式变压器就是利用油的自然对流带走热量的冷却方式。随着变压器容量的增大，还可利用风扇和油泵加强冷却效果。如油浸风冷式就是在自冷式的基础上另加风扇给散热管吹风，强迫油循环风冷式就是利用在散热管上安装的油泵，将热油抽到箱外的专用油冷却器，经过风冷或水冷后再返回油箱。

2.2 变压器运行原理

实用变压器的种类很多，各自都有不同的特点，但其基本理论和分析方法是相通的。通过对变压器的运行分析，逐步找出变压器的内在规律，可进一步了解变压器的各种特性。本节从单相双绕组电力变压器入手，主要在两个方面进行分析：即变压器的空载运行和变压器的负载运行，其结果可以推广到其他变压器中。因此，本节内容是学习变压器的基础。

2.2.1 变压器的空载运行

变压器一次绕组加上交流电压、二次绕组开路的运行方式称为变压器的空载运行，如图 2.5 所示。空载运行是变压器的一种最简单的运行方式。现以单相变压器为例，分析变压器的电压、电流、电动势、磁通等电磁量之间的基本关系。

变压器空载运行时，二次绕组处于开路状态，一次绕组中的电流为空载电流 I_0，空载电流产生空载磁动势 $F_0 = i_0 N_1$，F_0 建立变压器的总磁通。

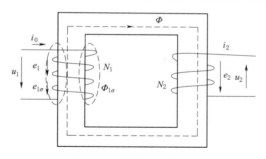

图 2.5 变压器空载运行

总磁通根据路径的不同分为主磁通和漏磁通两种。主磁通 Φ 通过铁芯磁路闭合，是总磁通的绝大部分，且与一次、二次绕组同时交链，是变压器进行能量传递的媒介。漏磁通 $\Phi_{1\sigma}$ 主要以空气（或变压器油）等非铁磁材料为闭合路径，所以只占总磁通的很小部分，并且仅与一次绕组交链，不能传递能量，只会起到降压作用。

交变电源电压产生交变主磁通和漏磁通，根据电磁感应定律，分别在所交链的绕组中感应电动势 e_1、e_2 和 $e_{1\sigma}$。

按惯例规定各交流量的正方向：电源电压和空载电流正方向一致，空载电流与磁通的正方向、磁通与其感应的电动势的正方向均符合右手螺旋定则。

考虑一次绕组电阻的作用，变压器空载时各电磁量的相互关系见表 2.2。

表 2.2	变压器空载时各电磁量的相互关系

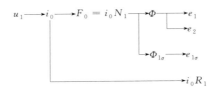

1. **主感应电动势和漏感应电动势**

设主磁通按正弦规律变化，即 $\Phi = \Phi_m \sin\omega t$，则感应电动势为

$$e_1 = -N_1 \frac{\mathrm{d}\Phi}{\mathrm{d}t} = -E_{1m}\cos\omega t = E_{1m}\sin(\omega t - 90°) \tag{2.1}$$

$$e_2 = -N_2 \frac{\mathrm{d}\Phi}{\mathrm{d}t} = -E_{2m}\cos\omega t = E_{2m}\sin(\omega t - 90°) \tag{2.2}$$

主感应电动势的有效值为

$$E_1 = \frac{E_{1m}}{\sqrt{2}} = \frac{N_1 \omega \Phi_m}{\sqrt{2}} = 4.44 f N_1 \Phi_m \tag{2.3}$$

$$E_2 = \frac{E_{2m}}{\sqrt{2}} = \frac{N_2 \omega \Phi_m}{\sqrt{2}} = 4.44 f N_2 \Phi_m \tag{2.4}$$

式中　Φ——角频率，$\Phi = \Phi_m \sin\omega t$；

Φ_m——主磁通幅值；

N_1、N_2——一次、二次绕组匝数。

式 (2.3) 和式 (2.4) 表明，感应电动势的大小与频率、匝数和主磁通幅值的乘积成正比。

主感应电动势的相量形式为

$$\dot{E}_1 = -\mathrm{j}4.44 f N_1 \Phi_m \tag{2.5}$$

$$\dot{E}_2 = -\mathrm{j}4.44 f N_2 \Phi_m \tag{2.6}$$

一次侧漏磁通也按正弦规律来考虑，设 $\Phi_{1\sigma} = \Phi_{1\sigma m}\sin\omega t$，则漏感应电动势 $e_{1\sigma} = -N_1 \frac{\mathrm{d}\Phi_{1\sigma}}{\mathrm{d}t} = -N_1 \omega \Phi_{1\sigma m}\cos\omega t = E_{1\sigma m}\sin(\omega t - 90°)$，则漏感应电动势的有效值为

$$E_{1\sigma} = \frac{E_{1\sigma m}}{\sqrt{2}} = \frac{N_1 \omega \Phi_{1\sigma m}}{\sqrt{2}}\frac{I_0}{I_0} = \omega L_{1\sigma} I_0 = X_{1\sigma} I_0 \tag{2.7}$$

其中，$L_{1\sigma} = N_1 \Phi_{1\sigma m}/(\sqrt{2} I_0)$ 为一次绕组漏电感，$X_{1\sigma} = \omega L_{1\sigma}$ 为一次绕组漏电抗，且有

$$X_{1\sigma} = \omega \frac{N_1 \Phi_{1\sigma m}}{\sqrt{2} I_0} = \omega \frac{N_1}{\sqrt{2} I_0}\sqrt{2} I_0 N_1 \Lambda_{1\sigma} = \omega N_1^2 \Lambda_{1\sigma} = 2\pi f N_1^2 \Lambda_{1\sigma} \tag{2.8}$$

式中　$\Lambda_{1\sigma}$——漏磁通磁路的磁导。

由于漏磁路主要由非磁性介质构成（如变压器油或空气等），所以不会出现饱和现象，$\Lambda_{1\sigma}$ 为常数。因此，当电源频率 f 和匝数 N_1 确定后，漏电抗 $X_{1\sigma}$ 也为常

数，漏感应电动势的相量形式为

$$\dot{E}_{1\sigma} = -\mathrm{j}\omega L_{1\sigma}\dot{I}_0 = -\mathrm{j}X_{1\sigma}\dot{I}_0 \tag{2.9}$$

2. 电压平衡方程式

空载电流相量图如图 2.6 所示。按图 2.6 所规定的正方向，假定各电磁量均为正弦变化，应用基尔霍夫电压定律，可列出电压平衡方程式如下

一次侧电压

$$\dot{U}_1 = -\dot{E}_1 - \dot{E}_{1\sigma} + \dot{I}_0 R_1 = -\dot{E}_1 - (-\mathrm{j}X_{1\sigma}\dot{I}_0) + \dot{I}_0 R_1$$

$$= -\dot{E}_1 + \dot{I}_0(R_1 + \mathrm{j}X_{1\sigma}) = -\dot{E}_1 + \dot{I}_0 Z_1 \tag{2.10}$$

二次侧空载电压

$$\dot{U}_{20} = \dot{E}_2 \tag{2.11}$$

式 (2.10) 中的 $R_1 + \mathrm{j}X_{1\sigma}$ 为一次侧漏阻抗。式

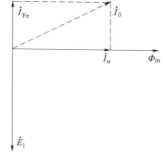

图 2.6 空载电流相量图

(2.11) 表明，变压器空载运行时，电源电压 $\dot{U}_1$ 被反电动势 $-\dot{E}_1$ 和一次绕组漏阻抗电压降 $\dot{I}_0 Z_1$ 之和所平衡，即二次侧空载电压等于二次绕组感应电动势。

3. 变比

将一次、二次绕组的电动势之比定义为变压器的变比，用 k 表示为

$$k = \frac{E_1}{E_2} = \frac{N_1}{N_2} \tag{2.12}$$

由于漏磁通在数量上远小于主磁通，一次绕组的空载电流和内电阻也很小，所以漏感应电动势 $E_{1\sigma}$ 和一次侧内阻压降 $I_0 R_1$ 均远小于感应电动势 E_1（在一般电力变压器中两者之和只占 E_1 的 0.2% 左右，可忽略不计），故可近似认为

$$U_1 \approx E_1 = 4.44 f N_1 \Phi_m \tag{2.13}$$

式 (2.13) 说明一个很重要的原理：当变压器接到无穷大电网上运行，一次绕组所加电压 U_1 及频率 f 是一定值，所以当一次绕组匝数 N_1 不变时，变压器一次侧电动势 E_1 及主磁通 Φ_m 均为确定值，与磁路性质和尺寸大小无关，此原理称为恒磁通原理（或称为电压决定磁通原则）。

将 $U_1 \approx E_1$ 和 $U_{20} \approx E_2$ 代入式 (2.12)，可得到变压器变比的近似实用公式为

$$k = \frac{E_1}{E_2} \approx \frac{U_1}{U_{20}} = \frac{U_{1N}}{U_{2N}} \tag{2.14}$$

式 (2.14) 说明变压器变比的实用公式即为一次侧电压与二次侧空载电压之比。由于铭牌上所标出的二次额定电压值是指一次侧加额定电压时在二次侧空载时的测量电压值，因此变比也可以为一次侧额定电压与二次侧额定电压之比。

4. 空载电流

变压器的空载电流 I_0 可分解为两部分。一部分主要用于在铁芯中建立磁场，产生主磁通 Φ_m 是 I_0 的感性无功分量，或称为励磁电流，用 I_μ 表示；另一部分与磁通在铁芯中交变产生的涡流损耗和磁滞损耗（两者合称为铁芯损耗）平衡，此损

耗为有功功率性质，也由变压器空载电流提供，故为 I_0 的有功分量，或称为铁耗电流，用 I_{Fe} 表示，即

$$\dot{I}_0 = \dot{I}_\mu + \dot{I}_{\mathrm{Fe}}$$

$$I_0 = \sqrt{I_\mu^2 + I_{\mathrm{Fe}}^2}$$

空载电流一般数值不大，中小型变压器 I_0 占额定电流 $I_{1\mathrm{N}}$ 的 $2\%\sim10\%$，大型变压器 I_0 不到额定电流的 1%。因为 $I_\mu \gg I_{\mathrm{Fe}}$，略去 I_{Fe} 不计，则 $I_0 \approx I_\mu$。因此空载电流又称为励磁电流。

变压器接到电源电压为正弦波的电网上运行时，磁通为正弦波。若铁芯不饱和，则空载电流也是正弦波，如图 2.7（a）、图 2.7（b）所示。电力变压器为了增强磁场，都是让铁芯工作在饱和区，如图 2.7（a）中的 b 点所示。铁芯工作在饱和区时，需增加一部分励磁电流，所以励磁电流为呈尖顶波形状的非正弦波形。尖顶波可分解为基波分量 i_{0b1} 和 3 次谐波分量 i_{0b3} 及其他高次谐波分量等，如图 2.7（c）所示。然而，为便于运行分析，工程计算中，通常忽略掉饱和影响，将励磁电流作正弦波形处理，即用正弦基波来代替非正弦尖顶波。

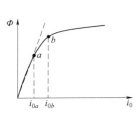 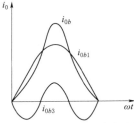

（a）励磁电流与磁通的关系　　（b）不饱和时的励磁电流为正弦波　　（c）饱和时的励磁电流为尖顶波

图 2.7　磁路饱和状态对励磁电流波形的影响

5. 空载损耗

变压器空载运行时没有功率输出，经变压器传递的所有有功功率被称为空载损耗，用 p_0 表示。空载损耗包括以下部分：

（1）一次绕组的铜损耗 $p_{\mathrm{Cu}} = I_0^2 R_1$，是指空载电流 I_0 在一次绕组电阻 R_1 上所产生的损耗，约占空载损耗 p_0 的 2%。

（2）铁芯损耗 p_{Fe}，由磁滞损耗（约占 p_0 的 83%）、涡流损耗（约占 5%）以及杂散损耗（约占 10%）组成。

实用中可将铜损耗忽略不计，认为空载损耗即为铁芯损耗。空载损耗占变压器额定容量的 $0.2\%\sim1\%$。

磁滞损耗和涡流损耗是铁芯损耗中的基本损耗。杂散损耗也称为附加损耗，主要是指变压器结构零件中如螺杆、铁轭夹件、油箱壁等处引起的涡流损耗等其他损耗。

变压器的铁芯损耗，无论是基本损耗或杂散损耗，只与磁感应强度、频率、铁芯材料和结构有关，而与变压器一次、二次侧绕组的电流无关。因此，当外加电

压、频率保持恒定，则一次绕组电动势、主磁通及磁感应强度基本保持不变，铁芯损耗也基本不变。因此铁芯损耗被称为不变损耗，它与变压器负载的大小变化无关。

6. 空载时的等效电路

为便于变压器的分析和计算，可将各种电磁关系用电路参数来表示，并由此得到变压器空载时的等效电路。

重写变压器空载时一次侧回路的电压平衡方程式为

$$\dot{U}_1 = -\dot{E}_1 + \dot{I}_0(R_1 + jX_{1\sigma}) = -\dot{E}_1 + \dot{I}_1 Z_1 \tag{2.15}$$

式中　$-\dot{E}_1$——平衡 $\dot{U}_1$ 的主要部分，用阻抗压降表示为

$$-\dot{E}_1 = \dot{I}_0 Z_m = \dot{I}_0(R_m + jX_m) \tag{2.16}$$

式中　Z_m——励磁阻抗，$Z_m = R_m + jX_m$；

　　　R_m——励磁电阻，是对应于铁芯损耗的电阻，铁芯损耗 $p_{Fe} = I_0^2 R_m$；

　　　X_m——励磁电抗，是对应于建立主磁通所需励磁电流的等效电抗，$I_0^2 X_m$ 等于励磁功率（无功）。

需要说明的是，励磁电抗 X_m 的大小会随铁芯的饱和程度而变化。因为 $X_m = \omega N_1^2 \Lambda_m$，对于铁磁材料构成的主磁路，磁导 Λ_m 的大小会随着饱和程度的不同而发生变化。磁路进入饱和区时导磁性能变差，Λ_m 的值变小，故 X_m 的值也随之变小，同时励磁阻抗 Z_m 也变小。

假设变压器不在饱和区工作，磁路的导磁性能基本不变，可认为 Λ_m 的值为常数，当频率和匝数不变时，X_m 和 Z_m 都为定值。

将式（2.16）代入式（2.15）有

$$\dot{U}_1 = \dot{I}_0 Z_m + \dot{I}_0 Z_1 = \dot{I}_0(R_m + jX_m + R_1 + X_{1\sigma}) \tag{2.17}$$

从式（2.17）中可看出励磁阻抗和一次侧漏阻抗为串联关系，根据此关系可画出变压器空载运行等效电路如图 2.8 所示。

更进一步，可作出变压器空载运行时的相量图（图 2.9），作法如下：

（1）以 Φ_m 为基准，画出电动势 $\dot{E}_1$、$\dot{E}_2$ 和 $-\dot{E}_1$。

（2）画出空载电流 $\dot{I}_0$。

（3）在 $-\dot{E}_1$ 的相量上逐次画出与 $\dot{I}_0$ 同相的 $\dot{I}_0 R_1$、超前 $\dot{I}_0$ 90°的 $j\dot{I}_0 X_{1\sigma}$。

（4）将 $-\dot{E}_1$、$\dot{I}_0 R_1$ 和 $j\dot{I}_0 X_{1\sigma}$ 各相量相加，得到电源电压 $\dot{U}_1$。

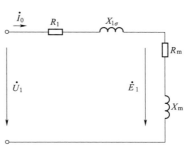

图 2.8　变压器空载运行等效电路

由于变压器需要从电网吸取滞后的无功电流用来建立励磁磁场，从图中可看出，$\dot{U}_1$ 和 $\dot{I}_0$ 的夹角 $\varphi_0 \approx 90°$，说明变压器空载运行时的功率因数很低，空载电流基本上是一个感性无功电流，所以变压器空载时可视为电网的一个电感负载。

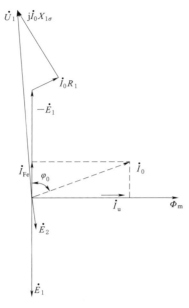

图 2.9 变压器空载运行相量图

2.2.2 变压器的负载运行

变压器一次绕组加上交流电源，二次绕组接入负载的运行方式称为变压器的负载运行，如图 2.10 所示。当负载接到二次绕组上时，就会产生二次电流 $\dot{I}_2$ 和磁动势 $\dot{F}_2 = \dot{I}_2 N_2$，该磁动势对主磁场起去磁作用，使由空载电流 $\dot{I}_0$ 建立的主磁场变弱。但由于电源电压不变时，主磁通 Φ 是基本不变的，因此，一次绕组中的电流会增大到负载时的 $\dot{I}_1$，以维持主磁场的恒定。这说明，一次、二次电流之间虽然没有电的直接联系，但通过磁场耦合，当二次电流增加时，一次电流随之增加，反之亦然。这样，一次电流随负载变化而变化，从而实现了电能的传递。

1. 磁动势平衡方程式

变压器负载运行时，铁芯中的主磁通由一次

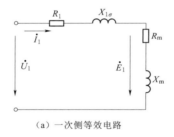

（a）一次侧等效电路

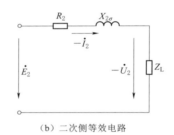

（b）二次侧等效电路

图 2.10 变压器负载等效电路

侧磁动势 $\dot{F}_1$ 和二次侧磁动势 $\dot{F}_2$ 共同作用产生。因合成磁动势 $\dot{F}_1 + \dot{F}_2$ 基本与空载磁动势 $\dot{F}_0$ 相等，故磁动势平衡方程式为

$$\dot{F}_1 + \dot{F}_2 = \dot{F}_0$$

或
$$\dot{I}_1 N_1 + \dot{I}_2 N_2 = \dot{I}_0 N_1 \tag{2.18}$$

将式（2.18）两边同除以 N_1，得到 $\dot{I}_1 + \dot{I}_2 \dfrac{N_2}{N_1} = \dot{I}_0$，即

$$\dot{I}_1 = \dot{I}_0 + \left(-\dot{I}_2 \frac{N_2}{N_1}\right) = \dot{I}_0 + \left(-\frac{\dot{I}_2}{k}\right) = \dot{I}_0 + \dot{I}_{1L} \tag{2.19}$$

式中　$\dot{I}_{1L}$——一次绕组电流的负载分量，$\dot{I}_{1L} = -\dfrac{\dot{I}_2}{k}$。

2. 电压平衡方程式

按图 2.10 所规定的正方向，应用基尔霍夫电压定律，或将式（2.17）中的 $\dot{I}_0$

变为 $\dot{I}_1$，即可得到负载运行时一次侧的电压平衡方程式为

$$\dot{U}_1 = -\dot{E}_1 + \dot{I}_1(R_1 + jX_{1\sigma}) = -\dot{E}_1 + \dot{I}_1 Z_1 \tag{2.20}$$

与一次侧同理，二次侧电流也会产生漏磁通，引起相应的漏感应电动势 $\dot{E}_{2\sigma} = -j\dot{I}_1 X_{2\sigma}$，并在二次绕组电阻上产生电压降 $\dot{I}_2 R_2$，故二次侧电压平衡方程式为

$$\dot{U}_2 = \dot{E}_2 + \dot{E}_{2\sigma} - \dot{I}_2 R_2 = \dot{E}_2 + (-j\dot{I}_2 X_{2\sigma}) - \dot{I}_2 R_2 = \dot{E}_2 - \dot{I}_2(R_2 + jX_{2\sigma}) = \dot{E}_2 - \dot{I}_2 Z_2 \tag{2.21}$$

式中 Z_2——二次侧漏阻抗，$Z_2 = R_2 + jX_{2\sigma}$。

式（2.20）表明，变压器负载运行时，电源电压 $\dot{U}_1$ 被反电动势 $-\dot{E}_1$ 和一次绕组漏阻抗电压降 $I_2 Z_2$ 之和所平衡。而式（2.21）表明，此时变压器二次绕组感应出的电动势 $\dot{E}_2$，经二次绕组内阻抗分压 $I_2 Z_2$ 后，对负载输出电压为 $\dot{U}_2$。

3. 变压器折算法

综上所述，式（2.18）～式（2.21）概括了变压器中的电磁关系，称为变压器运行时的基本方程式。利用这组基本方程式，可画出变压器负载时的等效电路如图 2.10 所示。由图可见，一次、二次侧电路之间彼此独立，没有电的直接联系，这显然不便于计算。因此，希望能进行某种处理，以将变压器一次、二次侧电路连接起来进行简化定量计算。参数折算法就是这样的方法。

变压器折算法就是将一侧的物理量和参数折算到另一侧。在电力变压器中，通常是将二次侧折算到一次侧。具体做法是用一个匝数为 N_1 的假想二次绕组 N_2'，代替原匝数为 N_2 的二次绕组，但折算前后的磁动势和功率关系必须保持不变。这样，折算后的变压器与原变压器具有相同的效果，但却可以使分析计算更加直观简便。

经过折算后的各物理量和参数称为折算值，在各自代表符的右上角加 ' 表示。

（1）电流的折算。根据折算前后磁动势不变的原则，令 $N_2' = N_1$，则由 $I_2 N_2 = I_2' N_2' = I_2' N_1$ 得

$$I_2' = \frac{N_2}{N_1} I_2 = \frac{1}{k} I_2 \tag{2.22}$$

（2）电动势和电压的折算。由于折算前后磁动势不变，即主磁通不变，则

$$E_2' = (N_2'/N_2) E_2 = k E_2 = E_1 \tag{2.23}$$

同理 $E_{2\sigma}' = k E_{2\sigma}$，$U_2' = k U_2$。

（3）阻抗的折算。利用电压和电流的折算值可以得出阻抗的折算值，以负载阻抗为例，为

$$Z_L' = \frac{U_2'}{I_2'} = \frac{k U_2}{I_2/k} = k^2 Z_L \tag{2.24}$$

同理。$Z_2' = k^2 Z_2$，$R_2' = k^2 R_2$，$X_{2\sigma}' = k^2 X_{2\sigma}$。

综上，将二次侧折算到一次侧时，凡以 A 为单位的量除以变比 k，以 V 为单位的量乘以 k，而以 Ω 为单位的量乘以 k^2。若将一次侧折算到二次侧，则折算关系正好相反。

【例 2.1】 图 2.11 为一台单相双绕组变压器，变比 $k=10$。

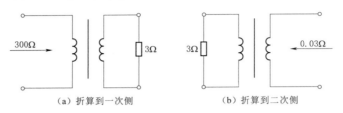

（a）折算到一次侧　　　　　　（b）折算到二次侧

图 2.11　阻抗变换实例

（1）将实际值 $R_L=3\Omega$ 的电阻接在二次侧，从一次侧看进去的电阻为多少？

（2）若将 3Ω 的电阻接在一次侧，则从二次侧看进去的电阻为多少？

解： 这是阻抗的折算问题，根据变压器折算公式求解如下：

（1）$R_L'=k^2 R_L=10^2\times 3=300\Omega$，即二次侧的电阻 3Ω 从一次侧看进去是 300Ω。

（2）$R_L'=R_L/k^2=3/10^2=0.03\Omega$，即一次侧的电阻 3Ω 从二次侧看进去是 0.03Ω。

由本例可以看出，变压器也可作为一种阻抗变换器使用。

4. 折算后的等效电路和基本方程式

变压器经折算后有 $\dot{E}_2'=\dot{E}_1$，这说明一次绕组和假想等效二次绕组两端的感应电动势相等。因此也就可以将图 2.10 中两电动势的端点相连。这就是变压器负载运行时的 T 型等效电路图，如图 2.12 所示。

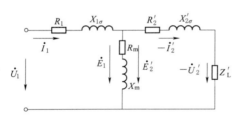

图 2.12　变压器 T 型等效电路

依照 T 型等效电路图，可列出折算后变压器的基本方程式为

$$\dot{U}_1=-\dot{E}_1+\dot{I}_1 Z_1$$

$$\dot{U}_2'=\dot{E}_2'-\dot{I}_2'\dot{Z}_2'$$

$$\dot{I}_1+\dot{I}_2'=\dot{I}_0 \qquad (2.25)$$

$$\dot{E}_1+\dot{E}_2=-\dot{I}_0 Z_m$$

$$\dot{U}_2'=\dot{I}_2' Z_L'$$

变压器 T 型等效电路图表明了变压器中的基本电磁关系，但进行运算时还是比较复杂。因此，工程上常采用近似等效电路或简化等效电路，再针对不同情况进行简化计算。

近似等效电路是考虑到因 $Z_1\ll Z_m$，在 Z_1 上引起的电压降 $\dot{I}Z_1\ll\dot{E}_1$，若忽略 $\dot{I}Z_1$ 的影响，可将励磁回路前移至电源端，使分析计算得以简化，如图 2.13 所示。

简化等效电路是因为变压器负载运行时，空载电流 I_0 所占比例很小，若将其忽略，令 $\dot{I}_0=0$，则 $\dot{I}_1=-\dot{I}_2$，故可将励磁回路略去，使变压器的分析计算更为简化，如图 2.14 所示。这是变压器运行分析中最常采用的简化等效电路。

将图 2.14 中一次、二次侧参数合并，即可得到变压器短路电阻 R_k、短路电抗

X_k 和短路阻抗 Z_k，即

$$R_k = R_1 + R_2', X_k = X_{1\sigma} + X_{2\sigma}', Z_k = R_k + jX_k \tag{2.26}$$

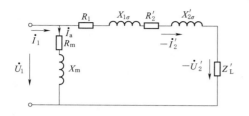

图 2.13　变压器近似等效电路

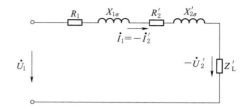

图 2.14　变压器简化等效电路

短路阻抗 Z_k 在正常运行时会影响变压器的输出电压，但由于电力变压器的短路阻抗 $Z_k \ll Z_L'$，所以对输出电压的影响不是很大。不过一旦发生短路，Z_k 则起到重要的限制短路电流的作用。变压器可以选择不同的短路阻抗值，Z_k 值越小，对输出电压的影响越小，但对限制短路电流的作用不明显，变压器发生短路时会出现很大的短路电流。反之，Z_k 值越大，对输出电压的影响越大，但对限制短路电流有明显的作用。因此，变压器应根据要求选择适当的短路阻抗值。

5. 相量图

根据折算后的基本方程式，可在空载相量图基础上绘制负载运行时的相量图。作图时要注意负载的性质。变压器负载通常是感性的，即 $\dot{I}_2'$ 滞后 $\dot{U}_2'$ 一个功率因数角 φ_2，将 $\dot{I}_2'$ 与 $\dot{I}_0$ 相加得到 $\dot{I}_1$，进而由 $\dot{I}_1$ 和 $\dot{I}_2'$ 可分别作出相量 $\dot{U}_1$ 和 $\dot{U}_2'$，其他相量可一一作出，如图 2.15 所示。容性和阻性负载也可仿此作出。

对于简化电路，可绘制出更为实用的简化相量图。由于忽略 $\dot{I}_0$，则 $\dot{I}_1 = -\dot{I}_2'$ 以 $-\dot{U}_2'$ 为参考开始作图，$\dot{I}_1$ 滞后 $-\dot{U}_2'$ 一个 φ_2 角，再根据方程 $\dot{U}_1 = -\dot{U}_2' + \dot{I}_1 R_k + j\dot{I}_1 X_k$ 即作出感性负载时的简化相量图，如图 2.16 所示。

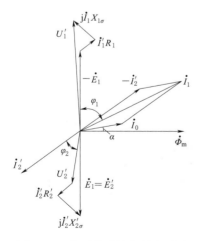

图 2.15　变压器感性负载相量图

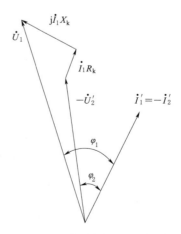

图 2.16　感性负载简化相量图

2.2.3　参数的测定

从等值电路可知，变压器的参数有励磁阻抗和短路阻抗。这些参数在设计变压器时是通过计算给出的，因此，变压器在制成或修理后需要进行参数的测定试验。参数测定试验有空载试验和短路试验两种。

1. 空载试验

空载试验可用来测定变压器的励磁电阻 R_m、励磁电抗 X_m、空载损耗 p_0 以及变比 k。图 2.17（a）为单相变压器的空载试验接线。其中 AX 为高压绕组，ax 为低压绕组。为了测试的安全和方便，通常采用将变压器高压侧开路，在低压侧施加额定电压的方法。由于被测励磁阻抗的阻值较大，故采用电压表前接法进行试验。

用电流表、电压表和功率表分别测出空载电流 I_0、电源电压 U_1 和空载损耗 p_0。考虑到电力变压器中 I_0 很小，空载时一次绕组铜耗较小，可将其略去，铁耗 $p_{Fe} \approx p_0$，又因 $R_m \gg R_1$，$X_m \gg X_{1\sigma}$，将 R_1 和 $X_{1\sigma}$ 略去，采用等效电路如图 2.17（b）所示，因此近似认为变压器的励磁阻抗等于空载时的总阻抗，所以励磁回路参数可以计算得到

$$Z_m = U_1/I_0, \quad R_m = p_0/I_0^2, \quad X_m = \sqrt{Z_m^2 - R_m^2}$$

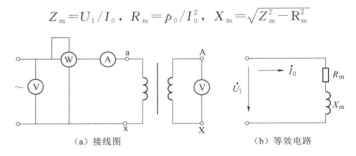

（a）接线图　　　　　　　（b）等效电路

图 2.17　变压器空载试验

需要说明的是：上述计算结果是低压侧参数，而一般变压器励磁阻抗是指高压侧参数，需将低压侧参数乘以 k^2 后才能得到。变比 k 可由测得的高压侧电压和低压侧电压求取

$$k = \frac{U_{20(高压)}}{U_{1(低压)}}$$

2. 短路试验

短路试验用来测定变压器的短路电阻 R_k、短路电抗 X_k、短路阻抗 Z_k 和铜损耗，试验接线如图 2.18（a）所示。由于短路电流较大，为方便选择仪表，通常采用将变压器低压侧短路，在高压侧施加电压的测试方法。又由于短路阻抗很小，试验电压过高会产生很大的短路电流，将变压器绕组烧坏，因此施加的试验电压很低，通常做法是使短路电流达到额定电流值即可。另外，由于被测短路阻抗的阻值较小，因此采用电压表后接法进行试验。

用电流表、电压表和功率表分别测出短路电流 I_k、短路电压 U_k 和短路损耗 p_k。考虑到电力变压器中 I_k 很大，短路时产生的铜耗大，可将相对较小的铁耗略

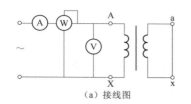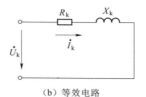

| （a）接线图 | （b）等效电路 |

图 2.18 单相变压器短路试验

去，铜耗 $p_{\mathrm{Cu}} \approx p_{\mathrm{k}}$；又因 $I_0 \ll I_{\mathrm{k}}$，故可将励磁回路略去，采用简化等效电路如图 2.18（b）所示。因为短路阻抗 $Z_{\mathrm{k}} = R_{\mathrm{k}} + \mathrm{j} X_{\mathrm{k}}$，因此短路阻抗参数也可计算得到

$$Z_{\mathrm{k}} = U_{\mathrm{k}} / I_{\mathrm{k}}, \quad R_{\mathrm{k}} = p_{\mathrm{k}} / I_{\mathrm{k}}^2, \quad X_{\mathrm{k}} = \sqrt{Z_{\mathrm{k}}^2 - R_{\mathrm{k}}^2}$$

由于不能用试验方法对一次、二次绕组的阻抗值进行分解，大中型容量变压器通常作如下处理

$$X_{1\sigma} = X_{2\sigma}' = X_{\mathrm{k}} / 2, \quad R_1 = R_2' = R_{\mathrm{k}} / 2 \tag{2.27}$$

短路阻抗 Z_{k} 与一次侧额定电流的乘积称为短路电压，即 $U_{\mathrm{k}} = I_{1\mathrm{N}} Z_{\mathrm{k}}$，将它与额定电压之比的百分值 $u_{\mathrm{k}} = U_{\mathrm{k}} / U_{1\mathrm{N}} \times 100\%$ 称为短路电压百分数，这是电力变压器的重要参数，通常标注在铭牌上。

2.2.4 标幺值

在电机学中，各物理量和参数除采用实际值表示外，通常还采用标幺值来表示。所谓标幺值，就是用实际值与选定基值之比的一种相对值，即

标幺值＝实际值/基值

为示区别，标幺值均在原符号右上角加 * 来表示，如 U^*、I^* 和 Z^* 等。采用标幺值时，基值的选取是十分重要的。通常有两种选取方法。

（1）直接取额定值为基值。如 $U_{1\mathrm{N}}$、$U_{2\mathrm{N}}$、$I_{1\mathrm{N}}$、$I_{2\mathrm{N}}$、S_{N} 等。由此可确定的标幺值（部分）有

$$U_1^* = U_1 / U_{1\mathrm{N}}, \quad U_2^* = U_2 / U_{2\mathrm{N}}$$

$$I_1^* = I_1 / I_{1\mathrm{N}}, \quad I_2^* = I_2 / I_{2\mathrm{N}}$$

$$S_1^* = S_1 / S_{1\mathrm{N}}, \quad S_2^* = S_2 / S_{2\mathrm{N}}$$

$$p_0^* = p_0 / S_{1\mathrm{N}}, \quad p_{\mathrm{k}}^* = p_{\mathrm{k}} / S_{2\mathrm{N}} \tag{2.28}$$

（2）通过计算确定基值。例如 $Z_{1\mathrm{N}} = U_{1\mathrm{N}} / I_{1\mathrm{N}}$，$Z_{2\mathrm{N}} = U_{2\mathrm{N}} / I_{2\mathrm{N}}$ 等。可确定的标幺值（部分）有

$$Z_1^* = Z_1 / Z_{1\mathrm{N}}, \quad R_1^* = R_1 / Z_{1\mathrm{N}}, \quad X_{1\sigma}^* = X_{1\sigma} / Z_{1\mathrm{N}}$$

$$Z_2^* = Z_2 / Z_{2\mathrm{N}}, \quad R_2^* = R_2 / Z_{2\mathrm{N}}, \quad X_{2\sigma}^* = X_{2\sigma} / Z_{2\mathrm{N}}$$

$$Z_{\mathrm{m}}^* = Z_{\mathrm{m}} / Z_{1\mathrm{N}}, \quad R_{\mathrm{m}}^* = R_{\mathrm{m}} / Z_{1\mathrm{N}}, \quad X_{\mathrm{m}}^* = X_{\mathrm{m}} / Z_{1\mathrm{N}} \tag{2.29}$$

采用标幺值主要有以下优点：

（1）采用标幺值便于工程上的计算和分析。例如额定电压、额定电流可表示为 $U_{1\mathrm{N}}^* = 1$，$I_{1\mathrm{N}}^* = 1$ 等，将其用来计算是很方便的。如某台变压器输出电流为 500A，

不容易判断出该变压器是工作在轻载、重载或超载状态。用 $I_1^*=0.5$ 说明变压器工作在半载状态，$I_1^*=1.2$ 说明工作在超载 20％ 状态，$U_1^*=1.05$ 则说明电压超过额定电压 5％ 等。

（2）标幺值表示的参数及数据实际为一种相对值，不论变压器的容量相差多么大，采用标幺值便于对容量不同的变压器进行比较。例如 $I_{01}^*=0.01$、$I_{02}^*=0.05$ 说明两台变压器的空载电流分别占额定电流的 1％ 和 5％，第一台变压器的空载电流所占比例要小些。

（3）采用标幺值时，由于一次、二次侧的基值选取中已包含了变比关系，所以一次、二次侧各量再不需进行折算了。例如 $R_2^*=R_2'^*$，$X_2^*=X_2'^*$ 等。

（4）采用的标幺值已无量纲，所以某些物理量和参数有着相同的数值，这便于计算和分析。例如 $Z_k^*=U_k^*$，即短路阻抗的标幺值也是短路电压的标幺值。

2.2.5　变压器的运行性能

变压器负载时的运行性能有电压变化率和效率两项主要指标。前者反映了变压器所供电压的稳定性，后者反映的是变压器运行的经济性。

1. 电压变化率

由于变压器内部有漏阻抗存在，变压器带负载时就会在漏阻抗上产生压降。因此，二次侧端电压将随负载的变动而变化。端电压的变化程度通常用电压变化率来表示。电压变化率反映了变压器供电电压的稳定性，是变压器的一个重要运行指标。

电压变化率定义为：变压器一次侧外施额定电压时，二次侧空载与额定负载下的电压差同空载电压的比值，用百分数表示，即

$$\Delta U\% = \frac{U_{20}-U_2}{U_{20}} \times 100\% \tag{2.30}$$

电压变化率可根据变压器的参数，负载的性质和大小，由简化相量图求出，即

$$\Delta U\% = \beta(R_k^* \cos\varphi_2 + X_k^* \sin\varphi_2) \times 100\% \tag{2.31}$$

其中

$$\beta = \frac{I_1}{I_{1N}} = I_1^*$$

式中　β——负载系数，额定负载时 $\beta=1$。

在简化计算中，式（2.31）可以满足工程要求。

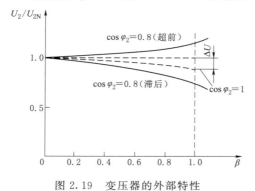

图 2.19　变压器的外部特性

从式（2.31）可以看出，电压变化率的大小与变压器短路阻抗、负载大小和负载功率因数有关。当负载为感性时，电流滞后于电压的角度 $\varphi_2>0$，$\cos\varphi_2$ 和 $\sin\varphi_2$ 均为正，$\Delta U\%$ 为正值，说明二次侧端电压随感性负载的增大而下降；若负载为容性，$\varphi_2<0$，$\sin\varphi_2$ 为负，当 $R_k^*\cos\varphi_2 + X_k^*\sin\varphi_2 < 0$ 时，$\Delta U\%$ 为负值，说明二次侧端电压随容性

负载的增大出现了上升现象,即容性负载越大,二次侧端电压越高。其外特性如图2.19所示。从特性曲线中还可看出,负载为纯阻性时二次侧端电压仍略有下降,这是因为变压器本身也是一个感性负载,下降原因类似于接感性负载的情况。

一般电力变压器在额定负荷运行时,其 $\Delta U\%$ 不应超过 $\pm5\%$。为了保证电压的稳定性,通常采用改变高压绕组匝数的方法来调整二次侧电压的高低,即采用分接头调压。分接头数量从几个到二十几个不等,每个分接头的调整量在 $1\%\sim2.5\%$。

【例 2.2】 一台电力变压器,$R_k^* = 0.022$,$X_k^* = 0.045$。试计算额定负载时下列情况变压器的电压变化率 ΔU。

(1) $\cos\varphi_2 = 0.8$(滞后)。

(2) $\cos\varphi_2 = 1$。

(3) $\cos\varphi_2 = 0.8$(超前)。

解:(1)额定负载时 $\beta = 1$,$\cos\varphi_2 = 0.8$,$\sin\varphi_2 = 0.6$。

$$\Delta U\% = \beta(R_k^* \cos\varphi_2 + X_k^* \sin\varphi_2) \times 100\% = 1 \times (0.022 \times 0.8 + 0.045 \times 0.6) \times 100\%$$
$$= 4.46\%$$

(2)额定负载时 $\beta = 1$,$\cos\varphi_2$,$\sin\varphi_2 = 0$。

$$\Delta U\% = \beta(R_k^* \cos\varphi_2 + X_k^* \sin\varphi_2) \times 100\% = 1 \times (0.022 \times 1.0 + 0.045 \times 0) \times 100\%$$
$$= 2.2\%$$

(3)额定负载时 $\beta = 1$,$\cos\varphi_2 = 0.8$,$\sin\varphi_2 = -0.6$。

$$\Delta U\% = \beta(R_k^* \cos\varphi_2 + X_k^* \sin\varphi_2) \times 100\% = 1 \times (0.022 \times 0.8 - 0.045 \times 0.6) \times 100\%$$
$$= -0.94\%$$

2. 效率

变压器在进行能量传递过程中会产生功率损耗,将输出功率与输入功率之比称为变压器的效率,即

$$\eta = \frac{P_2}{P_1} \times 100\% \tag{2.32}$$

式中　P_2——二次绕组输出的有功功率;

　　　P_1——一次绕组输入的有功功率。

效率是变压器运行的重要指标,反映了运行的经济性。由于现代变压器采用高磁导率低损耗冷轧硅钢片和铜制绕组,所以效率比较高,中小型容量变压器效率大于 95%,大型变压器效率在 99% 以上。

铁芯损耗是指变压器铁芯中的涡流损耗、磁滞损耗,用 p_{Fe} 表示,其大小近似与频率 f 的 1.3 次方成正比,基本不变,故为不变损耗。

铜损耗是指变压器绕组电阻上产生的损耗,用 p_{Cu} 表示,其大小与 I_1^2 成正比,为可变损耗,随负载的增加而增大。

工程上常采用间接法测定变压器的效率,即

$$\eta = \frac{P_2}{P_2} \times 100\% = \frac{P_1 - \sum p}{P_1} \times 100\% = 1 - \frac{\sum p}{P_2 + \sum p} \times 100\% \tag{2.33}$$

其中

$$\sum p = p_{Fe} + p_{Cu}$$

为了使效率计算简便，可作如下假定：

（1）认为变压器额定电压下的空载损耗 p_0 等于额定负载时变压器的不变铁耗 p_{Fe}，即 $p_0 = p_{Fe}$，空载损耗应包括铁芯损耗和空载电流 I_0 在一次绕组上产生的铜损耗，由于空载电流 I_0 很小，铜耗 $I_0^2 R_1 \ll p_{Fe}$，故可略去不计。

（2）认为变压器额定电流时的短路损耗 p_{kN} 等于额定负载时变压器的可变铜耗 p_{Cu}，即 $p_{Cu} = \beta^2 p_{kN}$。因为在短路试验时，外加电压很低，此时的铁耗远小于铜耗，故可略去不计。

计算 P_2 时，忽略负载运行时二次侧电压的变化，认为 $U_2 = U_{2N}$，即 $P_2 = mU_2 I_2 \cos\varphi_2 = mU_{2N}\beta I_{2N}\cos\varphi_2 = \beta S_N \cos\varphi_2$

其中 $$S_N = mU_{2N}I_{2N}$$

式中　S_N——变压器的额定容量。

采用以上假设后，则效率计算公式［式（2.32）］可改写为

$$\eta = \left(1 - \frac{p_{Fe} + \beta^2 p_{kN}}{\beta S_N \cos\varphi_2 + p_{Fe} + \beta^2 p_{kN}}\right) \times 100\% \tag{2.34}$$

该效率公式计算误差很小，能够满足工程需要。

在负载功率因数 $\cos\varphi_2$ 不变的情况下，根据式（2.34）可知效率随负载大小而

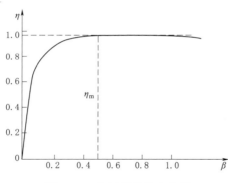

图 2.20　变压器的效率曲线

变化，变压器的效率曲线如图 2.20 所示。从图中可以看出，当负载很小时，铁耗 p_{Fe} 为损耗的主要成分，此时效率较低；之后，随负载增大，效率上升较快。但负载按 β 速度增加时，铜耗以 β^2 速度增加，当所带负荷较大时，铜耗 p_{Cu} 成为损耗的主要成分，因此效率达到最高值后会略有下降。

对一台变压器来说，p_0 和 p_{kN} 的值是一定的，可通过空载和短路试验测出。产生最大效率时的负载系数可对式（2.34）求导得出，根据 $d\eta/d\beta = 0$，可得到

$$p_0 = \beta_m^2 p_{kN} \tag{2.35}$$

式（2.35）说明当可变损耗增大到与不变空载损耗相等时效率达到最大，即最大效率的负载系数为

$$\beta_m = \sqrt{p_0/p_{kN}} \tag{2.36}$$

变压器一般不是长期在额定负载下运行，因此通常不将 β_m 设计为 1，而将 β_m 值设计在 $0.5 \sim 0.6$。变压器大部分时间都在这个区间工作，这有利于提高效率指标。

【例 2.3】　一台电力变压器，$S_N = 320\text{kVA}$，空载损耗 $p_0 = 1450\text{W}$，$p_{kN} = 5700\text{W}$。试求：

（1）额定负载且功率因数 $\cos\varphi_2 = 0.8$（滞后）时的效率。

（2）最大效率时的负载系数 β_{m} 及 $\cos\varphi_2 = 0.8$（滞后）时的最大效率 η_{m}。

解：（1）
$$\eta = \left(1 - \frac{p_{\mathrm{Fe}} + \beta^2 p_{\mathrm{kN}}}{\beta S_{\mathrm{N}} \cos\varphi_2 + p_{\mathrm{Fe}} + \beta^2 p_{\mathrm{kN}}}\right) \times 100\%$$

$$= \left(1 - \frac{1450 + 1^2 \times 5700}{1 \times 320 \times 10^3 \times 0.8 + 1450 + 1^2 \times 5700}\right) \times 100\% = 97.3\%$$

（2）$\beta_{\mathrm{m}} = \sqrt{p_0 / p_{\mathrm{kN}}} = \sqrt{1450/5700} = 0.504$

$$\eta = \left(1 - \frac{2 p_{\mathrm{Fe}}}{\beta_{\mathrm{m}} S_{\mathrm{N}} \cos\varphi_2 + 2 p_{\mathrm{Fe}}}\right) \times 100\%$$

$$= \left(1 - \frac{2 \times 1450}{0.504 \times 320 \times 10^3 \times 0.8 + 2 \times 1450}\right) \times 100\% = 97.8\%$$

2.3　三　相　变　压　器

电力系统目前大都采用三相制运行方式，故使用最广泛的是三相变压器。从运行原理和分析方法来看，三相变压器在对称负载下运行时，各相的电压、电流大小相等，相位互差 120°，因此只需选取任一单相进行分析即可（一般选取 A 相）。分析方法同本章 2.2 节，只是要注意不同连接方式下（Y 或 △），线电压和线电流与相电压和相电流之间的转换关系，介绍从略。本节仅对三相变压器的特殊问题进行讨论，即三相变压器的磁路构成、绕组连接和感应电动势波形等。

2.3.1　三相变压器的磁路系统

三相变压器按铁芯结构的不同，可分为三相变压器组和三相心式变压器两类。三相变压器组由三个尺寸完全相同的单相变压器组成，如图 2.21 所示。由于每相磁路是独立分开的，所以三相变压器组的磁路特点是各相磁通互不关联。由于磁路的磁阻相同，当外施三相电压对称时，三相对称绕组的励磁电流也是对称的，产生的磁通和三相磁动势也是对称的。

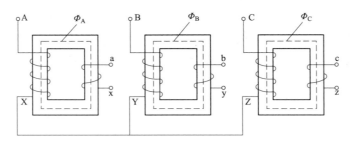

图 2.21　三相变压器组

根据三相对称磁通 $\dot{\Phi}_{\mathrm{A}} + \dot{\Phi}_{\mathrm{B}} + \dot{\Phi}_{\mathrm{C}} = 0$ 的原理，可制成三相心式变压器。其铁芯结构可由组式结构演变而来，如图 2.22 所示。由于公共铁芯柱内的磁通为零，故可将公共铁芯柱省去，并且将三相铁芯柱布置在同一平面上，如图 2.22（c）所示。

由于每相磁通都要借助另外两相的磁路实现闭合，所以心式结构磁路系统的特点是各相磁通相互关联。

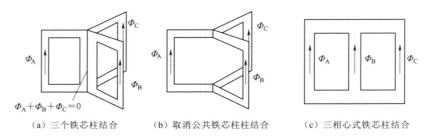

（a）三个铁芯柱结合　　（b）取消公共铁芯柱柱结合　　（c）三相心式铁芯柱结合

图 2.22　三相心式变压器的磁路

三相心式变压器与三相变压器组相比，具有铁芯耗材少、占地面积小、便于维护和变压器效率高等优点，因此目前在电力系统中使用最多。但对于同容量三相变压器，心式结构的单元（台）运输体积大，所以，在运输条件受限制地区，特大型变压器通常还是采用单元运输体积稍小的变压器组。

2.3.2　连接组

三相变压器绕组的连接除了满足电路构成的需要以外，还与绕组电动势谐波大小及并联运行等问题有关。了解绕组端点标志，掌握连接组、特别是三相变压器连接组的意义，至关重要。

1. 绕组的极性与端点标志

相互交链的两个绕组之间有着对应的极性关系。由于两个绕组都与同一磁通相交链，即当一个绕组某一瞬时电压为正时，另一个绕组在该瞬间也有一个端点电压为正，这两个具有正极性的端点，就是同极性端，用·记号标出。当然，另外两个不标记号的负极性端也是同极性端，实际上同极性端记号代表了绕组的绕向。这样，可以用有·记号的等效电路替代实际绕向的绕组画法，使作图和分析更加方便，如图 2.23 所示。从图 2.23（a）中可看出，1 与 3 和 2 与 4 端各为同极性端，1 与 4 和 2 与 3 端称为异极性端；从图 2.23（b）中可看出，1 与 4 和 2 与 3 端各为同极性端。换句话说，从两个同极性端同时输入电流时产生的磁场方向相同，而从两个异极性端同时输入电流时产生的磁场方向相反。图 2.23（c）为变压器实用电路图画法。

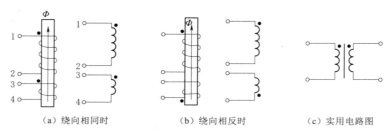

（a）绕向相同时　　　　（b）绕向相反时　　　　（c）实用电路图

图 2.23　绕组绕向与极性标记

变压器每相绕组首尾的标识称为绕组的端点标志，也称为出线标志。国家标准对端点标志有统一的规定，见表 2.3。这些端点标志都标在变压器的出线套管上，不允许随意更改。

表 2.3 国家标准对端点标志的规定

绕组名称	单相变压器		三相变压器		中点
	首端	尾端	首端	尾端	
高压绕组	A	X	A、B、C	X、Y、Z	O
低压绕组	a	x	a、b、c	x、y、z	o
中压绕组	Am	Xm	Am、Bm、Cm	Xm、Ym、Zm	Om

2. 单相变压器的连接组

变压器绕组的首端和尾端在出厂时已按规定标定，如果将电动势的正方向规定为自首端指向尾端，当同极性端采用不同的标志方法时，一次、二次侧电动势可出现同相位或反相位。

按照规定，高、低压绕组感应电动势 $\dot{E}_A$ 和 $\dot{E}_a$ 的正方向都是从绕组的首端指向尾端。单相变压器的高、低压绕组的绕向相同时，感应电动势 $\dot{E}_A$ 和 $\dot{E}_a$ 的方向相同。高、低压绕组的绕向相反时，感应电动势 $\dot{E}_A$ 和 $\dot{E}_A$ 的方向亦相反，如图 2.24 所示。

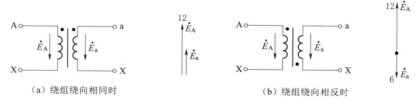

(a) 绕组绕向相同时　　　　　　(b) 绕组绕向相反时

图 2.24 单相变压器端点标志、极性和相量图

采用时钟表示法可以更形象地表示一次、二次侧相电压的相位关系。所谓时钟表示法，就是将一次侧电压相量看作时钟的长针并规定指向 12 点的位置，将二次侧电压相量看作时钟的短针，短针所指的钟点数就是变压器的连接组号。图 2.24 (a) 中一次、二次侧电压同相位，短针指向 12 点，故连接组号为 I_{i0}（以前标为 I/I - 12）；图 2.24 (b) 中一次、二次侧电压反相位，短针指向 6 点，故连接组号为 I_{i6}（以前标为 I/I - 6）。我国将 I_{i0} 作为单相变压器的标准连接组。

3. 三相变压器的连接组

三相变压器一次、二次绕组最常用的连接法是星形或三角形连接。

在星形连接中，将三相绕组的尾端连在一起形成中点，三相绕组的首端作引出端，有时还需将中线引出，如图 2.25 (a) 所示。

三角形接法有两种：一种是按 AX - BY - CZ 的次序（即 X 与 B、Y 与 C、Z 与 A 相连），把一相绕组的尾端与另一相绕组的首端依次相连，将三相绕组的首端引

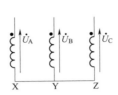
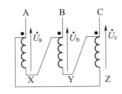

（a）引出中线的星形接法　（b）AX-BY-CZ次序的三角接法　（c）AX-CZ-BY次序的三角形接法

图 2.25　三相绕组的接法

出，如图 2.25（b）所示；另一种是按 AX - CZ - BY 的次序连接而成，如图 2.25（c）所示。

　　将高、低压绕组分别按星形（用 Y 或 y 表示）或三角形（用 D 或 d 表示）连接进行组合，可以得到许多种接线方式。约定高压绕组用 Y、D 表示，低压绕组用 y、d 表示，有中性点引出的星形接法用 YN 和 yn 表示。除此之外，还有连接组号问题。分析方法仍采用时钟表示法，即用高、低压绕组的线电压 $\dot{U}_{AB}$ 和 $\dot{U}_{ab}$ 之间的相位关系来确定变压器的连接组号，下面介绍几种典型的连接组。

　　（1）Yy 连接组。如图 2.26（a）所示，高、低压绕组均作星形连接，且高、低压侧的同极性端都在首端，所以高、低压绕组对应的各相电压均为同相位，对应的各线电压也是同相位。将 $\dot{U}_{AB}$ 指在 12 点上，则 $\dot{U}_{ab}$ 也指向 12 点，即组号为 0，连接组表示为 Yy0（Y/Y - 12）。

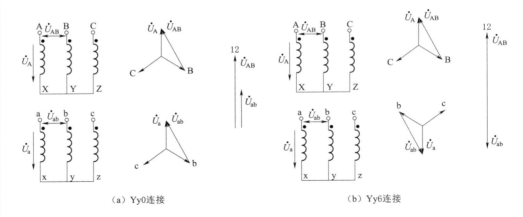

（a）Yy0连接　　　　　　　　　　　　　　　（b）Yy6连接

图 2.26　Yy 连接组

　　如果将上述接法的任一侧绕组的绕向反向，比如将低压绕组的绕向反向绕制，首尾端点标志不变，如图 2.26（b）所示。由于低压侧各相电压反相位，各线电压也反相位。若将 $\dot{U}_{AB}$ 指在 12 点上，则 $\dot{U}_{ab}$ 指向 6 点，连接组表示为 Yy6（Y/Y - 6）。

　　如果将 Yy0 接法的低压绕组的端点标志 abc 顺相序右移一个端点（尾端也相应变动），即改为 cab 绕组与 ABC 绕组相对应，用上述相量图的分析方法，可得到 Yy4 连接组；左移一个端点，则可得到 Yy8 连接组。同理，用 Yy6 可派生出组号为 2、10 连接组。

三相电力变压器常用的 Yyn0 连接组在低压绕组引出中性点，用于三相四线制的低压配电变压器，以提供动力和照明电源；而 YNy0 连接组则是在高压侧引出中性点作接地使用。

（2）Yd 连接组。如图 2.27（a）所示，高压绕组作星形连接，低压绕组按 AX - CZ - BY 的次序作三角形连接。高、低压侧的同极性端都在首端，所以高、低压绕组对应的各相电压均为同相位，但高、低压绕组各线电压之间出现 30° 的相位差。将 $\dot{U}_{AB}$ 指在 12 点上，则 $\dot{U}_{ab}=-\dot{U}_b$ 指向 11 点，即组号为 11，连接组表示为 Yd11（Y/△-11）。

若采用 AX - CZ - BY 的次序作三角形连接，如图 2.27（b）所示。将 $\dot{U}_{AB}$ 指在 12 点上，$\dot{U}_{ab}=\dot{U}_a$ 指向 1 点，即组号为 1，连接组表示为 Yd1（Y/△-1）。

按照前面所述分析方法，可以在 Yd11 和 Yd1 的基础上派生出组号为 3、5、7、9 的连接组。

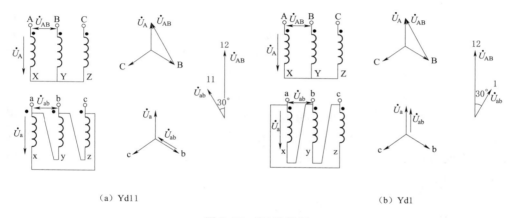

（a）Yd11　　　　　　　　　　　　　　　　（b）Yd1

图 2.27　Yd 连接组

三相电力变压器常采用 Yd11 连接组，而 YNd11 连接组则应用于高压侧需要进行中性点接地的场合。

2.3.3　绕组连接法和磁路系统对电动势波形的影响

在对单相变压器空载运行分析时已经得知，当外施电压为正弦波时，与之平衡和对应的电动势和磁通也是正弦波。但由于磁饱和的影响，励磁电流为尖顶波，其中除基波外还有较强的 3 次谐波和其他高次谐波分量（通常可忽略不计）

三相空载电流中的 3 次谐波分量大小相等，相位相同，其流通情况与三相绕组的连接方式有关。

如果变压器一次绕组采用星形有中线接法，则 3 次谐波有通路，使空载电流为尖顶波，不论二次绕组如何连接，三相变压器铁芯中的主磁通和感应电动势的波形均为正弦波，这与单相变压器的情况完全相同；如果一次绕组采用星形接法而无中线时，则 3 次谐波无通路，只有基波分量，所以空载电流为正弦波，铁芯中的磁通会出现一平顶波。

平顶波磁通又可分解为基波和 3 次谐波及其他高次谐波（亦可忽略不计）。3 次谐波磁通的流通情况与铁芯结构有关，下面分别对几种无中线的三相变压器加以说明。

1. Yy 连接的三相变压器

三相变压器组各相有独立的磁路，因此 3 次谐波磁通与主磁通一样在各自的铁芯中流通。由于主磁路的磁阻很小，因此 3 次谐波磁通的幅值较大。在绕组中感应出很大的 3 次谐波电动势，其幅值可达到基波幅值的 $45\%\sim60\%$，导致相电动势变为尖顶波，如此高的电动势有可能将绕组绝缘击穿，损坏变压器。因此，三相变压器组不能采用 Yy 连接方式。

三相心式变压器各相磁路相互关联，所以方向相同的 3 次谐波磁通不能沿铁芯闭合，只能经铁芯外的变压器油和油箱形成磁通回路，如图 2.28 所示。因为油为非铁磁性介质，磁阻很大，使 3 次谐波磁通大为削弱，则主磁通仍接近于正弦波，从而使相电动势和线电动势也接近正弦波，即使在铁芯饱和的情况下也是如此。因此，三相心式变压器组可以采用 Yy 连接方式。但由于油箱壁上磁通产生的附加涡流损耗较大，所以国家标准规定只能在中小型三相心式变压器上使用 Yy 连接方式。

2. Yd 和 Dy 连接的三相变压器

当变压器任何一侧绕组采用了三角形连接，如 Yd 和 Dy 这两种连接方式，情况就大不相同了。如图 2.29 中三角形接法的绕组内可以使 3 次谐波电流流通，用以供给励磁电流所需的 3 次谐波分量，因此可以使主磁通为正弦波形，从而保持电动势接近或达到正弦波形。由于 3 次谐波带来的损耗较小，所以这种连接方式常用于大容量的三相变压器组。

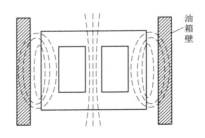

图 2.28　三相心式变压器中 3 次谐波磁通的路径

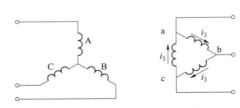

图 2.29　Yd 连接组中的 3 次谐波电流

在超高压、大容量电力变压器中，有时需要将变压器高、低压侧中点都接地，那么一次、二次侧必须进行 Yy 连接。为了提供 3 次谐波电流的通路，可在铁芯柱上另加上一个接成三角形的第三绕组，如图 2.30 所示。这样可以保证主磁通为正弦波形，从而改善电动势的波形。

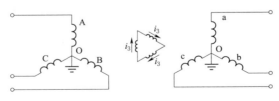

图 2.30　安装有第三绕组的变压器

2.4 变压器的并联运行

现代发电厂和变电站都是采用变压器并联运行方式。变压器并联运行是指将两台或多台变压器的一次、二次绕组分别接在各自的公共母线上，同时对负载供电。

变压器并联运行有以下优点：

（1）提高变压器运行经济性。并联运行在轻负载时可以将一部分变压器退出运行，从而减少空载损耗，使运行更加经济。

（2）提高变压器供电可靠性。当某台变压器发生故障或检修时，其余变压器仍可供给一定负载，减少用户停电。

（3）可以分期安装，减少初次投资。用电负载是在若干年内逐年增加的，根据发展分期分批添置变压器台数比较经济，同时有利于减少备用容量。当然，并联台数过多会使运行复杂化，而且占地面积大、投资会更多。因此，变电站增容量较大时，可将多台小容量变压器更换成大容量变压器再并联运行，一般以两台、三台变压器并联运行为宜。

2.4.1 并联运行的条件

与单台变压器运行情况相比，变压器并联运行会出现新的现象。比如在一次、二次绕组间出现循环电流（简称环流）；每台变压器所分担的负荷不能按比例分配，致使变压器容量不能充分利用等。所以，并联运行的变压器应具备下述条件：

（1）变压器的连接组相同，绝对不允许不同连接组的变压器并联运行。

（2）变压器的变比相等，但允许有偏差。

（3）变压器短路阻抗的标幺值相等，短路阻抗角相等，但允许有偏差。

下面分别对上述条件不满足时，变压器并联运行出现的问题进行讨论。

2.4.2 连接组不同对并联运行的影响

如果两台并联变压器的连接组不同，即使变比相同，两个二次侧电压大小相等，但因相位不同，会使二次侧出现电压差 $\Delta \dot{U}$，作用于两台变压器所构成的闭合回路中则将形成环流。以最小连接组号差来分析，例如 Yy0 与 Yd11 的两台变压器，其二次侧对应线电压相位差为 30°，如图 2.31 所示。$\Delta U = 2U_2 \sin 15° = 0.518U_2$，达到额定电压的 51.8%。由于变压器的漏阻抗很小，这样大的电压差将在变压器绕组中产生几倍于额定电流的环流，可能将变压器绕组烧坏。因此，连接组不同的变压器绝对不允许并联运行。

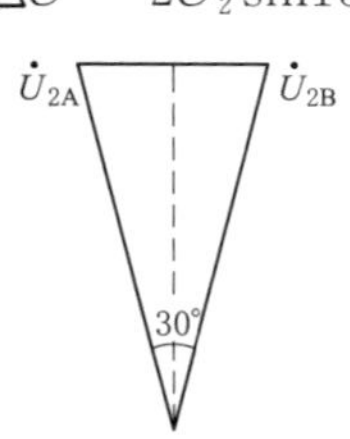

2.4.3 变比不等时的并联运行

设两台并联运行变压器的连接组、漏阻抗标幺值和容量等都相同，而变比 $k_A < k_B$，其一相绕组的原理接线如图 2.32

图 2.31　Yy0 与 Yd11
变压器并联运行时
二次侧电压相量

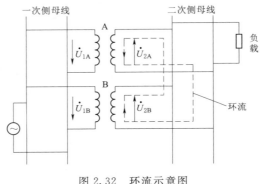

一次侧母线　　二次侧母线

图 2.32　环流示意图

所示。变压器一次侧接在同一母线上，具有同一电压，即 $\dot{U}_{1A}=\dot{U}_{1B}=\dot{U}_{1}$。从图中可以看出，即使两台变压器均处于空载状态，但二次绕组经由二次侧母线构成回路，变压器二次侧电压 $U_{2A}>U_{2B}$，在两台串联的二次侧绕组上出现电压差 $\Delta\dot{U}=\dot{U}_{2A}-\dot{U}_{2B}$，该电压差使变压器二次侧之间产生了空载环流，即

$$\dot{I}_{C}=\frac{\Delta\dot{U}}{Z_{kA}+Z_{kB}} \tag{2.37}$$

式中　Z_{kA}、Z_{kB}——折算到二次侧的两台变压器的漏阻抗，一般 Z_{kA} 和 Z_{kB} 的阻值很小，即使不大的电压差也会产生较大的环流。

环流从变压器 A 二次侧的正极端流出，经二次侧母线流向变压器 B。此环流将引起变压器一次侧空载电流发生变化，以维持磁动势达到新的平衡。如果两台变压器的变比相同，则 $U_{2A}=U_{2B}$，电压差为零，二次侧回路中才无环流存在。于是，各变压器如单独空载时一样，只有相应的一次侧空载电流。

当变压器带上负载运行时，环流会对负载电流产生影响：小变比变压器 A 的输出电流与环流同方向，环流占用了额定电流份额，使变压器 A 所带的容量减小了；同理，大变比变压器 B 的输出电流与环流反向，增加了额定电流份额，所带容量反而增加了。因此，变比小的变压器要比变比大的变压器的利用率低。

【例 2.4】 将两台容量为 100kVA 的变压器 A、B 并联运行，其额定电压分别为 6000V/230V 和 6000V/225V，已知 $u_{kA}\%=u_{kB}\%=5.5\%$，试求并联运行时的环流 I_{S} 为多大？

解： 已知一次侧所加电压为 6000V，变比 $k_{A}<k_{B}$，则两台变压器的二次侧电压差为

$$\Delta U=230-225=5\text{V}$$

变压器二次侧额定电流为

$$I_{NA}=\frac{S_{N}}{U_{NB}}=\frac{100\times10^{3}}{230}=435\text{A}$$

$$I_{NB}=\frac{S_{N}}{U_{NB}}=\frac{100\times10^{3}}{225}=444\text{A}$$

$$Z_{k}=\frac{u_{k}\%}{100}\times\frac{U_{N}}{I_{N}}$$

根据短路阻抗计算公式，两台变压器折算到低压侧的短路阻抗分别为

$$Z_{kA}=\frac{5.5}{100}\times\frac{U_{NA}}{I_{NA}}=\frac{5.5}{100}\times\frac{230}{435}=0.0291\Omega$$

$$Z_{kB} = \frac{5.5}{100} \times \frac{U_{NB}}{I_{NB}} = \frac{5.5}{100} \times \frac{225}{444} = 0.0279\Omega$$

二次侧环流为 $\quad I_S = \dfrac{230-225}{0.0291+0.0279} = \dfrac{5}{0.0570} = 87.8A$

从【例 2.4】可以看出，尽管两台变压器的二次侧电压只相差 5V，相对误差只有 2.2%，却产生了 87.8A 的空载环流，占变压器额定电流的 20% 左右。也就是说，变压器还未带负载已有 20% 的容量被占用，致使变压器的利用率大为降低。

因此，并联运行的变压器，其变比只能允许有极小的偏差。电力变压器的变比误差不得超过 0.5%，这样，可以将环流占额定电流的比值控制在 5% 以内。

2.4.4 容量不等时变压器的并联运行

在变电站负荷增容时常遇到并联运行的变压器容量不等的情况。假设两台并联变压器的连接组和变比都相同，而短路阻抗的标幺值随着变压器容量的不同而不等（通常随容量增大而增大）。

短路阻抗主要影响到并联运行变压器之间的负荷分配。图 2.33 为两台变压器并联运行时的等效电路。图中各量已折合到二次侧来进行计算。变压器 A 的短路阻抗为 $Z_{kA} = R_{kA} + jX_{kA}$，变压器 B 的短路阻抗为 $Z_{kB}R_{kB} + jX_{kB}$。显然，两台变压器的电流分配反比于各自的短

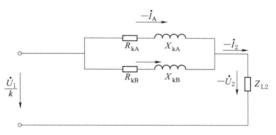

图 2.33 变压器并联运行时的等效电路

路阻抗，若两台变压器的二次侧电流同相位，则 $\dfrac{\overset{*}{I_A}}{\overset{*}{I_B}} = \dfrac{\overset{*}{Z_{kB}}}{\overset{*}{Z_{kA}}}$。

由于并联变压器的容量不等，所以负荷电流分配是否合理不能用实际值来判断，而应用标幺值来判断，即 $\dfrac{I_A}{I_B} = \dfrac{Z_{kB}}{Z_{kA}}$，或用负载系数表示为

$$\frac{\beta_A}{\beta_B} = \frac{\overset{*}{Z_{kB}}}{\overset{*}{Z_{kA}}} = \frac{u_{kB}}{u_{kA}} \tag{2.38}$$

式（2.38）表明，并联运行的各台变压器的负载系数与其短路阻抗的标幺值或阻抗电压成反比。小容量变压器，因阻抗电压小，负载系数大，当其负载达到满载时（$\beta=1$），另一台变压器尚在欠载状态（$\beta<1$），使大容量变压器的容量不能得到充分利用。若将大容量变压器满载运行，则小容量变压器已处于过载状态了。

【例 2.5】 设有两台三相变压器并联运行，其数据见表 2.4。

表 2.4 　　　　　　　　　　　【例 2.5】数 据 表

变压器编号	额定容量/kVA	额定电压/kV	连接组	阻抗电 u_k
A	1000	35/10	Yd11	6.75%
B	1800	35/10	Yd11	8.25%

试求：（1）在不允许任何一台变压器过载运行时，两台变压器最大可负担的负载 S_m 为多少？总利用率为多少？

（2）当总负载为 2800kVA 时，各变压器所承担的负载变化如何？

解：（1）利用式（2.38）求解。由于变压器 A 容量小，阻抗电压小，会先达到满载，故令

$$\beta_A = 1, \frac{1}{\beta_B} = \frac{0.0825}{0.0675}$$

求得 $\beta_B = 0.818$，则变压器 B 只有 81.8% 的容量可以使用。

两台变压器最大可担负的负载为

$$S_m = \beta_A S_A + \beta_B S_B = 1 \times 1000 + 0.818 \times 1800 = 2472 \text{kVA}$$

总利用率为

$$\frac{S_m}{S_A + S_B} = \frac{2472}{1000 + 1800} = 88.3\%$$

可见，两台变压器并联运行时容量没有全部利用，造成容量的浪费。

（2）假设需变压器担负 2800kVA 的负载时，两台变压器所带负载按比例增加。经过计算

$$S_A = \frac{2800}{2472} \times 1000 = 1132 \text{kVA} > 1000 \text{kVA}$$

小容量变压器超载运行；而

$$S_B = \frac{2800}{2472} \times 1800 \times 0.8 = 1668 \text{kVA} < 1800 \text{kVA}$$

大容量变压器仍在欠载运行。

两台变压器的负载分配出现不合理现象，其本质是两台变压器的阻抗电压值不同。假设容量不等但阻抗电压相同的变压器并联运行，则负载的分配是合理的，即同时达到满载。但实际容量不等的变压器其阻抗电压一般也不会相等。

因此，在实际增选并联变压器容量时，为了使设备容量得以充分利用，应尽量选取容量相等的变压器。如果容量不能相等，也应使最大容量与最小容量之比不超过 3，阻抗电压之差不超过 10%。

2.5　特　殊　变　压　器

前面所讨论的单相和三相变压器都称为双绕组变压器，是电力系统中使用最广泛的变压器。但在某些场合，还需要使用一些其他类型的变压器，常用的特殊变压器包括三绕组变压器、自耦变压器、分裂变压器和互感器等。

2.5.1　三绕组变压器

在变电站中经常由一个高压向两种较低的不同电压等级输送功率，采用两台双绕组变压器即可完成上述工作。但采用一台三绕组变压器不仅比较经济，而且运行和维护也比较简单方便，所以三绕组变压器在电力系统中也得到了较多的应用。

1. 结构特点

三绕组变压器的结构与双绕组变压器相同，只是在每相铁芯柱上套有三个绕组，即高压绕组 1、中压绕组 2 和低压绕组 3。为有利于与铁芯间的绝缘，将高压绕组 1 放置在最外层，低压绕组 3 放置在最里层，中压绕组 2 则放置在中间，降压变压器就是采用这种结构型式，如图2.34（a）所示（只画出 A 相）。但对于升压变压器来讲，还要根据绕组靠得近传输功率多的原则，将中压绕组和低压绕组对调，低压绕组放置中间，便于向高压和中压绕组传输功率，如图 2.34（b）所示。

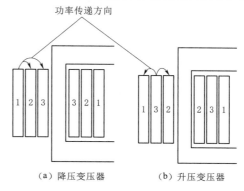

图 2.34 三绕组变压器绕组布置图

2. 容量配合及标准连接组

变压器绕组容量是指绕组通过功率的能力。双绕组变压器的输入和输出容量基本相等，所以一次、二次侧绕组的设计容量相等，即等于各绕组额定电压和额定电流的乘积。变压器铭牌上所标定的额定容量即为一次、二次侧绕组的额定容量。

三绕组变压器的各绕组容量可以设计为相等，也可设计为不相等，这样在满足供电需要的同时可降低变压器成本。三绕组变压器铭牌上标定的额定容量是指最大的一个绕组容量，其他两个绕组的容量等于或小于额定容量。按照国家标准，三绕组变压器将额定容量表示为 100 时，额定容量的配合见表 2.5。

表 2.5　　　　　　　三绕组变压器的容量配合

变压器类型	绕组容量/%			备　　注
	高压	中压	低压	
三绕组变压器	100	100	50	用于降压变压器
	100	50	100	降压、升压变压器均可
	100	100	100	用于升压变压器
三绕组自耦变压器	100	100	50	220kV 及 110kV 自耦连接

需要指出的是，三绕组的额定容量只是代表每个绕组通过容量的能力，并不是指三个绕组按此比例进行功率的传递，实际的功率分配比例总是在变化的。例如容量比例为 100/100/50 的降压变压器，当高压输入功率为 100% 时，可使中压输出为 50%，低压输出为 50%。根据负载需要，也可使中压输出增至 70%，但低压输出降为 30%。中低压输出功率之和应等于高压输入功率。每个绕组的输出功率不能超过该绕组的额定功率。

三相三绕组电力变压器的标准连接组有 YNyn0d11 和 YNyn0y0 两种，单相三绕组电力变压器的连接组为 I_{i0i0}，连接组都是以高、中、低绕组排列，两个连接组号都是以高压绕组线电压为长针来确定的。

3. 等效电路

三绕组变压器有 3 个变比和 3 个阻抗值。通过空载试验可求出其空载电流、铁芯损耗和变比，试验方法类似于双绕组变压器。若三个绕组上的相电压分别为 U_1、U_{20}、U_{30}，则三绕组变压器的变比为

$$k_{12} = N_1/N_2 \approx U_1/U_{20}$$
$$k_{13} = N_1/N_3 \approx U_1/U_{30}$$
$$k_{23} = N_2/N_3 \approx U_2/U_{30} \tag{2.39}$$

三绕组变压器负载运行时，三个绕组中均流过电流，与双绕组变压器的能量传递过程是一样的，只是多一个绕组，由三个绕组共同维持主磁通。若略去空载电流不计，则变压器的磁动势平衡关系式为

$$\dot{I}_1 N_1 + \dot{I}_2 N_2 + \dot{I}_3 N_3 = 0 \tag{2.40}$$

将式（2.40）两边同除以 N_1，有

$$\dot{I}_1 + \frac{1}{k_{12}} \dot{I}_2 + \frac{1}{k_{13}} \dot{I}_3 = 0 \tag{2.41}$$

将其代入折算关系 $\dot{I}_1 + \dot{I}_2' + \dot{I}_3' = 0$，经过推导，可以得出不考虑 I_0 时的三绕组变压器简化等效电路，如图 2.35 所示。图中 $Z_1 = R_1 + jX_{1\sigma}$ 为绕组 1 的短路阻抗；$Z_2' = R_2' + jX_{2\sigma}'$ 为绕组 2 折算到绕组 1 的短路阻抗；$Z_3' = R_3' + jX_{3\sigma}'$ 为绕组 3 折算到绕组 1 的短路阻抗；短路电阻 R_1、R_2'、R_3' 和短路电抗 X_1、X_2'、X_3' 可以通过 3 次短路试验求得。将绕组 3 开路，绕组 2 短路，绕组 1 加上电源，如同双绕组变压器短路试验一样，测取 $Z_{k12} = R_{k12} + jX_{k12}$；同理，分别将绕组 2 和绕组 1 开路，可测取 $Z_{k13} = R_{k13} + jX_{k13}$ 和 $Z_{k23}' = R_{k23}' + jX_{k23}'$。将 3 次试验结果中的电阻和电抗分别计算，即得到三绕组变压器的参数为

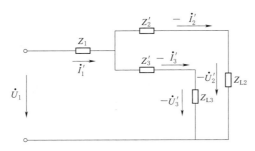

图 2.35　三绕组变压器简化等效电路

$$R_1 = \frac{1}{2}(R_{k12} + R_{k13} + R_{k23}') ; \quad X_1 = \frac{1}{2}(X_{k12} + X_{k13} + X_{k23}')$$

$$R_2' = \frac{1}{2}(R_{k12} + R_{k23}' + R_{k13}) ; \quad X_2' = \frac{1}{2}(X_{k12} + X_{k23}' + X_{k13})$$

$$R_3' = \frac{1}{2}(R_{k13} + R_{k23}' + R_{k12}) ; \quad X_3' = \frac{1}{2}(X_{k13} + X_{k23}' + X_{k12}) \tag{2.42}$$

利用三绕组变压器的参数和等效电路，可以计算和分析变压器的运行性能。

2.5.2　自耦变压器

在变电站电力负荷较大，而一次、二次侧电压相差不大时，可以采用自耦变压器。这种形式的变压器与普通双绕组变压器相比能节省材料、减小体积和重量，从而降低了成本。因此，三相电力自耦变压器的使用逐渐增多。此外，自耦变压器由于调压方便，所以常做成交流调压器广泛应用于实验室及各种电气试验。

1. 结构特点

将一台双绕组变压器转变为自耦变压器，其演变过程如图 2.36 所示。其中图 2.36（a）为双绕组变压器的原理图，由于感应电动势与匝数成正比，设一次绕组匝数 N_1 对应的感应电动势为 E_1，二次绕组 N_2 对应的感应电动势为 E_2，在一次绕组上可以找到与二次感应电动势相同的一部分匝数，由于这两部分电动势相等，用导线连接起来不会对电路有影响，如图 2.36（b）所示。省去原二次绕组，使用一个绕组即可，如图 2.36（c）所示。这种一次、二次绕组有共同部分的变压器称为自耦变压器。只属于一次侧的线圈称为串联绕组，同属于一次、二次侧的线圈称为公共绕组，用 N_2 来表示，串联绕组和公共绕组相加的部分仍用 N_1 来表示。

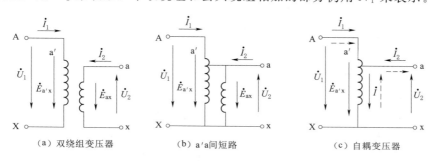

（a）双绕组变压器　　　（b）a′a间短路　　　（c）自耦变压器

图 2.36　从双绕组变压器演变为自耦变压器

实用电力自耦变压器将串联绕组和公共绕组分别绕制，套在同一个铁芯柱上，公共绕组放置内层，串联绕组放置外层，绕组接线如图 2.37 所示。

2. 电压、电流和变比

自耦变压器加上负载后便有一次、二次侧电流 $\dot{I}_1$、$\dot{I}_2$ 和公共绕组电流 $\dot{I}$ 流过，经过分析得知 $\dot{I}_1$ 与参考方向相同，$\dot{I}_2$ 和 $\dot{I}_1$ 与参考方向相反，实际电流流向如图 2.36（c）虚线箭头所示。因此变压器输出电流为

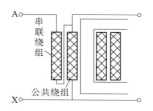

图 2.37　降压自耦变压器接线图

$$\dot{I}_2 = \dot{I}_1 + \dot{I} \qquad (2.43)$$

当变压器一次侧施加额定电压，使变压器空载运行并略去阻抗压降时，定义自耦变压器的变比为

$$k_\mathrm{a} = \frac{U_{1N}}{U_{2N}} = \frac{U_1}{U_2} \qquad (2.44)$$

变比公式与双绕组变压器变比公式相同，要注意的是，N_1 为串联绕组和公共绕组的匝数之和，而 N_2 等于公共绕组的匝数。

3. 容量关系

自耦变压器的额定容量、额定电压、额定电流之间的关系与双绕组变压器相同，即

$$S_N = U_{1N} I_{1N} = U_{2N} I_{2N}$$

串联绕组的容量为

$$S_{Aa}=U_{Aa}I_{1N}=\left(U_{1N}\frac{N_1-N_2}{N_1}\right)I_{1N}=S_N\left(1-\frac{1}{k_a}\right) \tag{2.45}$$

公共绕组的容量为

$$S_{ax}=U_{ax}I_{ax}=U_{2N}I_{2N}\left(1-\frac{1}{k_a}\right)=S_N\left(1-\frac{1}{k_a}\right) \tag{2.46}$$

上述公式表明，串联绕组和公共绕组的容量相等，且与变比 k_a 有关。当 $k_a>1$ 时，绕组容量小于额定容量，如 $k_a=220kV/110kV=2$ 时，绕组容量只有 $S_N(1-1/2)=0.5S_N$；而当 $k_a=154kV/110kV=1.4$ 时，绕组容量只有 S_N $(1-1/1.4)\approx 0.3S_N$。而双绕组变压器的绕组容量等于 S_N，与变比无关。

显然，自耦变压器不仅比双绕组变压器少用了一个绕组，而且做成同容量的变压器时，自耦变压器的绕组容量比双绕组变压器的绕组容量要小。这样减少了电工钢片和铜材料的消耗，同时减小了变压器尺寸，降低了变压器成本，并使损耗降低，效率提高。

绕组容量减小了，但自耦变压器传输的容量（即额定容量）并没有减少。当变压器负载运行时，自耦变压器有两种容量的传递。一个是由电磁感应产生的绕组容量，也称为电磁容量，这部分容量的传递原理与双绕组变压器容量的传递原理相同。

另一部分由电源直接传递到负载的容量，称为传导容量。如图 2.38 所示，A

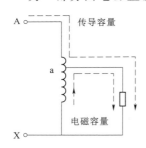

图 2.38　能量变换

从一次侧经串联绕组流到二次侧，将传导容量直接通过电路传递到负载。已知二次侧电压为 U_2，输出电流为 $I_2=I_1+I$，因此，由一次侧传递到二次侧的总容量为

$$S_2=U_2I_2=U_2(I_1+I)=U_2I_1+U_2I \tag{2.47}$$

式中　　U_2I_1——传导容量；

　　　　U_2I——电磁容量。

因为电磁容量占总传输容量的 $(1-1/k_a)$，所以传导容量占 $1/k_a$。如 $k_a=2$ 时，电磁容量和传导容量各占 50%；当 $k_a=1.4$ 时，电磁容量约占总容量的 30%，而此时传导容量占总容量的 70%。可见当两个电压等级越接近，变比 k_a 越小，传导容量越大，变压器的效益越高。若 $k_a=1$，则变压器全部由传导容量来传输功率，而电磁容量为零，当然此时已失去了变压器的变换电压作用。若 $k_a=3$，则电磁容量约为 66.6%，传导容量为 33.3%。k_a 越大，传导容量越小，变压器的效益越低。在工程上，为了保证自耦变压器有较高的效益，变比设计的范围为 $1<k_a<2$。

4. 自耦变压器的运行问题

由于自耦变压器一次、二次侧之间有电的直接联系，高压绕组出现过电压容易引起低压绕组也出现过电压。

由于自耦变压器的短路阻抗小，发生突然短路时，其短路电流比同容量、同电压等级的双绕组变压器大，因此变压器的继电保护措施比较复杂。另外，突然短路时的电动力大，变压器的机械强度要求也高。

5. 自耦变压器

自耦变压器的另一个用途是做成调压器使用，其方法是将二次侧 a 端改成滑动触头的形式与绕组相连。调压器一般采用环形铁芯，旋转调压手柄可使输出电压连续变化。为了保证额定输出电压的大小，应使滑动端输出的最大电压稍大于电源的额定电压，即将滑动触头接触的匝数稍多于电源绕组匝数，如图 2.39 所示。如 220V/（0～250）V 的单相调压器，调节范围从 0V 到 250V，当电源电压稍低于 220V 时，调压功能仍能保证输出电压为 220V。三相调压单相调压器叠装而成，其滑动触头装在同一个调压手柄上，以便对称地调节输出电压。

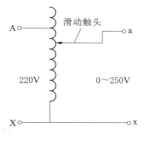

图 2.39　自耦调压器原理接线图

2.5.3　分裂变压器

发电厂常采用分裂绕组电力变压器，其用途有两个：一是两台并联运行的发电机可共用一台分裂变压器向电网供电；二是大型机组的电厂常采用分裂变压器向有两段母线的输出电能。

采用一台分裂变压器替代两台普通双绕组变压器，制造成本低，损耗少，占地面积小。此外，在两台发电机和分段母线之间都要有较大的阻抗，以便在一台发电机或一段母线发生短路故障时，能有效限制短路电流，防止事故扩大。若是采用阻抗较小的三绕组变压器显然不可行，但选用阻抗大的分裂变压器是完全可以胜任的。

1. 结构特点

将一台电力变压器的一个绕组分成相同的两个（或更多）部分，每一个部分称为分裂绕组的一个支路。这些支路彼此之间没有电气联系，只有微弱的磁的联系，这就形成了分裂变压器，接线图如图 2.40 所示。

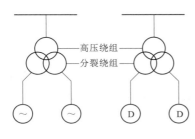

（a）两台发电机共用分裂变压器　　（b）分裂变压器向两段母线供电

图 2.40　分裂变压器接线图

图 2.41 为三相双绕组分裂变压器的绕组布置图和原理接线图（只画出 A 相）。高压绕组 AX 为不分裂绕组，由两部分并联而成。低压绕组分裂成独立的两个绕组，分别由 a_2x_2 和 a_3x_3 引出，一般两个分裂绕组的额定电压相同。由于分裂绕组之间没有电的直接联系，因此各绕组的额定电压也可以不同，但应尽量接近（如 6kV 和 10kV）。变压器运行时，每个绕组可以单独运行，也可带不同容量同时运行。两个分裂绕组额定电压相同时，还可将其并联运行，并联后可视为一台无分裂绕组的双绕组变压器。三相分裂变压器常用 Yd11d11 连接组的接线方式，AC 即高压绕组接成星形，两个分裂绕组接成三角形。

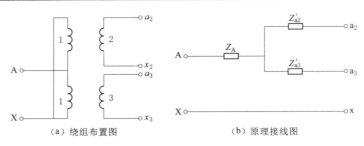

（a）绕组布置图　　　　　　　　（b）原理接线图

图 2.41　三相分裂变压器绕组连线图

2. 等效电路及阻抗参数

双分裂变压器在电路形式上与三绕组变压器相同，故双分裂变压器的等效电路与普通三绕组变压器相同，如图 2.42 所示。分裂变压器对应于不同的运行方式会有不同的阻抗参数。

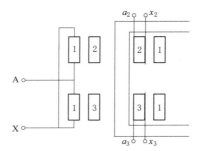

图 2.42　双分裂变压器的简化等效电路

当分裂变压器的低压分裂绕组并联成一个绕组对高压绕组运行时，称为穿越运行。此时变压器所呈现的短路阻抗称为穿越阻抗，用 Z_C 表示，即

$$Z_C = Z_A + Z'_{a_2} /\!/ Z'_{a_3} \tag{2.48}$$

当变压器某一分裂绕组端发生短路时，另一分裂绕组的电流会流向故障端，此时所呈现的短路阻抗称为分裂阻抗，用 Z_F 表示，由 Z'_{a_2} 和 Z'_{a_3} 串联组成，用以限制短路电流。由于两个分裂绕组相距较远，所以有较大值，则

$$
\begin{aligned}
&Z_F = Z'_{a_2} + Z'_{a_3} \\
&Z'_{a_2} = Z'_{a_3} \\
&Z_C = Z_A + Z'_{a_2}/2 \ ; \ Z_F = 2Z'_{a_2} \\
&Z'_{a_2} = Z_F/2
\end{aligned}
\tag{2.49}
$$

代入式（2.48），得 $Z_C = Z_A + Z'_{a_2}/2 = Z_A + Z_F/4$

分裂阻抗与穿越阻抗之比称为分裂系数，即

$$k_F = Z_F/Z_C \tag{2.50}$$

式中　k_F——分裂系数，一般设计为 $k_F = 3 \sim 4$，表明分裂阻抗是穿越阻抗的 $3 \sim$ 4 倍。

3. 主要作用

分裂变压器限制短路电流的作用明显。当分裂绕组的某一出口端出现短路故障时，由另一出口端提供的短路电流经较大的分裂阻抗限流，使总的短路电流减小。一般分裂绕组限制短路电流的能力比普通绕组要强 $3 \sim 4$ 倍，从而减小了短路电流对母线和断路器的冲击。

采用分裂变压器供电的厂用电，当某一分段母线发生短路故障时，另一分裂绕组所接的母线电压残余电压较高（电压降低幅度很小），从而提高了厂用电的供电可靠性。例如国产 SFFL－15000/10 型三相双绕组分裂变压器，分裂系数 $k_F=3.42$，发生短路故障时，高压侧电压降低不多，而另一分裂绕组出口端的残压可近似地保持为额定电压的 92%。这个电压已远远大于高温高压电厂必须维持残压为 65% 的规定值，从而保证了厂用电的供电可靠性。同理，分裂绕组也会对电动机启动电流带来的影响进行限制，所以分裂变压器的装设也适用于厂用大型电动机的启动。

2.5.4 互感器

电力系统中的大电流和高电压不可能直接用普通的电流表和电压表进行测量，而必须用互感器将原电路的电流、电压按比例变小后，才能进行测量。互感器是按照变压器工作原理制成的一种电气测量用装置，但互感器的容量很小，从几伏安到几百伏安。互感器可分为电流互感器和电压互感器两种，互感器担负着以下双重任务：

（1）将大电量按一定比例变换为能用普通标准仪表进行测量的电量。电流互感器的二次侧额定电流通常做成 1A 或 5A，如变比为 1000/1 的电流互感器是将 1000A 的大电流变换为 1A 的小电流。电压互感器的二次侧额定电压通常做成 100V，如规格为 35000V/100V 的电压互感器是将 35kV 的高电压变换为 100V 的电压。二次侧可接上相应的小量限的标准电流表和电压表。当一次侧的电流、电压量大小发生变化时，二次侧所接仪表的指示也随之变化，从而实现了大电量的测量。

（2）可以保证运行工作人员的安全。利用双圈变压器结构特点做成的互感器可使测量侧与高压侧在电路上隔离开来，从而使得进行测量等操作的运行人员在安全的低压环境下工作。

此外，互感器变换的电流和电压信号还会供给各种电气控制系统和继电保护系统，应用十分广泛。互感器的精度等级和使用时的注意事项是运行人员所关心的。

1. 电流互感器

电流互感器接线如图 2.43 所示。它的一次绕组是由 1 匝或几匝截面大的导线制成，串联接入待测电流 I_1 的电路中。二次绕组采用匝数多、截面小的导线绕制，输出端接上电流表等形成二次电流 I_2。由于所接仪表的内阻抗很小，所以电流互感器的正常工作状态相当于一个二次侧短路的变压器运行。电流互感器的励磁电流 I_0 很小，若忽略 I_0，只考虑 I_1 和 I_2 的作用，就有 $k=I_1/I_2=N_1/N_2$，称为电流互感器的变比。I_1 的大小由供电系统决定，I_2 的大小由变比 k 决定。实际上，I_0 的大

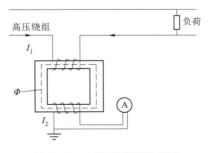

图 2.43　电流互感器接线图

小会给电流互感器带来误差，且按照误差的大小可分为 0.2、0.5、1.0、3.0 和 10 共 5 个标准等级。例如，0.5 级准确度表示互感器在额定电流工作时，一次、二次侧变比误差不超过 0.5%。

电流互感器在运行中必须特别注意以下问题：

（1）电流互感器的二次绕组必须可靠接地。这是为了防止一旦绕组绝缘被破坏，一次侧的高电压会传到二次侧，发生人身伤害事故。可靠的安全接地能有效地避免安全事故的发生。

（2）电流互感器的二次绕组绝对不允许开路。因为二次绕组开路时互感器成了空载运行，此时 $I_2 = 0$，I_1 成了励磁电流，$I_1 \gg I_0$，使铁芯内的磁通密度比额定时增加许多倍，在二次侧可感应出达数千伏的高电压。这种高电压不仅会将互感器的绝缘击穿，而且会对运行人员造成危险。此外，铁芯损耗的急剧增加使铁芯过热，也会将互感器烧坏。因此，电流互感器在使用时，任何情况下都不允许将二次侧开路。如果在运行中需要更换电流表，应先将二次侧用导线短路，更换完毕后再拆除短路线。

2. 电压互感器

电压互感器接线如图 2.44 所示。它的一次绕组接被测高电压，二次绕组端接

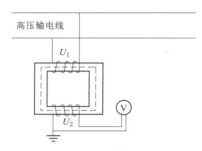

图 2.44　电压互感器接线图

电压表，$U_1/U_2 = N_1/N_2 = k$。由于所接仪表的内阻很大，所以电压互感器的正常工作实际就是一个空载运行的变压器。忽略漏阻抗压降，则有 $k = U_1/U_2 = N_1/N_2$ 称为电压互感器的变比。U_1 的大小由系统电压决定，U_2 的大小由变比 k 决定。实际上漏阻抗的大小会给电压互感器带来误差，为使误差减小，应尽量采用优质硅钢片制成，并使其工作在不饱和区。电压互感器测量精度按照误差的大小也可分为 0.2、0.5、1.0、3.0 等多个等级，其含义同电流互感器。

电压互感器在运行中应注意以下问题：

（1）电压互感器的二次绕组和铁芯必须可靠接地。与电流互感器一样，防止绕组绝缘被破坏时，一次侧高电压传到二次侧，发生人身伤害事故。

（2）电压互感器的二次绕组不允许短路。因为二次绕组短路时互感器为短路运行，会产生很大的短路电流，将互感器烧坏。另外，电压互感器使用时注意不要超过额定容量，以免电流过大引起较大的漏抗压降而影响互感器的精度。

2.6　三相变压器的不对称运行

三相变压器运行时尽可能使负载对称，这样可使变压器以高效益运行，而且可简化分析计算。但在实际运行中，三相负载不可能完全对称，譬如变压器上接有大容量的单相负载（如单相电炉、电焊机以及电气机车等）。有时不对称情况还会比较严重，譬如出现不对称故障（如发生单相接地短路）等。不对称运行时会出现三相电流的大小不相等，或各相之间的相位差不为 120° 的情况。

一般的单相负载不对称运行时，由于变压器内阻感抗不大，电流的不对称对电压的不对称度影响不明显。但在故障时还是会有比较大的影响。特别在 Yyn 绕组连接的变压器组出现不对称时，可能会引起电压的明显不对称，致使变压器不能正常

工作，严重影响供电质量。

2.6.1 对称分量法

不对称运行问题常采用对称分量法进行分析。对称分量法就是将一组不对称的三相电流或电压分解成三组对称的电流或电压，然后对三组对称的电流和电压进行分析和计算。分解出的对称分量称为正序、负序和零序分量。下面以电流为例说明对称分量法的基本原理。

正序电流是指大小相等、相位互差120°，相序为 A-B-C 的三相电流；负序电流是指大小相等、相位互差120°，相序为 A-C-B 的三相电流；零序电流是指大小相等、相位相同的三相电流。正、负、零序分量分别在各电流符号右上角加注上标"＋""－""0"来表示。如果将这三组互不相干的对称电流各相分别叠加起来，便可以构成一组三相不对称电流 $\dot{I}_A$，$\dot{I}_B$，$\dot{I}_C$，如图 2.45 所示。由此可说明，任何一组对称的正、负、零序分量叠加在一起时，就可能得到一组三相不对称的分量。

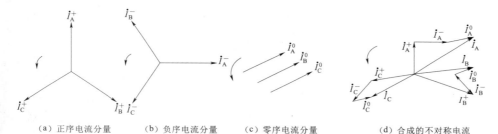

$$(a)\ 正序电流分量 \qquad (b)\ 负序电流分量 \qquad (c)\ 零序电流分量 \qquad (d)\ 合成的不对称电流$$

图 2.45　对称分量及合成的不对称分量

根据以上分析，三相不对称电流为

$$\dot{I}_A=\dot{I}_A^+ +\dot{I}_A^- +\dot{I}_A^0$$
$$\dot{I}_B=\dot{I}_B^+ +\dot{I}_B^- +\dot{I}_B^0$$
$$\dot{I}_C=\dot{I}_C^+ +\dot{I}_C^- +\dot{I}_C^0 \tag{2.51}$$

反之，任何一组不对称的三相电流均可分解为三组三相对称的正、负、零序分量。从图 2.45 可以看出，各相序分量中电流的关系可表示为

$$\dot{I}_B^+ =a^2\dot{I}_A^+ ; \dot{I}_C^+ =a\dot{I}_A^+ ;$$
$$\dot{I}_B^- =a\dot{I}_A^- ; \dot{I}_C^- =a^2\dot{I}_A^- ; \tag{2.52}$$
$$\dot{I}_A^0 =\dot{I}_B^0 =\dot{I}_C^0$$

式中　a——一种复数运算符号，也称为旋转因子，记为 $a=e^{j\frac{2}{3}\pi}$ 或写为 $a=1\angle 120°$。它是一个幅值为 1 的单位相量，相角为 120°。

$$a=1\angle 120°=-\frac{1}{2}+j\frac{\sqrt{3}}{2}$$
$$a^2=1\angle 120°=-\frac{1}{2}-j\frac{\sqrt{3}}{2} \tag{2.53}$$
$$a^3=1\angle 0°=1$$

因而 $a^2+a+1=0$。

将式（2.53）代入式（2.52）后可得

$$\dot{I}_A = \dot{I}_A^+ + \dot{I}_A^- + \dot{I}_A^0$$
$$\dot{I}_B = a^2\dot{I}_A^+ + a\dot{I}_A^- + \dot{I}_A^0 \tag{2.54}$$
$$\dot{I}_C = a\dot{I}_A^+ + a^2\dot{I}_A^- + \dot{I}_A^0$$

对式（2.54）求解可得

$$\dot{I}_A^+ = \frac{1}{3}(\dot{I}_A + a\dot{I}_B + a^2\dot{I}_C)$$
$$\dot{I}_A^- = \frac{1}{3}(\dot{I}_A + a^2\dot{I}_B + a\dot{I}_C) \tag{2.55}$$
$$\dot{I}_A^0 = \frac{1}{3}(\dot{I}_A + \dot{I}_B + \dot{I}_C)$$

式（2.55）用于已知不对称的三相电流，求得 A 相各相序的对称分量值。然后根据式（2.52）可确定 B 相和 C 相相序的对称分量。

2.6.2　Yyn 连接三相变压器带单相负载运行

不对称负载运行有多种情况，下面只对一种最简单但影响最大的不对称运行状况进行分析。这种情况就是 Yyn 连接的三相变压器出现单相短路故障。

Yyn 连接的三相变压器，正常运行时负载对称，三相电流对称。当负载侧 a 相发生单相短路时，会在 a 相绕组中产生很大的短路电流 $\dot{I}_A = \dot{I}_k$，而 b、c 相负载电流不变。

因短路电流远大于负载电流，为了分析问题方便，忽略负载电流，$\dot{I}_b = \dot{I}_c = 0$，此时变压器二次侧电流就是一组不对称的电流，接线图如图 2.46 所示。

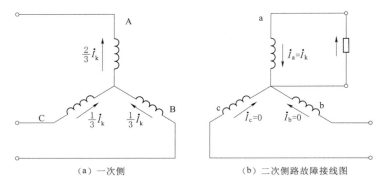

（a）一次侧　　　　　　（b）二次侧路故障接线图

图 2.46　Yyn 连接变压器的单相短路故障接线图

将二次侧不对称电流代入式（2.55）和式（2.52），可得二次侧正序、负序和零序电流为

$$\dot{I}_a^+ = \frac{1}{3}\dot{I}_k^+ ; \dot{I}_a^- = \frac{1}{3}\dot{I}_k ; \dot{I}_a^0 = \frac{1}{3}\dot{I}_k ;$$

$$\dot{I}_b^+ = \frac{1}{3}a^2\dot{I}_k; \dot{I}_b^- = \frac{1}{3}a\dot{I}_k; \dot{I}_b^0 = \frac{1}{3}\dot{I}_k;$$

$$\dot{I}_c^+ = \frac{1}{3}a\dot{I}_k; \dot{I}_c^- = \frac{1}{3}a^2\dot{I}_k; \dot{I}_c^0 = \frac{1}{3}\dot{I}_k; \tag{2.56}$$

根据磁动势平衡原理，一次侧也将产生对应的正序、负序和零序电流，忽略励磁电流的影响，并假设二次侧各量均已折算到一次侧，则一次侧电流各相序的对称分量为

$$\dot{I}_A^+ = \frac{1}{3}\dot{I}_k^+; \dot{I}_A^- = -\frac{1}{3}\dot{I}_k$$

$$\dot{I}_B^+ = -\frac{1}{3}a^2\dot{I}_k; \dot{I}_B^- = -\frac{1}{3}a\dot{I}_k \tag{2.57}$$

$$\dot{I}_C^+ = -\frac{1}{3}a\dot{I}_k; \dot{I}_c^- = -\frac{1}{3}a^2\dot{I}_k$$

由于一次侧没有中线，故零序电流不能在一次绕组中流通，所以只有正序和负序分量，而一次侧各相的不对称电流值为

$$\dot{I}_A = \dot{I}_A^+ + \dot{I}_A^- = \frac{2}{3}\dot{I}_k$$

$$\dot{I}_B = \dot{I}_B^+ + \dot{I}_B^- = \frac{1}{3}\dot{I}_k$$

$$\dot{I}_C = \dot{I}_C^+ + \dot{I}_C^- = \frac{1}{3}\dot{I}_k \tag{2.58}$$

一次、二次侧电流的相量关系如图 2.47 所示。可见在一次绕组中，I_k 的电流从 B、C 相流进，从 A 相流出。

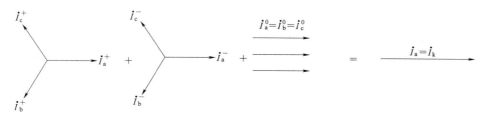

（a）二次侧电流相量

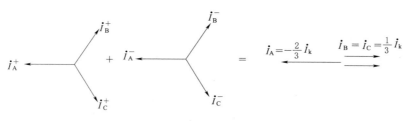

（b）一次侧电流相量

图 2.47 Yyn 连接变压器的单相短路时电流的相量关系

　　分析绕组的感应电动势和中性点移动问题：变压器正常运行时的二次绕组感应电动势是对称的，铁芯中的磁通也是对称的。发生单相短路后，正、负序电流将在变压器的一次、二次侧形成，它们存在磁动势平衡关系。但二次侧的零序电流得不到一次侧相应的电流来平衡，因此在各相的铁芯中产生零序磁通，各零序磁通的大小相等，方向相同。不考虑磁饱和的影响，零序磁通叠加在变压器各相主磁通上，这样一来，由于零序磁通的存在，使变压器铁芯中的对称磁通变为一个不对称的三相磁通。又因为感应电动势与磁通成正比，所以二次侧各相的感应电动势出现了不对称的现象。此时，即使外加电压是一个平衡的三相电压，但由于各相感应电动势的变化必然会引起二次侧三相电压不对称，即二次侧出现了中性点移动现象。分析结果表明，a 相电压下降，b 相和 c 相电压升高，二次侧三相电压严重不平衡。

　　采用三相心式变压器，零序磁通以油箱和油为回路，此时磁阻较大，因而零序磁通很小，中性点移动程度也小。因此，这种接法的心式变压器在容量不大的配电变压器中还是可以采用的。但当三相变压器组发生单相短路时，零序磁通在各变压器铁芯中自由流通，因此零序磁通比心式变压器大得多，从而引起的中点移动现象会很严重，b 相和 c 相的电压升高幅度较大，甚至使这两相的负载与电气设备有出现过电压的危险。因此，三相变压器组不允许采用 Yyn 连接组。

思　考　题

　　1. 电力变压器的主要用途是什么？变压器是根据什么原理进行电压变换的？

　　2. 油浸式变压器有哪些主要结构部件？简述各部件的作用。

　　3. 变压器油有哪些作用？对变压器油有些什么要求？

　　4. 从外观上看，高低压绝缘套管有哪些明显的不同？

　　5. 变压器中主磁通与漏磁通的性质和作用有什么不同？在等效电路中是怎样来反映其作用的？

　　6. 变压器铁芯中的主磁通是否随负载变化？为什么？

　　7. 空载试验的变压器分别出现下列情况，则该变压器的主磁通、励磁电流、励磁阻抗和铁芯损耗有什么变化？

　　（1）铁芯叠装时的钢片气隙增大。

　　（2）铁芯叠片少叠了 10%。

　　（3）一次绕组少绕了 10%。

　　（4）一次侧电压升高。

　　8. 变压器一次、二次绕组之间没有电路的连接，为什么在负载运行时，二次侧电流加大或减小的同时，一次侧电流也随之加大或减小？

　　9. 变压器一次、二次绕组之间为什么要进行折算？

　　10. 变压器采用标幺值给分析问题带来哪些方便？

　　11. 电力变压器的调压分接头一般设在哪一侧？为什么？

　　12. 三相变压器组和三相心式变压器的铁芯结构各有什么特点？三相心式变压器是否在各方面都比三相变压器组优越？

13. 变压器的连接组号由什么来确定？三相变压器的连接组号又由什么来确定？

14. 为什么三相变压器组不能采用 Yy 连接，而三相心式变压器可以采用 Yy 连接？

15. 是否在三相变压器任何一侧采用三角形连接均可改善电动势的波形？此种接法适用于哪一些磁路系统？

16. 何谓变压器的并联运行？并联运行有哪些优点？

17. 变压器理想并联运行的条件有哪些？这些条件在实际应用中是如何满足的？

18. 并联运行的变压器，若短路阻抗的标幺值或变比不相等，将会出现什么情况？如果变压器的容量不相等，那么以上两个量对容量大的变压器是大些好还是小些好？

19. 变比不等的变压器并联运行，二次绕组内有环流，为什么一次绕组中也有？

20. 在电力系统中，三绕组变压器、自耦变压器和分裂变压器各应用于什么场合？

21. 三绕组变压器的额定容量是怎样确定的？三个绕组的容量有哪几种配合？

22. 自耦变压器的绕组容量为什么小于额定容量？一次、二次侧的功率是如何传递的？自耦变压器的变比为什么不要超过 2？

23. 分裂变压器的主要作用有哪些？

24. 电流互感器和电压互感器在使用中应注意哪些问题？为什么？

25. 何谓变压器的不对称运行？

26. 为什么将三相变压器单相短路故障视为带单相负载运行？

27. 为什么 Yyn 连接的三相变压器不能采用组式结构，而可以采用心式结构？

28. YNyn 和 Dyn 连接的变压器可以带单相负载吗？为什么？

习　　题

1. 一台单相变压器，$S_N = 50kVA$，$U_{1N}/U_{2N} = 10kV/0.23kV$，试求一次、二次侧额定电流。

2. 一台三相变压器，$S_N = 5000kVA$，$U_{1N}/U_{2N} = 66kV/10.5kV$，一次、二次侧分别为星形和三角形连接，试求一次、二次侧的额定电流。

3. 某变压器额定电压为 10kV/0.4kV，在高压侧有 ±2.5% 和 ±5% 分接头，如图 2.48 所示。现在分接头在额定电压位置（即中间位置 3），若需要将二次侧电压升高 5%，分接头应怎样调节？若一次侧电压升高了 2.5%，分接头又应该怎样调节？

4. 变压器额定电压为 220V/110V，如不慎将低压侧接到 220V 电源上，将会发生什么现象？如果不慎将一次侧接到直流 110V 电源上，又会发生什么现象？

5. 变压器各量正方向均采用惯例，试分别作：

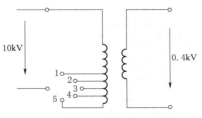

图 2.48　习题 3 图

（1）纯电感负载时的相量图。

（2）纯电容时的相量图。

（3）纯电阻时的相量图。

6. 一台三相变压器额定容量为 750kVA，额定电压为 10kV/0.4kV，Yyn 连接，测得试验数据见表 2.6。

表 2.6　　　　　　　　　　题 6 试 验 数 据

试验项目	电压/V	电流/A	功率/W	备注
空载试验	400	60	3800	在低压侧
短路试验	440	43.3	10900	在高压侧

试求：（1）高压侧和低压侧的额定电压和电流。

（2）画出 T 形等效电路，并计算出折算到高压侧各参数的欧姆值。

（3）求空载电流、空载损耗、短路电压 U_k 的百分数。

7. 一台三相电力变压器，$S_N = 100kVA$，$P_0 = 600W$，$P_{KN} = 1920W$。

试求：（1）额定负载且功率因数 $\cos\varphi_2 = 0.8$（滞后）时的效率。

（2）最大效率时的负载系数 β_m 及 $\cos\varphi_2 = 0.8$（滞后）时的最大效率 η_m。

8. 三相变器 $S_N = 100kVA$，$U_{1N}/U_{2N} = 6kV/0.4kV$，Yyn 连接，铁耗 $p_0 = 616W$，额定负载时的铜耗 $P_{KN} = 1920W$，$R_k^* = 0.02$，$X_k^* = 0.038$。试求：变压器满载且功率因数 $\cos\varphi_2 = 0.8$（滞后）时的电压变化率 ΔU 及效率 η。

9. 设有两台三相变压器并联运行，其数据见表 2.7。

表 2.7　　　　　　　　　　题 9 并 联 运 行 数 据

变压器编号	额定容量/kVA	额定电压/kV	连接组	阻抗电压 u_k/%
A	5600	35/6.3	Ydll	7.5
B	3200	35/6.3	Ydll	6.9

试求：在不允许任何一台变压器过载情况下，两台变压器最大可担负的负载为多少？设备容量的总利用率为多少？

10. 某住宅小区原有一台 $S_N = 800kVA$ 的变压器供电，其他数据为 $U_{1N}/U_{2N} = 10kV/0.4kV$，$u_k = 6.5\%$，连接组为 Yyn0。由于生活水平的提高，用电量由 750kVA 增加到 1400kVA，准备增加一台变压器并联运行，有 4 台可供选择的变压器，数据见表 2.8，请作出恰当选择。

表 2.8　　　　　　　　　　题 10 变 压 器 数 据

变压器编号	额定容量/kVA	额定电压/kV	连接组	阻抗电压 u_k/%
A	800	10/0.4	Yyn0	5.5
B	630	10/0.4	Yyn2	6.55
C	630	10/0.4	Yyn0	6.55
D	630	10/0.42	Yyn0	6.55

11. 一台单相自耦变压器的额定电压 $U_{1N}/U_{2N}=220\mathrm{kV}/180\mathrm{kV}$，$I_{2N}=400\mathrm{A}$。试求：

（1）变压器内各部分的电流。

（2）电磁功率。

（3）传导功率。

（4）额定功率。

第3章 交流电机绕组基本原理

3.1 概　　述

　　交流电机通常分为同步电机和异步电机两大类。这两类电机虽然在励磁方式和运行特性上有很大差别，但它们所采用的绕组结构和型式是相同的，绕组中的感应电动势和磁动势的性质与分析方法也相同，可以统一起来进行研究。

3.1.1 交流绕组感应电动势的特点

　　图3.1为一台同步发动机原理结构示意图，定子内表面均匀开有36个槽，每

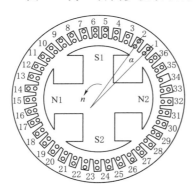

图3.1　同步发电机原理
结构示意图

个槽内放有相同的导体，转子上有结构对称、极性交替排列的4个磁极。转子在原动机的拖动下匀速逆时针旋转。随着转子的旋转，N极磁场和S极磁场将交替切割定于槽中的导体，因此每根导体中将产生交变电动势。下面分析导体感应电动势的大小、波形、频率、相位差、电角度和槽距电角等问题。

　　根据电磁感应定律，导体中的感应电动势为

$$e_c = Blv \qquad (3.1)$$

式中　　l——导体的有效长度；

　　　　v——磁场切割导体的线速度；

　　　　B——切割导体的磁通密度。

　　由于l为常数，v可以为常数也可以为变量，这里按常数考虑，因此导体感应电动势的波形取决于切割导体的磁通密度B随时间变化的波形，也就是取决于气隙磁通密度的空间分布波形。只要合理设计磁极形状，就可以使得气隙中磁通密度B呈正弦形分布，如图3.2所示，图中横坐标θ代表沿气隙圆周的空间角度。

　　转子转动时，由于N极磁场与S极磁场在导体中的感应电动势方向正好相反，因此，转子每转过一对磁极，定子导体中的感应电动势就交变一个周期。如果电机的磁极对数为p，则转子每转过一圈，即转过p对磁极时，导体中感应电动势就交变p个周期。因此，设转子转速n的单位为r/min，则每秒钟转子旋转$n/60$圈，

导体中感应电动势交变的周期数，即感应电动势的频率 f 应为

$$f = \frac{pn}{60} \qquad (3.2)$$

当正弦分布的磁场以转速 a 旋转时，在定子圆周上每槽导体中感应的电动势都是正弦波，幅值相等，但在时间上相位不同。为了用电动势相量来表示它们之间的相位差，

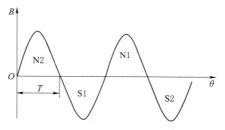

图 3.2　气隙磁通密度空间分布

引入电角度的概念。在图 3.1 中，由于槽是均匀分布的，1 号槽和 10 号槽在空间上实际相距角度为 90°，而 1 号槽内导体的感应电动势和 10 号槽内导体的感应电动势的相位差却是 180°。因为当磁极 N2 的中心线转到与 1 号槽重合时，磁极 S1 的中心线则与 10 号槽重合，两槽内导体的感应电动势均达到最大值，但方向相反，即相位差是它们空间实际相距角度的 2 倍。图 3.1 中任何两个槽内的导体之间均存在这种关系。一般情况下，如果磁通在空间为正弦分布，一对磁极便对应于一个周期完整的正弦波，相当于 360°。如果磁极极对数为 p，整个圆周就有个完整正弦波，相当于 $p \times 360°$。但从几何的观点来看，整个圆周只有 360°。为了区分两者之间的差别，圆周的空间几何角度称为机械角度，而圆周上对应于磁场分布的相位角称为电矢量角，简称为电角度。两者之间的关系是：电角度 ＝ $p \times$ 机械角度。也就是说，定子内表面圆周，用机械角度表示是 360°，用电角度表示是 $p \times 360°$。因此，在电机学中规定，定子任何两个槽内的导体感应电动势的相位差等于两个槽相距的电角度。

通常将相邻两槽间相距的电角度称为槽距电角，即

$$\alpha_1 = \frac{p \times 360°}{Z} \qquad (3.3)$$

式中　α_1——槽距电角；

　　　Z——槽数；

　　　p——极对数。

3.1.2　交流绕组的构成原理

1. 交流绕组的基本要求

将各槽中的导体按照一定的规律连接起来可构成三相交流绕组。对交流绕组的基本要求如下：

（1）在导体数一定时能获得较大的基波电动势或磁动势。

（2）三相绕组中的基波电动势或磁动势必须对称，即大小相等，相位互差 120°。

（3）绕组产生的电动势或磁动势波形接近正弦波。

2. 槽电动势星形图

当把电枢上各槽内导体按正弦规律变化的电动势分别用相量表示时，这些相量

就构成一个辐射星形图,称为槽电动势星形图。槽电动势星形图是分析和构成交流绕组的一个有效方法。

以图 3.1 所示的电机为例,槽数 $Z = 36$,极对数 $p = 2$,槽距电角为

$$\alpha_1 = \frac{p \times 360°}{Z} = \frac{2 \times 360°}{36} = 20°$$

各槽导体感应电动势大小相等,在时间相位上彼此相差的电角度为 $20°$。约定槽内导体电动势相量用对应槽号表示,则由 36 个槽电动势相量构成的星形图如图 3.3 所示。

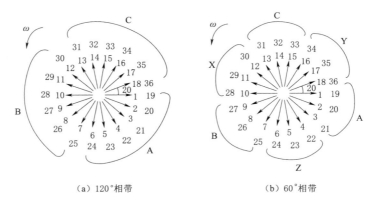

(a) 120°相带　　　　　　　(b) 60°相带

图 3.3　槽电动势星形图

利用槽电动势星形图来划分各相所属槽号,然后按电动势相加的原则联结成绕组,可以保证三相绕组电动势的对称性。一种方法就是将槽电动势星形图沿圆周分为 A、B、C 三等份,每等份占 120°电角度,称为 120°,如图 3.3 (a) 所示。将每个相带内的所有导体电动势相量正向串联起来,得到相电动势,显然三相绕组的相电动势是对称的。另一种方法是将槽电动势星形图沿圆周分为 A、Z、B、X、C、Y 六等份,每等份占 60°电角度,称为 60°相带,如图 3.3 (b) 所示。将每个相带内的所有导体电动势相量正向串联起来,显然 X、Y、Z 三个相带内的导体合成电动势分别与 A、B、C 三个相带内的导体合成电动势大小相等,相位相反。将 X、Y、Z 三个相带内的导体合成电动势反相,再分别与 A、B、C 三个相带内的导体合成电动势串联得到三相电动势相量,显然三相绕组的相电动势也是对称的。由于 60°相带每相的导体相量分布较 120°相带集中,可以得到更大的相电动势,因此,交流电机三绕组一般采用 60°相带,而不采用 120°相带。线圈槽电动势 M 形图中,相带之间导体感应电动势的反向串联是通过线圈构造来实现的。如图 3.3 (b) 中 A 相带的导体 1 和 X 相带的导体 10 就可以构成一个线圈。在电机制造过程中,构成交流绕组的基本单元一般不是导体而是线圈。线圈是串联好的两根导体或多根导体,相应地称为单匝线圈或多匝线圈,如图 3.4 所示,图中为多匝线圈简易画法。线圈放在槽内的直线部分是线圈的有效部分,称为有效边,磁能量转换主要通过该部分进行。在槽外的部分称为端部,它的作用仅是把线圈的两个有效边连接起来。为了节省材料,在不影响工艺操作的情况下,端部长度应尽可能短些。

(a) 单匝线圈　　　　　　　(b) 多匝线圈　　　　　　(c) 多匝线圈简易画法

图 3.4　线圈示意图

一个线圈的两个有效边在铁芯圆周表面上所跨的距离称为节距,用符号 y_1 表示,一般以槽数计。一个磁极在铁芯圆周表面上所占的范围称为极距,用符号 τ 表示,通常用槽数或长度计。

$$\tau = \frac{Z}{2p} \left(\text{或 } \tau = \frac{\pi D}{2p} \right) \tag{3.4}$$

式中　D——定子铁芯内径。

一个极距范围相当于 180° 电角度。由于线圈的两个有效边的感应电动势是反相串联的,当线圈节距等于极距时,线圈的两个有效边的感应电动势相位差为 180°,线圈的电动势最大,为一个有效边的感应电动势的两倍。因此,线圈节距应接近于极距。当 $y_1 = \tau$ 时,称为整距;$y_1 < \tau$ 称为短距;$y_1 > \tau$ 称为长距。为了节省线圈端部材料,一般不采用长距结构。

3.2　三　相　绕　组

3.2.1　三相单层绕组

单层绕组每槽只嵌放一个线圈边,因此总线圈数等于槽数的一半。单层绕组的形式很多,以等元件绕组为例说明单层绕组的连接规律。等元件单层绕组每个线圈的节距都等于极距($y_1 = \tau$),现用具体例子说明。

【例 3.1】　已知一交流电机定子槽数 $Z = 36$,极数为 $2p = 4$,并联支路数 $a = 1$,试绘制三相单层绕组展开图。

解:(1)绘制槽电动势星形图。计算槽距电角,参见 3.1 节,槽电动势星形图如图 3.3(b)所示。

(2)分相并构成线圈和线圈组。按照图 3.3(b)所示槽电动势星形图分相,共分为 A、B、C、X、Y、Z 六个相带。将 A 相带中 1 号槽内线圈边与 X 相带中 10 号槽内线圈边连接起来构成一个线圈,同理将 2 号与 11 号、3 号与 12 号分别相连构成另外两个线圈。将这 3 个线圈串联得到 A 相的第 1 个线圈组。用同样的办法可以构造出 A 相的第 2 个线圈组,如图 3.5 所示。

(3)将线圈组连接成所需并联支路数的相绕组。一相绕组可能有多条并联支路,这些支路能够并联的条件是每条支路电动势相量必须相等,否则会产生环流;

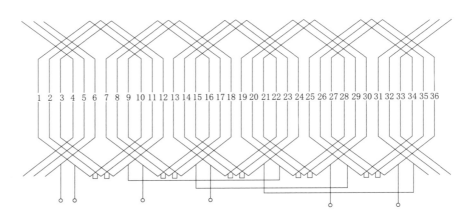

图 3.5　三相单层绕组 A 相

并且每条支路串联的线圈数也要相等，否则会造成各支路负载电流不平衡。根据槽电动势星形图［图 3.3 (b)］和单层绕组展开图（图 3.5），A 相的两个线圈组的电动势相量相等，每个线圈组串联有 3 个线圈。这两个线圈组可以作为两条支路并联（$a=2$），当然也可以串联成为一条支路（$a=1$）。根据本题题目的要求，将两个线圈组串联构成 1 条支路，从而得到如图 3.5 所示的 A 相绕组展开图。

分析每相绕组的线圈组个数和每个线圈组中串联线圈数的一般规律时，看槽电动势星形图［图 3.3 (b)］，每个线圈组的线圈数等于 $60°$ 电角度范围内的电机槽数，而一个极距占据 $180°$ 电角度，因此 $60°$ 相带分相方法相当于将每一极距下的槽数 3 等分，每相占 1 等分。故线圈组串联的线圈数等于每极每相槽数，用 q 表示为

$$q=\frac{Z}{2mp} \tag{3.5}$$

式中　m——电机相数，对于三相电机 $m=3$。

在本例中 $q=36/(2×3×2)=3$（槽）。在单层绕组中，由于每相在每对极下才有一个线圈组，因此每相有 p 个线圈组，故每相最大并联支路数 $a_{\max}$ 等于极对数，即 $a_{\max}=p$。

（4）画出三相绕组展开图。同理，采用与 A 相绕组相同的构成方法，利用星形图把属于 B 相和 C 相的线圈边连接起来，便得到图 3.6 所示的三相绕组展开图。

单层绕组的优点是槽内只有一个线圈边，下线比较容易且没有层间绝缘，槽利用率较高。10kW 以下的小型交流电机机大多采用单层绕组。其缺点是不像双层绕组那样能灵活地选择线圈节距来削弱谐波电动势和磁动势，而且漏电抗也比较大。

3.2.2　三相双层绕组

双层绕组的线圈数等于槽数。每个槽有上下两层，线圈的一个边放在一个槽的上层，另外一个边则放在相隔 y_1 个槽的槽的下层。双层绕组有叠绕组和波绕组两种，这里只讨论叠绕组。下面举例说明三相双层叠绕组的构成方法。

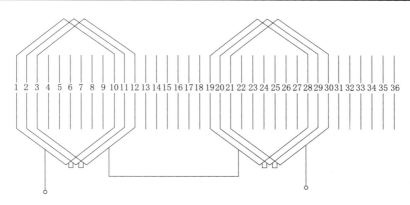

图 3.6　三相单层绕组 A 相展开图

【例 3.2】　已知一交流电机定子槽数 $Z=36$，极数 $2p=4$，并联支路数 $a=2$，试绘制三相双层叠绕组展开图。

解：（1）选择线圈节距。先计算电机的极距为

$$\tau=\frac{Z}{2p}=\frac{36}{2\times2}(槽)=9(槽)$$

为了改善电动势、磁动势波形，一般采用短距线圈。对于本例，选择 $y_1=7$ 槽，这意味着当一个线圈的一个边位于 1 号槽上层时，它的另一个边就在第 8 号槽的下层。

（2）绘制槽电动势星形图。槽电动势星形图同【例 3.1】中的单层绕组相同，如图 3.3（b）所示。

（3）分相并构成线圈和线圈组。采用 $60°$ 相带，分相的方法和分相结果同【例 3.1】中的单层绕组，同样得到 A、B、C、X、Y、Z 六个相带，如图 3.3（b）所示。与单层绕组不同的是，分给各相带的槽号代表的是各相绕组线圈上层边所在的槽。A 相绕组有 12 个线圈，它们的上层边分别位于（1、2、3）、（10、11、12）、（19、20、21）和（28、29、30）号槽内，根据线圈的节 $y_1=7$ 槽可以确定它们的下层边分别位于（8、9、10）、（17、18、19）、（26、27、28）和（35、36、1）号槽内。将 A 相带中 1 号槽内上层线圈边（用实线表示）与 8 号槽内下层线圈边（用虚线表示）连接起来构成一个线圈，用同样的方法构成上层边分别在 2 号槽和 3 号槽的另外两个线圈。将这 3 个线圈串联得到 A 相的第 1 个线圈组。用同样的办法可以构造出 A 相的另外 3 个线圈组，如图 3.7 所示。

（4）将线圈组连接成所需并联支路数的相绕组。A 相的 4 个线圈组的电动势相量大小相等，第 1 和第 3 线圈组同属 A 相带，它们的电动势相量同相位；第 2 和第 4 线圈组同属 X 相带，它们的电动势相量也同相位，但与第 1 和第 3 线圈组反相位。这 4 个线圈组可以形成 3 种并联支路：$a=1$，4 个线圈组全部串联形成 1 条并联支路；$a=2$，线圈组 1 和 2 串联，线圈组 3 和 4 串联，然后再将两者并联形成 2 条并联支路；$a=4$，4 个线圈组全部并联形成 4 条并联支路。根据本题题目的要求，形成 2 条并联支路。由于线圈组 1 和线圈组 2 的电动势相量反相，它们串联时，要将

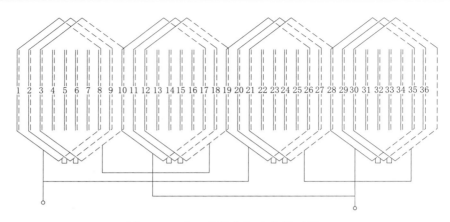

图 3.7　三相双层叠绕组 A 相展开图

线圈组 1 的尾与线圈组 2 的尾相接。线圈组 3 和线圈组 4 的串联也是如此。最后得到 A 相展开图如图 3.7 所示。

在双层绕组中，每相在每极下有一个线圈组，因此每相共有 b 个线圈组，故每相最大并联支路数 $a_{\max}$ 等于极数，即 $a_{\max}=2p$。

（5）画出三相绕组展开图。同理，采用与 A 相绕组相同的构成方法，可以画出 B 相绕组和 C 相绕组的展开图（从略）。

10kW 以上的交流电机一般都采用双层绕组。

3.3　交流绕组电动势

3.3.1　基波电动势

当气隙磁场沿圆周按正弦规律分布，且周期数等于电机极对数 p 时，该气隙磁场称为基波磁场（图 3.2），基波磁场在绕组中感应的电动势波形是严格的正弦波，称为基波电动势，主要讨论在正弦分布磁场下绕组电动势的计算方法。分析时以同步电机的定子绕组为例，从导体电动势开始逐步引伸到线圈电动势、线圈组电动势和相电动势。所得结论同样适用于异步电机。

1. 导体电动势

如图 3.1 所示，当 p 对极的正弦分布磁场以转速 a 切割导体时，在导体中感应电动势为正弦波，从式（3.1）可推导出其有效值为

$$E_{c1}=\frac{1}{\sqrt{2}}B_{m1}lv \tag{3.6}$$

式中　B_{m1}——磁通密度幅值。

线速度 v 可表示为

$$v=\frac{\pi Dn}{60}=2\,\frac{\pi D}{2p}\frac{pn}{60}-2\pi f \tag{3.7}$$

由于磁通密度在空间是正弦分布的，因此其平均值为

$$B_{av1} = \frac{2}{\pi} B_{m1} \tag{3.8}$$

每极磁通量为

$$\Phi_1 = B_{av1} \tau l = \frac{2}{\pi} B_{m1} \tau l \tag{3.9}$$

于是有

$$B_{m1} = \frac{\pi}{2} \frac{\Phi_1}{\tau l} \tag{3.10}$$

将式（3.7）、式（3.10）代入式（3.6）得导体感应电动势有效值为

$$E_{c1} = \frac{\pi}{\sqrt{2}} f \Phi_1 = 2.22 f \Phi_1 \tag{3.11}$$

由此可见，导体中感应电动势的有效值与每极磁通量和频率的乘积成正比。当磁通 Φ 单位取 Wb、频率 f 取 Hz 时，电动势 E_{c1} 单位为 V。

2. 线圈电动势与短距系数

设线圈匝数为 N_c，每个线圈边由 N_c 根导体串联组成，而每根导体的电动势是同相位的，因此，线圈边的电动势等于导体电动势的 N_c 倍（即大小为 $N_c E_{c1}$）。一个线圈的两个线圈边是反向串联的，因此线圈电动势等于两个线圈边电动势的相量差。由于线圈的两个边在空间上相距 y_1 槽，即 $\pi y_1 / \tau$ 电角度，因此两个线圈边电动势的相位差也是 $\pi y_1 / \tau$ 度，如图 3.8 所示。

由相量图可得线圈电动势有效值 E_{y1} 为

$$E_{y1} = 2(N_c E_{c1}) \sin\left(\frac{y_1}{\tau} \frac{\pi}{2}\right) = 2(N_c E_{c1}) k_{y1} \tag{3.12}$$

其中

$$k_{y1} = \sin\left(\frac{y_1}{\tau} \frac{\pi}{2}\right) \tag{3.13}$$

k_{y1} 称为短距系数。当 $y_1 = \tau$，即线圈为整距时，$k_{y1} = 1$，线圈两个边的电动势反相位，合成电动势是最大的。短距系数的意义相当于短距线圈电动势与对应的整距线圈电动势之比。将式（3.11）代入式（3.12）得

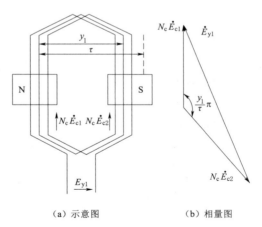

（a）示意图　　　　（b）相量图

图 3.8　线圈电动势计算示意图

$$E_{y1} = \sqrt{2} \pi N_c k_{y1} f \Phi_1 = 4.44 N_c k_{y1} f \Phi_1 \tag{3.14}$$

3. 线圈组电动势与分布系数

从上节分析可知，无论是单层绕组还是双层绕组，每个线圈组都是由 q 个相邻的线圈串联而成的。由于相邻线圈的空间位移是电角度，因此其线圈电动势的相位

差为 α_1，因此线圈组的电动势等于 q 个有效值为 E_{y1}，依次相差槽距电角度 q 的电动势相量的相量和，如图 3.9 所示。

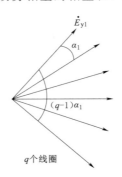

图 3.9　线圈电动势
计算示意图

这样的 q 个相量相加，可以构成正多边形的一部分，作正多边形的外接圆，从而可以用几何作图的方法推导出合成相量的大小（具体推导从略），即线圈组电动势的有效值 E_{q1} 为

$$E_{q1}=E_{y1}\frac{\sin\dfrac{q\alpha_1}{2}}{\sin\dfrac{\alpha_1}{2}}=qE_{y1}\frac{\sin\dfrac{q\alpha_1}{2}}{q\sin\dfrac{\alpha_1}{2}}=qE_{y1}k_{q1} \qquad (3.15)$$

其中

$$k_{q1}=\frac{\sin\dfrac{q\alpha_1}{2}}{q\sin\dfrac{\alpha_1}{2}} \qquad (3.16)$$

式中　k_{q1}——分布系数。它的意义相当于 q 个分布线圈电动势的相量和与对应的 q 个集中线圈电动势的代数和之比。

将式（3.14）代入式（3.15）得

$$E_{q1}=\sqrt{2}\,\pi qN_c k_{y1}k_{q1}f\Phi_1=4.44qN_c k_{N1}f\Phi_1 \qquad (3.17)$$

其中

$$k_{N1}=k_{y1}k_{q1} \qquad (3.18)$$

式中　k_{N1}——绕组系数，它表示在采用短距线圈和分布绕组时基波电动势应打的折扣。若采用集中整距绕组，即相当于线圈组的所有线圈的上层边放在同一个槽里，下层边放在相距 $180°$ 电角度的另外一个槽里，则 $k_{N1}=1$。

4. 相电动势

相电动势等于并联支路的支路电动势。每相有 a 条并联支路，对于单层绕组，每相有 p 个线圈组，因此每条支路有 p/a 个线圈组；对于双层绕组，每相有 $2p$ 个线圈组，因此每条支路有 $2p/a$ 个线圈组。每条支路所串联的各线圈组的电动势都是同大小、同相位的，可以直接相加，因此相电动势有效值 $E_{\Phi1}$ 为

$$E_{\Phi1}=\begin{cases}\dfrac{p}{a}E_{q1}\text{（单层绕组）}\\[3mm]\dfrac{2p}{a}E_{q1}\text{（双层绕组）}\end{cases} \qquad (3.19)$$

将式（3.17）代入式（3.19）中，并令

$$N=\begin{cases}\dfrac{pqN_c}{a}\text{（单层绕组）}\\[3mm]\dfrac{2pqN_c}{a}\text{（双层绕组）}\end{cases} \qquad (3.20)$$

从而得到单层绕组和双层绕组统一的相电动势有效值计算表达式为

$$E_{\Phi1}=\sqrt{2}\,\pi Nk_{N1}f\Phi_1=4.44Nk_{N1}f\Phi_1 \tag{3.21}$$

式中　N——每相每条支路串联匝数，简称每相串联匝数；

　　　Nk_{N1}——每相有效串联匝数。

从电磁感应的本质上看，交流绕组的电磁感应与变压器绕组是一致的，因此两者的计算公式相似。只是变压器中的绕组为集中绕组，因此，它没有绕组系数。

【例3.3】　一台汽轮发电机，定子槽数 $Z=36$，极对数 $2p=2$，采用三相双层叠绕组，节距 $y_1=14$，线圈数 $N_c=1$，并联支路数 $a=1$，频率为 $50\mathrm{Hz}$，每极磁通量中 $\Phi_1=2.63\mathrm{Wb}$。试求：

（1）导体电动势 E_{c1}。

（2）线圈电动势 E_{y1}。

（3）线圈组电动势 E_{q1}。

解：极距

$$\tau=\frac{Z}{2p}=\frac{36}{2\times1}槽=18\,槽$$

槽距电角

$$\alpha_1=\frac{p\times360°}{Z}=\frac{1\times360°}{36}=10°$$

每极每相槽数

$$q=\frac{Z}{2mp}=\frac{36}{2\times3\times1}=6$$

每相串联匝数

$$N=\frac{2pqN_c}{a}=\frac{2\times1\times6\times1}{1}=12$$

短距系数

$$k_{y1}=\sin\left(\frac{y_1}{\tau}\frac{\pi}{2}\right)=\sin\left(\frac{14}{18}\times\frac{\pi}{2}\right)=0.9397$$

分布系数

$$k_{q1}=\frac{\sin\dfrac{q\alpha_1}{2}}{q\sin\dfrac{\alpha_1}{2}}=\frac{\sin\dfrac{6\times10°}{2}}{6\sin\dfrac{10°}{2}}=0.9561$$

绕组系数

$$k_{N1}=k_{y1}k_{q1}=0.9397\times0.9561=0.8984$$

（1）导体电动势为

$$E_{c1}=2.22f\Phi_1=2.22\times50\times2.63\mathrm{V}=291.9\mathrm{V}$$

（2）线圈电动势为

$$E_{y1}=4.44N_ck_{y1}f\Phi_1=4.44\times1\times0.9397\times50\times2.63\mathrm{V}=548.7\mathrm{V}$$

（3）线圈组电动势为

$$E_{q1}=4.44qN_ck_{N1}f\Phi_1=4.44\times6\times1\times0.8984\times50\times2.63\mathrm{V}=3147\mathrm{V}$$

3.3.2　谐波电动势及其削弱方法

1. 谐波电动势

在实际电机中，气隙中的磁场很难保证完全按正弦规律分布，因此在交流绕组内感应的电动势也并非完全是正弦波形，除了基波外还存在一系列谐波。

以凸极同步电机为例（图3.1），电机以转速 n 进行旋转，在一对极所占电角度

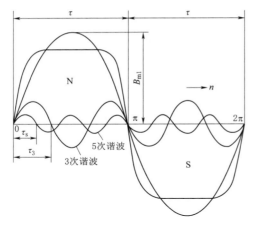

图 3.10 主级磁通密度的空间分布波

周期内其转子磁极产生的气隙磁场沿圆周的分布一般呈平顶波形，如图 3.10 所示，其中极距 τ 为一极所占电角度。利用傅里叶级数可将其分解为基波和一系列谐波，基波幅值为 B_{m1}，不同次数谐波次数周期数不同。基波磁场在定子绕组中感应基波电动势，在前面已经进行了详细分析。下面分析谐波磁场在定子绕组中感应的谐波电动势。首先分析谐波磁场的性质。根据磁场波形的对称性，可知波形中只含有谐波次数 $v=3，5，7，\cdots$ 的奇数次谐波。

从图 3.10 中可以看出，v 次谐波的极对数 p_v 等于基波极对数的 v 倍，极距 τ_v 为基波极距的 v 分之一，转速则等于转子转速，即

$$\begin{cases} p_v = vp \\ \tau_v = \dfrac{\tau}{v} \\ n_v = n \end{cases} \tag{3.22}$$

v 次谐波磁场在定子绕组中感应的高次谐波电动势率 f_v 为

$$f_v = \frac{p_v n_v}{60} = \frac{vpn}{60} = vf \tag{3.23}$$

对于第 v 次谐波，槽距电角为 v_a，仿照式（3.21）的推导方法，可得到 v 次谐波磁场在定子绕组中感应的谐波相电动势的有效值为

$$E_{\Phi_v} = \sqrt{2}\,\pi N k_{Nv} f_v \Phi_v = 4.44 N k_{Nv} f_v \Phi_v \tag{3.24}$$

式中　Φ_v——v 次谐波每极磁通量。

v 次谐波绕组系数 k_{Nv}、短距系数 k_{yv} 和分布系数 k_{qv} 系数的计算式分别为

$$k_{Nv} = k_{yv} k_{qv} \tag{3.25}$$

$$k_{yv} = \sin\left(\frac{vy_1}{\tau}\frac{\pi}{2}\right)$$

$$k_{qv} = \frac{\sin\dfrac{qv\alpha_1}{2}}{q\sin\dfrac{v\alpha_1}{2}}$$

当算出基波和各次谐波电动势的有效值后，可得出相电动势的有效值为

$$E_{\Phi} = \sqrt{E_{\Phi1}^2 + E_{\Phi3}^2 + E_{\Phi5}^2 + E_{\Phi7}^2} \tag{3.26}$$

2. 谐波电动势削弱方法

谐波电动势的存在，使发电机的电动势波形变坏，杂散损耗增大，温升增高，

进入电网的谐波电流还会干扰通信。因此，要尽可能地削弱谐波电动势，以使发电机发出的电动势波形接近正弦波。

数学分析和生产实践表明，谐波次数越高，它的幅值越小，对电动势波形的影响也越小。因此，可以认定，影响电动势波形的主要是 3、5、7、9 等次谐波。所以，设计绕组时，主要应考虑削弱或者消除 3、5、7、9 等次谐波电动势。下面介绍几种常用的方法。

（1）使气隙中磁场分布尽可能接近正弦波。对于凸极同步电机，采用非均匀气隙，使磁极中心处气隙最小，而磁极边缘处气隙最大，以改善磁场分布情况（图 3.1）。对于隐极同步电机，可以通过改变励磁线圈分布范围来实现。

（2）采用对称的三相绕组。三相绕组可连接成星形或三角形。三相 3 次谐波电动势之间在相位上彼此相差 $3 \times 120° = 360°$，即它们同相位、同大小。若三相绕组接成星形，由于线电动势等于两相相电动势的相量差，因此，线电动势中的 3 次谐波互相抵消，即线电动势中不存在 3 次谐波，同理也不存在 3 的倍数次谐波。若三相绕组采用三角形连接，3 次谐波电动势将在闭合的三角形绕组回路内部产生 3 次谐波环流，3 次谐波环流在各相绕组中的阻抗压降与 3 次谐波电动势相等，因此，线电动势中也不会出现 3 次谐波，同理也不会出现 3 的倍数次谐波。

可见，无论三相绕组采用星形或三角形连接，线电动势中都不存在 3 及 3 的倍数次谐波，故线电动势的有效值为

$$\begin{cases} E_1 = \sqrt{3}\sqrt{E_{\phi 1}^2 + E_{\phi 5}^2 + E_{\phi 7}^2 \cdots} \text{（星形连接）} \\ E_1 = \sqrt{E_{\phi 1}^2 + E_{\phi 5}^2 + E_{\phi 7}^2 \cdots} \text{（三角形连接）} \end{cases} \tag{3.27}$$

由于采用三角形连接时，闭合回路的 3 次谐波环流会引起附加损耗，使电机效率降低，温升增加，所以现代同步发电机一般采用星形连接。

（3）采用短距绕组。适当地选择线圈的节距，可以使某一次谐波的短距系数为零或很小，以达到消除或削弱该次谐波的目的。当线圈节距 $y_1 = \tau - \tau/v$ 时，代入式（3.25）中可得 v 次谐波短距系数 $k_{yv} = 0$，即选用比整距线圈缩短 τ/v 的短距线圈即可消除 v 次谐波。

例如，要消除 5 次谐波，采用 $y_1 = 4\tau/5$，可使 $k_{y5} = 0$。图 3.11 表明采用 $y_1 = 4\tau/5$ 的线圈两个导体边在 5 次谐波磁场中，任何瞬时均处在同大小同极性的位置，其感应电动势同大小同方向，在线圈电动势中互相抵消。

由于三相绕组采用星形或三角形连接，线电动势中已经消除了 3 次谐波，因此通常选 $y_1 = 4\tau/5$ 以同时削弱 5 次和 7 次谐波电动势。

（4）采用分布绕组。谐波的分布系数常小于基波的分布系数，例如：当 $q = 6$ 时，$k_{q1} = 0.9561$，$k_{q3} = 0.6440$，$k_{q5} = 0.1927$，绕组的电动势正比于分布系数，采用分布绕组后，虽然基波电动势略有减少，但谐波电动势减小得更多，因而可以改善电动势的波形。

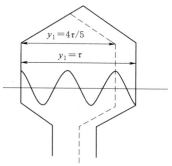

图 3.11 采用短距绕组消除谐波

3.4　交流绕组磁动势

交流绕组中有交流电流流过后就会产生磁动势并建立磁场。交流绕组磁动势比直流电机电枢绕组磁动势复杂，因为交流绕组在空间上是均匀分布的，绕组中流过的电流又是交变的，而且还有相属区别。因此，交流绕组磁动势既是时间的函数又是空间位置角的函数。

研究交流绕组磁动势的方法是运用叠加原理。因为不论磁路是否饱和，磁动势总是可以叠加的，在这一点上它与磁通不同。三相绕组磁动势是由三个单相绕组磁动势叠加而成的，双层短距绕组磁动势可以看成是两个单层绕组磁动势的叠加。故将单层集中绕组磁动势作为研究交流绕组磁动势的基本单元。

3.4.1　单相绕组磁动势

1. 单层整距集中相绕组的磁动势

图 3.12 是一台两极电机的示意图。其中，定子及转子铁芯是同心的圆柱体，所以定、转子间的气隙是均匀的。设每相只有 1 个线圈（相当于 $q=1$），线圈为整距。三相绕组沿定子圆周的空间分布如图 3.12 所示（为简单起见，图中未画定子槽）。

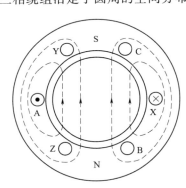

图 3.12　电机 A 相绕组
建立的磁场

线圈 AX 构成 A 相绕组，BY 构成 B 相绕组，CZ 构成 C 相绕组。当 AX 通过交流电流后，将产生一个两极磁场，按照右手螺旋定则，磁力线的分布如图 3.12 中虚线所示。设线圈匝数为 N_c，由安培环路定律可知，每根磁力线所构成的磁通闭合回路的磁动势均为 iN_c，根据磁路的基尔霍夫第二定律，作用于磁路的磁动势等于该磁路总的磁压降。从图中可以看出，每一条磁力线都要通过定子铁芯、转子铁芯并两次穿过气隙。由于铁磁材料的磁阻比空气的磁阻小得多，若略去定、转子铁芯中的磁阻，则磁动势全部消耗在两个气隙中，即每个气隙中消耗的磁动势为 iN_c。每条磁力线包围的安匝数都是一样的，经过的气隙也一样，所以沿气隙圆周的磁动势为均匀分布。将气隙沿圆周展开，得到磁动势沿圆周的空间分布波形如图 3.13 所示。磁动势波形的意义是：气隙圆周某点的磁动势表示由定子绕组磁动势所产生的气隙磁通通过该处气隙所产生的磁压降。磁动势波形为矩形波，矩形波的高度为 $F_y=iN_c/2$。设线圈电流 i 随时间按正弦规律交变，其有效值为 I_c，频率为 f，角频率 $\omega=2\pi f$，即 $i=\sqrt{2} I_c\sin\omega t$，则

$$F_y=\frac{\sqrt{2}}{2}N_c I_c\sin\omega t \tag{3.28}$$

F_y 的大小和正负随时间变化，即矩形波的高度和正负随时间变化，而变化的

快慢取决于电流的频率。当电流达到正最大值时，两矩形波的高度达到各自的最大值；当 $I=0$ 时，两矩形波高度为零；当电流变负时，矩形波随之改变方向。也就是说，在任何瞬间，磁动势在空间的分布均为矩形波；而在空间的任何一点，磁动势的幅值会随时间按正弦规律变化。这种空间位置固定不动，但波幅大小和正负随时间变化的磁动势称为脉振磁动势。将坐标原点取在线圈 AX 的中心线上，利用傅里叶级数将该磁动势波形展开成级数形式为

$$f_y(t,\theta) = \sum_v^\infty F_{y\upsilon}\cos\theta, \upsilon = 1,3,5,\cdots \tag{3.29}$$

式中　θ——空间电角度；

$\qquad F_{y\upsilon}$——第 υ 次磁动势波的幅值。

$$F_{y\upsilon} = \frac{2\sqrt{2}}{\pi}\frac{N_c I_c}{\upsilon}\sin\left(\upsilon\,\frac{\pi}{2}\right)\sin\omega t = 0.9\,\frac{N_c I_c}{\upsilon}\sin\left(\upsilon\,\frac{\pi}{2}\right)\sin\omega t \tag{3.30}$$

$\upsilon=1$ 称为基波，极对数为 p，即沿气隙圆周有 p 个完整的正弦波。$\upsilon=3$，5，7，…称为谐波，极对数为 υp，即沿气隙圆周有 υp 个完整的正弦波。图 3.13（b）中画出了对应的基波以及 3 次和 5 次谐波。基波和谐波都为脉振磁动势，波幅都在线圈中心线上。由于磁动势的对称性，因此不存在 $\upsilon=2$、4、6、…偶数次谐波。由式（3.30）可得基波磁动势的幅值为

$$F_{y1} = \frac{2\sqrt{2}}{\pi}N_c I_c\sin\omega t = 0.9 N_c I_c\sin\omega t \tag{3.31}$$

2. 单层整距分布相绕组的磁动势

对于单层分布绕组，$q>1$。以 $p=1$、$q=3$ 为例，每相共有 $qp=3$ 个线圈，仍设线圈为整距。三相绕组沿圆周的空间分布如图 3.13（a）所示，其中 A1X1、A2X2、A3X3 串联成一个线圈组，构成 A 相绕组。

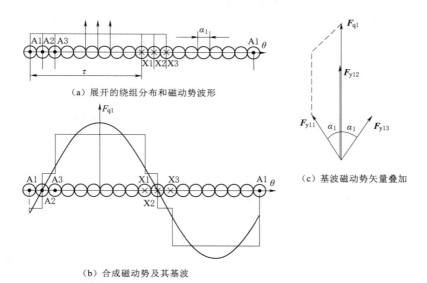

（a）展开的绕组分布和磁动势波形

（c）基波磁动势矢量叠加

（b）合成磁动势及其基波

图 3.13　两极电机 A 相绕组磁动势（$q=3$ 单层整距）

由于 3 个线圈的匝数一样，流过电流相同，因此 3 个线圈产生的矩形波磁动势的幅值完全相同，波形一样，这些矩形波依次位移 α_1 电角度（即槽距电角），如图 3.13（a）所示。将 3 个矩形波叠加起来，得到分布绕组磁动势波形——阶梯波，如图 3.13（b）所示。该磁动势亦为脉振磁动势，图中的阶梯波磁动势波形关于线圈组的中心线（即 A1X3 的中心线）对称，同样可分解得基波和各奇次谐波。基波和谐波的波幅均位于线圈组的中心线上。

基波和谐波幅值的计算式可以通过以下方法推得：将各线圈产生的矩形波磁动势分解成基波和各次谐波，然后将各线圈基波叠加得到梯形波的基波，各线圈 v 次谐波叠加得到梯形波的 v 次谐波。由于它们均为空间分布正弦波，和时间向量一样可以用空间矢量来表示，矢量长度代表幅值大小，矢量方向代表幅值所处空间位置。如图 3.13（a）所示，$\boldsymbol{F}_{y11}$、$\boldsymbol{F}_{y12}$、$\boldsymbol{F}_{y13}$ 分别代表线圈 A1X1、A2X2、A3X3 产生的基波磁动势矢量，它们的大小相同，均为 $\boldsymbol{F}_{y11}$，但相位不同，在空间上依次位移槽距电角 α_1。将这些矢量相加便得梯形波的基波矢量 $\boldsymbol{F}_{q1}$，如图 3.13（c）所示。考虑到一般情况，对于 q 个依次位移相同角度的矢量和，与由线圈电动势推导线圈组电动势的方法相似，同样可以推导出单层整距分布相绕组合成磁动势基波幅值为

$$\boldsymbol{F}_{q1} = q\boldsymbol{F}_{y1}k_{q1} \tag{3.32}$$

式中　k_{q1}——基波磁动势的分布系数，同电动势的分布系数具有相同的物理意义。

它的意义可以这样来理解：假如每相每个线圈组的 q 个线圈不是分布在 q 个不同的槽内，而是集中在同一个槽内（称为集中绕组），这时合成磁动势为 q 个幅值为 $\boldsymbol{F}_{y11}$ 的同相磁动势相加，因此合成基波磁动势基波幅值为 $q\boldsymbol{F}_{y11}$。实际情况是 q 个线圈分布在不同的槽内，这时合成磁动势为 q 个幅值为 $\boldsymbol{F}_{y11}$，空间不同相位（互差 α_1 电角度）的磁动势叠加，它们的合成基波磁动势幅值显然要比集中绕组时小。把分布绕组的合成基波磁动势幅值与集中绕组时的合成基波磁动势幅值的比值称为分布系数。磁动势的分布系数计算式与电动势的分布系数完全相同，由式（3.16）得

$$k_{q1} = \frac{\text{分布绕组合成磁动势基波幅值}}{\text{合成绕组合成磁动势基波幅值}} = \frac{F_{q1}}{qF_{y1}} = \frac{\sin\dfrac{q\alpha_1}{2}}{q\sin\dfrac{\alpha_1}{2}} \tag{3.33}$$

将式（3.31）代入式（3.32）得单层整距分布相绕组合成基波磁动势幅值为

$$F_{q1} = \frac{2\sqrt{2}}{\pi}qN_ck_{q1}I_c\sin\omega t = 0.9qN_ck_{q1}I_e\sin\omega t \tag{3.34}$$

3. 双层短距分布相绕组的磁动势

以 $p=1$、$q=3$、$y_1=7$ 为例。极距 $\tau = mq = 9$，每相有 $2pq = 6$ 个线圈，共有两个线圈组。线圈 A1X1、A2X2、A3X3 构成一个线圈组，线圈 A4X4、A5X5、A6X6 构成另一个线圈组。各线圈电流大小相等，方向如图 3.14（a）所示。从产生磁动势的角度看，可以将 A1A4、A2A5、A3A6、X1X4、X2X5、X3X6 分别看成是一个线圈，它们均为整距，这样就形成了两个单层整距分布绕组，即由所有线圈上层边（A1～A6）构成的分布绕组和下层边（X1～X6）构成的分布绕组。两个单

层分布绕组产生的磁动势如上述分析，均为阶梯波，两个阶梯波合成的相绕组磁动势仍为阶梯波，如图 3.14（a）所示。

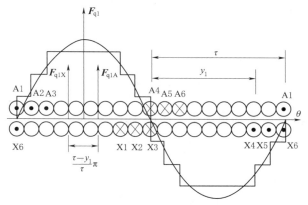
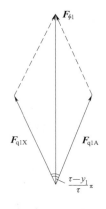

（a）展开的绕组分布和合成磁动势及其基波　　　（b）基波磁动势矢量叠加

图 3.14　2 极电机 A 相绕组磁动势（$q=3$ 双层短距）

将线圈组的中心线称为相绕组轴线，这里的线圈组指实际线圈组，例如图 3.14 中，A 相绕组轴线指线圈组 A1X1、A2X2、A3X3 的中心线。从图中可以看出，相绕组阶梯波磁动势波形关于相绕组轴线对称，同样可分解得基波和各奇次谐波。基波和谐波的波幅均位于线圈组的中心线上。

基波和谐波幅值的计算式可以通过以下方法推得：①将上、下层线圈边分别构成的两个单层整距分布绕组产生的基波磁动势叠加得到相绕组磁动势的基波，υ 次谐波叠加得到相绕组磁动势的 υ 次谐波。采用矢量表示法，在图 3.14（a）中 $\boldsymbol{F}_{q1A}$ 代表上层线圈边（A1～A6）产生的基波磁动势矢量，$\boldsymbol{F}_{q1X}$ 代表下层线圈边（XI～X6）产生的基波磁动势矢量，两者的大小相等，均为 $\boldsymbol{F}_{q1}$，而空间相位则相差 $\pi(\tau-y_1)/\tau$ 电角度。如图 3.14（b）所示，将两矢量相加便得合成的相绕组基波磁动势矢量 $\boldsymbol{F}_{\phi1}$，幅值为

$$F_{\phi1}=2F_{q1}\cos\left(\frac{\tau-y_1}{\tau}\frac{\pi}{2}\right)=0.9(2qN_c)k_{y1}k_{q1}I_c\sin\omega t \tag{3.35}$$

式中　F_{y1}——基波磁动势的短距系数，同电动势的短距系数具有相同的物理意义。

它的意义可以这样来理解：假如采用整距线圈，上层线圈边产生的基波磁动势和下层线圈边产生的基波磁动势波形完全重合，因而合成磁动势基波幅值为 $2F_{q1}$。实际上由于采用短距，上层线圈边产生的基波磁动势和下层线圈边产生的基波磁动势在空间上不同相位，差 $\pi(\tau-y_1)/\tau$ 电角度，因此合成的基波磁动势幅值比整距绕组时小。磁动势的短距系数计算式与电动势的短距系数完全相同，即

$$k_{y1}=\frac{短距绕组合成磁动势基波幅值}{整距绕组合成磁动势基波幅值}=\frac{2F_{q1}\cos\left(\dfrac{\tau-y_1}{\tau}\dfrac{\pi}{2}\right)}{2F_{y1}}=\sin\left(\frac{y_1}{\tau}\frac{\pi}{2}\right) \tag{3.36}$$

和电动势计算相似，用 $k_{N1}=k_{y1}k_{q1}$ 表示基波磁动势的绕组系数，考虑到双层

绕组每相串联匝数 $N = 2qpN_c/a$，相电流有效值 $I = aI_c$ 等关系，式（3.35）可改写为

$$F_{\phi 1} = F_{m\phi 1}\sin\omega t = 0.9\frac{Nk_{N1}I}{p}\sin\omega t \tag{3.37}$$

$$F_{m\phi 1} = 0.9\frac{Nk_{N1}I}{p} \tag{3.38}$$

式中　$F_{m\phi 1}$——相绕组基波脉振磁动势的振幅，它表示相绕组脉振磁动势基波的最大值。

将坐标原点取在相绕组轴线上，从而得到相绕组基波磁动势的表达式为

$$f_{\phi 1}(t,\theta) = F_{\phi 1}\cos\theta = F_{m\phi 1}\sin\omega t\cos\theta \tag{3.39}$$

虽然相绕组基波磁动势的幅值是由双层绕组推导而来的，但只要 N 满足式（3.20），则式（3.37）～式（3.39）同样适用于单层绕组。

对于相绕组磁动势中的 v 次谐波，采用同样的方法可以推导出，当坐标原点取在相绕组轴线上，其表达式为

$$f_{\phi v}(t,\theta) = F_{m\phi v}\sin\omega t\cos\theta \tag{3.40}$$

$$F_{m\phi v} = 0.9\frac{Nk_{Nv}I}{p} \tag{3.41}$$

$$k_{Nv} = k_{yv}k_{qv}$$

式中　$F_{m\phi v}$——v 次谐波磁动势的振幅；

　　　k_{Nv}——v 次谐波磁动势的绕组系数，与 v 次谐波电动势的绕组系数计算公式［式（3.25）］完全相同。

这一结果表明，电动势、磁动势具有相似性，时间波与空间波具有统一性。

综上，单相绕组磁动势的特点概括如下：

（1）单相绕组磁动势的性质是脉振磁动势，它既是时间的函数又是空间位置的函数。

（2）基波和各次谐波的波幅均在相绕组轴线上。

（3）v 次谐波磁动势幅值与绕组系数 k_{Nv} 成正比，因此可以采用短距和分布绕组来削弱高次谐波。

3.4.2　三相绕组合成磁动势基波

在三相交流电机中，交流绕组是由三个单绕组组成的，当三相绕组中均有交流电流流过时，三个单绕组分别产生脉振磁动势，由三个脉振磁动势基波合成得到的三相绕组合成磁动势的基波。

在对称运行时，三相电流亦是对称的，即有效值相等，在时间上互差120°。设三相电流瞬时值表达式为

$$i_A = \sqrt{2}\,I\sin\omega t$$

$$i_B = \sqrt{2}\,I\sin(\omega t - 120°)$$

$$i_C = \sqrt{2}\,I\sin(\omega t - 240°) \tag{3.42}$$

由于三相绕组是对称设置的，即每相绕组的有效串联匝数相同，A、B、C 三相绕组的轴线在空间相差 120° 电角度，而三相电流又是对称的，因此三相绕组各自产生的脉振磁动势基波的振幅相等，在空间互隔 120° 电角度。将空间坐标原点取在 A 相绕组的轴线上，于是 A、B、C 各相绕组脉振磁动势基波的表达式分别为

$$f_{A1}(t,\theta)=F_{m\Phi1}\sin\omega t\cos\theta$$
$$f_{B1}(t,\theta)=F_{m\Phi1}\sin(\omega t-120°)\cos(\theta-120°)$$
$$f_{C1}(t,\theta)=F_{m\Phi1}\sin(\omega t-240°)\cos(\theta-240°) \tag{3.43}$$

式中　$F_{m\Phi1}$——每相脉振磁动势基波的振幅，按式（3.38）计算。

利用三角函数积化和差将式（3.43）中的各式展开为

$$f_{A1}(t,\theta)=\frac{1}{2}F_{m\Phi1}\sin(\omega t-\theta)+\frac{1}{2}F_{m\Phi1}\sin(\omega+\theta)$$

$$f_{B1}(t,\theta)=\frac{1}{2}F_{m\Phi1}\sin(\omega t-\theta)+\frac{1}{2}F_{m\Phi1}\sin(\omega t+\theta-120°)$$

$$f_{C1}(t,\theta)=\frac{1}{2}F_{m\Phi1}\sin(\omega t-\theta)+\frac{1}{2}F_{m\Phi1}\sin(\omega t+\theta-240°) \tag{3.44}$$

再将式（3.44）中的三式相加，并利用三角恒等式 $\sin x+\sin(x-120°)+\sin(x-240°)=0$ 化简，得三相合成磁动势基波表达式为

$$f_1(t,\theta)=f_{A1}(t,\theta)+f_{B1}(t,\theta)+f_{C1}(t,\theta)=\frac{3}{2}F_{m\Phi1}\sin(\omega t-\theta)=F_1\sin(\omega t-\theta)$$
$$\tag{3.45}$$

式中　F_1——三相合成磁动势基波幅值，其大小为

$$F_1=\frac{3}{2}F_{m\Phi1}=1.35\frac{Nk_{N1}I}{p} \tag{3.46}$$

从式（3.45）可见，三相合成磁动势基波是时间和空间的函数，对于空间上的某一点（相当于 0 等于常数），该点的磁动势大小随时间按正弦规律变化；而在任意瞬时（相当于 ωt 等于常数），磁动势沿空间分布也为正弦波形。因此，这是一种行波，即三相合成磁动势基波在空间旋转，且波幅不变。在图 3.15 中，曲线 1 代表 $t=0$，即 $\omega t=0$ 瞬间，三相合成磁动势基波的波形，此时合成磁动势表达式 $f_1(\theta)=-F_1\sin\theta$，磁动势正波幅位于 A 相绕组轴线 270° 电角度的位置；如图 3.15 中曲线 2 所示代表时间经过 1/4 周期，即 $\omega t=90°$ 瞬间，三相合成磁动势基波的波形，此时合成磁动势表达式 $f_1(\theta)=F_1\cos\theta$，磁动势正波幅位于 A 相绕组轴线上，这相当于曲线 1 向右平移了 90° 电角度，即相当于磁动势在空间上旋转了 90° 电角度。

旋转磁动势的转速可以这样求出：在任意时刻 t_1，磁动势曲线上的某一点，位于空间 θ_1 电角度处，经过时间 Δt 后，该

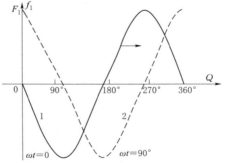

图 3.15　2 极电机三相合成磁动势基波曲线

点在空间转过了 $\Delta\theta$ 电角度。根据磁动势的表达式，应有 $F_1\sin(\omega t_1-\theta_1)=F_1\sin[\omega(t_1+\Delta t)-(\theta_1+\Delta\theta)]$，因此 $\omega\Delta t=\Delta\theta$，也就是说，合成磁动势在空间上转过的电角度等于电流在时间上经过的电弧度。故磁动势旋转的电角速度 $\omega_1=\Delta\theta/\Delta t=\omega=2\pi f$。$f$ 为电流的频率，ω_1 单位为 rad/s，转换为机械弧度，则磁动势旋转的机械角速度 $\Omega_1=\omega_1/p=2\pi f/p$。因此，以 r/min 为单位的旋转磁动势转速，即同步转速为

$$n_1=\frac{60}{2\pi}\Omega_1=\frac{60f}{p} \tag{3.47}$$

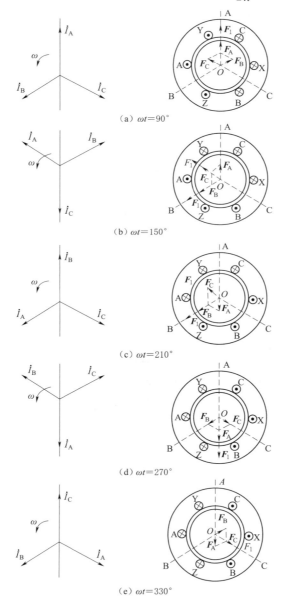

（a）$\omega t=90°$

（b）$\omega t=150°$

（c）$\omega t=210°$

（d）$\omega t=270°$

（e）$\omega t=330°$

图 3.16　不同瞬时三相的基波合成磁动势

此外，也可以通过矢量合成的方式分析三相合成磁动势，如图 3.16 所示。$\boldsymbol{F}_A$、$\boldsymbol{F}_B$、$\boldsymbol{F}_C$ 分别代表 A、B、C 三个相绕组的脉振磁动势基波矢量，它们分别位于各相绕组轴线上，其长度由各相电流瞬时值大小确定，方向则由电流正负决定。将三个矢量相加即得三相合成磁动势基波矢量 $\boldsymbol{F}_1$，即 $\boldsymbol{F}_1=\boldsymbol{F}_A+\boldsymbol{F}_B+\boldsymbol{F}_C$。图 3.16 中画出了 5 个不同瞬时磁动势矢量的合成情况，以图 3.16（a）为例。在 $\omega t=90°$ 时刻，A 相电流达到正最大值，即 $I_A=I_m$，而 $I_B=I_C=-I_m/2$，故 A 相磁动势达到最大，$\boldsymbol{F}_A=\boldsymbol{F}_{m\Phi 1}$，$\boldsymbol{F}_A$ 与 A 相绕组轴线 OA 同方向，$\boldsymbol{F}_B=\boldsymbol{F}_C=\boldsymbol{F}_{m\Phi 1}/2$，$\boldsymbol{F}_B$ 和 $\boldsymbol{F}_C$ 分别与 B 相绕组轴线 OB、C 相绕组轴线 OC 反方向。此时的合成磁动势 $\boldsymbol{F}_1$ 与 A 相绕组轴线 OA 重合，大小为 $3\boldsymbol{F}_{m\Phi 1}/2$。从图 3.16（a）、图 3.16（c）、图 3.16（e）中可以看出，当某相电流达正最大值时，合成磁动势即与该相绕组轴线重合。旋转磁动势的转向与三相电流的相序有关，图中三相电流相序为 A 相超前于 B 相，B 相超前于 C 相，合成磁动势转向也从 A 相绕组轴线转到 B 相绕组轴线，再转到 C 相绕组轴线。显然，改变电流相序可以改变旋转磁动势的转向。

综上，三相绕组合成磁动势基波有以下特点：

（1）三相对称绕组通入三相对称电流产生的三相合成磁动势基波是一个波幅恒定不变的旋转磁动势（或简称为圆形旋转磁动势），其幅值等于每相脉振磁动势振幅的 $3/2$ 倍。

（2）合成磁动势基波的转速与三相电流的频率和绕组的极对数有关。

（3）当某相电流达到最大值时，合成磁动势的波幅刚好转到该相绕组的轴线上。

（4）电流在时间上经过多少电弧度，合成磁动势在空间上转过相同的电角度。

（5）旋转磁动势由超前相电流所在的相绕组轴线转向滞后相电流所在的相绕组轴线。改变电流的相序，即可改变旋转磁动势的转向。

推而广之，可以证明，在对称的 m 相绕组中通入对称的 m 相电流，合成磁动势基波依然是圆形旋转磁动势，幅值为每相脉振磁动势基波振幅的 $m/2$ 倍，即

$$F_1 = \frac{m}{2} F_{m\Phi 1} = \frac{m}{2}\left(0.9 \frac{Nk_{N1}I}{p}\right) \tag{3.48}$$

反之，也可以证明，若 m 相绕组或 m 相电流不满足对称性条件，则合成磁动势就可能是椭圆形旋转磁动势或脉振磁动势形式。另外，根据式（3.44）还可以推论，一个脉振磁动势可以分解为两个幅值相同、转向相反的旋转磁动势。或者说，脉振磁动势可由两个幅值相同、转向相反的旋转磁动势合成。

【例 3.4】 一台三相异步电动机，定子采用双层短距叠绕组，Y 连接，定子槽数 $Z=48$，极数 $2p=4$，线圈匝数 $N_c=22$，节距 $y_1=10$，每相并联支路数 $a=4$，定子绕组相电流 $I=37\mathrm{A}$，$f=50\mathrm{Hz}$，试求：

（1）A 相绕组所产生的磁动势基波。

（2）三相绕组所产生的合成磁动势基波及其转速。

解： 极距

$$\tau = \frac{Z}{2p} = \frac{48}{2\times 2}\text{槽} = 12\ \text{槽}$$

槽距电角

$$\alpha_1 = \frac{p\times 360°}{Z} = \frac{2\times 360°}{48} = 15°$$

每极每相槽数

$$q = \frac{Z}{2mp} = \frac{48}{2\times 3\times 2} = 4$$

每相串联匝数

$$N = \frac{2pqN_c}{a} = \frac{2\times 2\times 4\times 22}{4} = 88$$

短距系数

$$k_{y1} = \sin\left(\frac{y_1}{\tau}\frac{\pi}{2}\right) = \sin\left(\frac{10}{12}\times\frac{\pi}{2}\right) = 0.9659$$

分布系数

$$k_{q1} = \frac{\sin\dfrac{q\alpha_1}{2}}{q\sin\dfrac{\alpha_1}{2}} = \frac{\sin\dfrac{4\times 15°}{2}}{4\sin\dfrac{15°}{2}} = 0.9577$$

绕组系数

$$k_{N1} = k_{yq}k_{q1} = 0.9577\times 0.9659 = 0.9250$$

每相脉振磁动势基波的振幅

$$F_{m\Phi1} = 0.9 \frac{Nk_{N1}I}{p} = 0.9 \times \frac{88 \times 0.925 \times 37}{2} = 1355(A)$$

将空间坐标原点取在 A 相绕组的轴线上，A 相绕组脉振磁动势基波的表达式为

$$f_{A1}(t, \theta) = F_{m\Phi1} \sin\omega t \cos\theta = 1355 \sin\omega t \cos\theta$$

（2）三相合成磁动势基波幅值为

$$F_1 = \frac{3}{2} F_{m\Phi1} = \frac{3}{2} \times 1355 = 2033(A)$$

合成磁动势基波的表达式为

$$f_1(t, \theta) = F_1 \sin(\omega t - \theta) = 2033 \sin(\omega t - \theta)$$

合成磁动势基波的转速为

$$n_1 = \frac{60f}{p} = \frac{60 \times 50}{2} = 1500(r/min)$$

3.4.3　三相绕组合成磁动势谐波

根据前面的分析，相绕组磁动势波中除基波外，还含有 3，5，7，…奇次谐波，下面分析这些谐波的三相合成结果。

1. 3 次谐波

对于 3 次谐波，$v = 3$，仿照式（3.43），可得各相 3 次谐波磁动势的表达式为

$$f_{A3} = F_{mt3} \sin\omega t \cos3\theta$$
$$f_{B3} = F_{mt3} \sin(\omega t - 120°) \cos3(\theta - 120°)$$
$$f_{C3} = F_{mt3} \sin(\omega t - 240°) \cos3(\theta - 240°) \tag{3.49}$$

故得 3 次谐波合成磁动势为

$$f_3 = f_{A3} + f_{B3} + f_{C3} = F_{m\Phi3}[\sin\omega t + \sin(\omega t - 120°) + \sin(\omega t - 240°)]\cos3\theta - 0 \tag{3.50}$$

从式（3.49）可以看出，三相的 3 次谐波磁动势在空间上同相位，在时间脉振上互差 120°，故 3 次谐波合成磁动势为零。一般来说，在三相对称绕组中，合成磁动势不存在 3 次及 3 的倍数次谐波，即不存在 3，9，15，…次谐波。

2. 5 次谐波和 7 次谐波

对于 5 次谐波（$v = 5$），7 次谐波（$v = 7$），仿照式（3.43）～式（3.45）的推导过程可得 f_5 和 f_7，即

$$f_5 = \frac{3}{2} F_{m\Phi5} \sin(\omega t + 5\theta) \tag{3.51}$$

$$f_7 = \frac{3}{2} F_{m\Phi5} \sin(\omega t + 7\theta) \tag{3.52}$$

式（3.51）表明，三相 5 次谐波的合成磁动势同样是一个幅值恒定的旋转波，其转速是基波转速的 1/5，即 $n_5 = n_1/5$，转向与基波磁动势相反。式（3.52）表明，三相 7 次谐波的合成磁动势也是一个幅值恒定的旋转波，但转速是基波转速的 1/7，即 $n_7 = n_1/7$，转向与基波磁动势相同。

推而广之，一般地，当 $v = 6k - 1$（$k = 1, 2, \cdots$）时，三相合成谐波磁动势转

向与基波相反；当 $v=6k+1$（$k=1$，2，…）时，三相合成谐波磁动势转向与基波相同。统一地，合成 v 次谐波磁动势的转速是基波的 $1/v$，即 $n_v=n_1/v$。

谐波磁动势的存在，在交流电机中会引起附加损耗、振动、噪声，对异步电动机还产生附加力矩，使电动机启动性能变坏。因此，设计电机时应尽量削弱磁动势中的高次谐波，采用短距和分布绕组仍然是达到这个目的的重要方法。

思 考 题

1. 交流绕组与直流绕组的根本区别是什么？

2. 何谓相带？在三相电机中为什么常用 60°相带绕组而不用 120°相带绕组？

3. 双层绕组和单层绕组的最大并联支路数与极对数有什么关系？

4. 试比较单层绕组和双层绕组的优缺点及它们的应用范围。

5. 为什么采用短距和分布绕组能削弱谐波电动势？为了消除 5 次或 7 次谐波电动势，节距应如何选择？若要同时削弱 5 次和 7 次谐波电动势，节距应选择多大？

6. 为什么对称三相绕组线电动势中不存在 3 及 3 的倍数次谐波？为什么同步发电机三相绕组多采用 Y 形接法而不采用△接法？

7. 为什么说交流绕组产生的磁动势既是时间的函数，又是空间的函数，试以三相绕组合成磁动势的基波来说明。

8. 脉振磁动势和旋转磁动势各有哪些基本特性？

9. 把一台三相交流电机定子绕组的三个首端和三个末端分别连在一起，再通以交流电流，则合成磁动势基波是多少？如将三相绕组依次串联起来后通以交流电流，则合成磁动势基波又是多少？可能存在哪些谐波合成磁动势？

10. 一台三角形连接的定子绕组，当绕组内有一相断线时，产生的磁动势是什么磁动势？

11. 把三相感应电动机接到电源的三个接线头对调两根后，电动机的转向是否会改变？

12. 试述三相绕组产生的高次谐波磁动势的极对数、转向、转速和幅值。它们所建立的磁场在定子绕组内的感应电动势的频率是多少？

13. 短距系数和分布系数的物理意义是什么？试说明绕组系数在电动势和磁动势方面的统一性。

14. 定子绕组磁场的转速与电流频率和极对数有什么关系？一台 50Hz 的三相电机，通入 60Hz 的三相对称电流，如电流的有效值不变，相序不变，试问三相合成磁动势基波的幅值、转速和转向是否会改变？

习 题

1. 有一双层三相绕组，$Z=24$，$2p=4$，$a=2$，试绘出：

（1）槽电动势星形图。

（2）叠绕组展开图。

2. 一台三相同步发电机，$f=50\text{Hz}$，$n_N=1500\text{r/min}$，定子采用双层短距分布

绕组，$q=3$，$y_1/\tau=8/9$，每相串联匝数 $N=108$，Y 连接，每极磁通量 $\Phi_1=1.015\times 10^{-2}$ Wb，$\Phi_3=0.66\times 10^{-2}$ Wb，$\Phi_5=0.24\times 10^{-2}$ Wb，$\Phi_7==0.09\times 10^{-2}$ Wb，试求：

（1）电机的极数。

（2）定子槽数。

（3）绕组系数 k_{N1}、k_{N3}、k_{N5}、k_{N7}。

第 4 章　感应电机与同步电机

4.1　感 应 电 机 概 述

感应电机是一种靠电磁感应作用来实现机电能量转换的电器，与变压器类似。感应电机的优点是结构简单、制造方便、价格便宜、运行可靠；但是不能在较宽的范围内经济地实现平滑调速，而且使电网的功率因数变坏，因为感应电机建立磁场，必须从电网吸取滞后的无功电流。因此，感应电机大多数用作电动机，但在风力发电及偏远的乡村等少数场合，也作为发电机来使用。

感应电机有三相和单相两种，三相感应电动机在工业中应用得非常广泛，而家用电器和医疗器械中则多采用单相感应电动机。

本章以分析一般用途的三相感应电动机为主。单相感应电动机、感应发电机和直线感应电动机只作简单介绍。首先介绍感应电机的基本结构，以建立实物模型；然后阐述感应电机的运行状态及转差率。

感应电机主要由定子、转子、端盖和一些附件构成，如图 4.1 所示。定子和转子之间的间隙称为气隙。

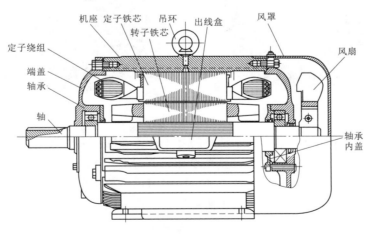

图 4.1　感应电机的结构

4.1.1　感应电机的结构

1. 定子

感应电机的定子由定子铁芯、定子绕组和机座三部分组成。

定子铁芯是主磁路的一部分。为了减少励磁电流和旋转磁场在铁芯中产生的涡流损耗和磁滞损耗，铁芯由厚 0.5mm 的硅钢片叠成，硅钢片两面涂以绝缘漆作为片间绝缘。小型定子铁芯用圆形硅钢片冲片叠装、压紧成为一个整体后，固定在机座内；中型和大型定子铁芯由扇形冲片拼成，分段叠装，段间留有径向通风道。

在定子铁芯内圆均匀地冲有许多形状相同的槽，用以嵌放定子绕组，定子冲片如图 4.2 所示。小型感应电机通常采用半闭口槽，可以减少主磁路的磁阻，使励磁电流减小，但嵌线较不方便，故绕组采用由高强度漆包线绕成的散下式软线圈，与铁芯之间垫有槽绝缘；中、大型感应电机的绕组为包扎好绝缘的硬线圈，为便于嵌线，中型感应电机通常采用半开口槽，大型高压感应电机都用开口槽。小功率采用单层绕组，为了得到较好的电磁性能，大功率采用双层短距绕组。

机座主要用来固定和支撑定子铁芯，并通过机座的底脚将电机安装固定。大型电机采用钢板焊接机座，中小型采用铸铁机座，目前小型电机也有采用铝合金和工程塑料的机座。

2. 转子

感应电机的转子由转子铁芯、转子绕组和转轴组成。转子铁芯也是主磁路的一部分，用厚 0.5mm 的硅钢片叠成，转子冲片如图 4.3 所示。铁芯固定在转轴或转子支架上，整个转子的外表呈圆柱形；转子绕组分为笼型和绕线型两类；转轴由碳素钢制成，用来支撑转子、传递转矩。

图 4.2　定子冲片

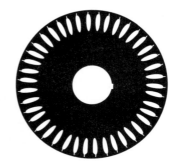

图 4.3　转子冲片

（1）笼型绕组由插入每个转子槽中的导条和两端的环形端环构成，为自行闭合的对称多相绕组，如果去掉铁芯，整个绕组外形就像一个"圆笼"，因此称为笼型绕组，如图 4.4 所示。为提高生产率和节约用铜，小型笼型感应电机一般采用铸铝转子，其导条和端环一次铸出。由于铸铝质量不易保证，大、中型感应电机都用铜导条和铜端环焊接而成。笼型感应电机结构简单、制造方便，是一种经济、耐用的电机，所以应用极广。

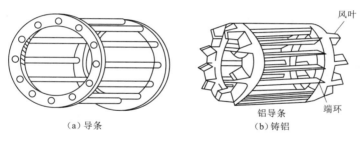

图 4.4　笼型绕组

（2）绕线型绕组为与定子绕组相类似的三相交流绕组，三个出线端接到装设在转轴上的三个集电环上，再通过电刷引出，如图 4.5 所示。绕线型转子绕组中可以接入外加电阻，用来改善电动机的启动性能、调节转速，如图 4.6 所示。为了提高运行的可靠性，减少电刷与集电环的磨损，避免不必要的摩擦损耗，有的绕线型电机还装有一种短路提刷装置。当电动机启动完毕后，移动手柄，提起电刷，同时将三个集电环彼此短接。与笼型转子相比，绕线型转子的结构稍复杂，价格偏高，因此只有在要求启动转矩大、启动电流小或平滑调速的场合使用。

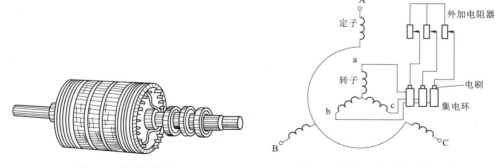

图 4.5　绕线型绕组　　　　　图 4.6　绕线型感应电动机示意图

3. 端盖

端盖主要是用来支撑转子和保护绕组，由端盖体、轴承盖和轴承组成，共有两套，分别装在机座两端。端盖通过止口与机座相配合，并用螺栓固定。轴承和螺栓为标准件，其他零件均采用与机座相同的材料制成。

4. 附件

感应电动机的附件有风扇、风扇罩、出线盒、连接键和铭牌，稍大一点的电机还装有吊钩，用来搬运。风扇用来给电机提供冷却空气。

5. 气隙

感应电动机的气隙很小，中小型电机一般为 $0.2\sim2\text{mm}$，但对电机的性能影响很大。当电机中需要产生的主磁通一定时，气隙越小所需要的励磁电流就越小，电机的功率因数也越高，因为励磁电流基本上是无功电流。但是气隙过小，会使装配困难，运行也不可靠。通常根据制造以及运行可靠性等因素来决定气隙的最小值。

4.1.2　感应电机的运行状态

感应电机由流过定子绕组的三相电流产生旋转磁场，在转子绕组中感应电流，感应电流与磁场相互作用而产生电磁转矩，进行能量转换。根据电机的可逆性，感应电机可以分为发电机、电动机和电磁制动三种运行状态，表征这些运行状态的基本变量是转差率。

1. 转差率

感应电机的转子转速总是与旋转磁场的同步转速 n_s 不相等，因此感应电机又称为异步电机。旋转磁场的转速 n_s 与转子转速 n 之差称为转差 Δn，转差 Δn 与同步转速的比值称为转差率，即

$$s = \frac{n_s - n}{n_s} \tag{4.1}$$

感应电机的转速随负载的变化而变化，转差率也随之变化。

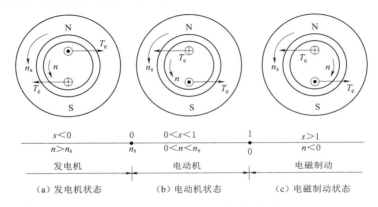

图 4.7　感应电机的三种运行状态

2. 电动机状态

设旋转磁场以同步转速逆时针方向旋转。当转子转速低于旋转磁场转速（$n_s > n > 0$）时，则转差率 $0 < s < 1$，如图 4.7（b）所示。由右手定则可确定转子导体中的感应电动势和电流的方向；按左手定则，电磁转矩的方向与转子旋转方向相同，即电磁转矩属于驱动性质的转矩。此时电机从电网输入电功率，通过电磁感应由转子输出机械功率，电机处于电动机状态。当转子不带机械负载时，为使转子旋转，需要一定的电磁转矩，转子导体中的电流并不等于零但很小，输入的功率用于克服转子的机械损耗和通风损耗。此时的运行状态称为实际空载。严格来说，实际空载属于轻载，此时转速非常接近于同步转速，即 $n \approx n_s$，$s \approx 0$。当用原动机将转子拖至同步转速时，即 $n = n_s$，$s = 0$，转子与旋转磁场没有相对运动，转子导体不"切割"磁场，不感应电动势，转子电流 $I_2 = 0$，不产生电磁转矩，原动机的驱动转矩只用于克服转子的机械损耗转矩。此时的运行状态称为理想空载。

3. 发电机状态

当加大原动机的驱动转矩，使感应电机的转子转速高于旋转磁场转速（$n > n_s$）

时，转差率 $s<0$，如图4.7（a）所示。转子导体"切割"旋转磁场的方向相反，转子导体感应电动势和电流的方向将与电动机状态时相反，电磁转矩的方向与转子的转向也相反，即电磁转矩属于制动性质的转矩。为使转子持续地以高于旋转磁场的转速旋转，原动机的驱动转矩必须克服制动的电磁转矩。此时转子从原动机输入机械功率，通过电磁感应由定子输出电功率，电机处于发电机状态。

4. 电磁制动状态

当因某些外来因素使转子逆着旋转磁场方向旋转（$n<0$）时，转差率 $s>1$，如图4.7（c）所示。此时转子导体与旋转磁场的相对方向与电动机状态时相同，故转子导体中感应电动势和电流的方向也与电动机状态时相同，电磁转矩方向也与图4.7（b）中相同。但对转子而言，由于转向改变，此电磁转矩表现为制动转矩。此时电机处于电磁制动状态，它一方面从外界输入机械功率，另一方面又从电网吸取电功率，两者都变成电机内部的损耗被消耗掉。

4.2　感应电机的运行原理

4.2.1　感应电机的空载运行

感应电动机的定子绕组接电源，转轴上不带任何机械负载时，称为空载运行。此时属于实际空载。

1. 空载运行时的磁动势

当定子绕组施加三相对称正序电压时，定子绕组中将流过三相对称的正序电流，于是将产生一个以同步转速、逆时针方向旋转的正向基波旋转磁动势 F_1，如图4.8所示。

磁动势 F_1 将在电机内建立主磁场和定子漏磁场。主磁场同时切割定、转子绕组，并产生感应电动势。由于转子绕组自行短接，将流过三相对称电流，在气隙磁场的作用下，产生电磁转矩，使转子沿着旋转磁场方向转动起来，转速非常接近同步转速，即令 $n \approx n_s$、$s \approx 0$。此时电磁转矩只用来克服空载制动转矩，所以转子电流很小，可以忽略，不产生磁动势，即近似为理想空载。

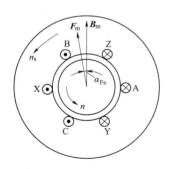

图4.8　空载磁动势和磁场

磁动势 F_1 基本上就是产生气隙主磁场 B_m 的励磁磁动势 F_m，定子空载电流 I_{10} 近似地等于励磁电流 I_m。计及铁芯损耗时，B_m 在空间滞后于 F_m 铁芯损耗角 α_{Fe}，如图4.8所示。

2. 主磁通和励磁阻抗

主磁场的磁通经过的路径称为主磁路，包括气隙、定子齿、定子轭、转子齿、转子轭五部分，如图4.9所示。主磁通 Φ_m 同时与定、转子绕组相交链，在定子绕组中感生对称三相电动势 $\dot{E}_1$，其中一相为

感应电机
的运行
原理

$$\dot{E}_1 = -\mathrm{j}\sqrt{2}\,\pi f_1 N_1 k_{w1} \Phi_m \tag{4.2}$$

类似变压器，$\dot{E}_1$ 与 $\dot{I}_m$ 之间具有下列关系

$$\dot{E}_1 = -\dot{I}_m Z_m = -\dot{I}_m (R_m + \mathrm{j}X_m) \tag{4.3}$$

式中　Z_m——励磁阻抗；

　　　X_m——励磁电抗；

　　　R_m——励磁电阻。

与其他电抗相似，$X_m \propto f_1 N_1^2 \Lambda_m$，所以气隙 δ 越小，主磁导 $\Lambda_m = \mu A/\delta$ 越大，X_m 就越大，Z_m 也越大；同一定子电压下，励磁电流 I_m 就越小。

3. 定子漏磁通和漏抗

漏磁场的磁通经过的路径称为漏磁路，根据所经路径的不同，定子漏磁通又可以分为槽漏磁通和端部漏磁通，如图 4.10 所示。

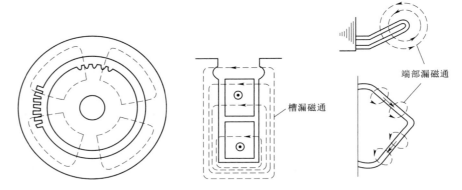

图 4.9　主磁通的磁路　　　　　图 4.10　定子漏磁通

槽漏磁通和端部漏磁通只与定子绕组相交链。而谐波磁场也通过气隙，同时与定转子绕组交链，但其不产生有用的转矩，因此常把其产生的漏磁通作为定子漏磁通的一部分来处理，成为谐波漏磁通。

定子漏磁通 $\Phi_{1\sigma}$ 将在定子绕组中感应漏磁电动势 $\dot{E}_{1\sigma}$。和变压器中一样，可以把 $E_{1\sigma}$ 作为负漏抗压降来处理，即

$$\dot{E}_{1\sigma} = -\mathrm{j}\dot{I}_1 X_{1\sigma} \tag{4.4}$$

式中　I_1——定子电流；

　　　$X_{1\sigma}$——定子一相的漏磁电抗，简称定子漏抗。

和其他电抗相类似，有

$$X_{1\sigma} = 2\pi f_1 L_{1\sigma} = 2\pi f N_1^2 \Lambda_{1\sigma} \tag{4.5}$$

即定子漏抗与定子漏磁路的磁导 $\Lambda_{1\sigma}$ 成正比，所以定子的槽型越深越窄，槽漏磁导越大，槽漏抗也越大。

在工程中，把电机内的磁通分为主磁通和漏磁通两部分来处理，一是因为它们的作用不同，主磁通参加机电能量转换，在电机中产生主电磁转矩，而漏磁通并不直接参加机电能量转换；二是因为这两种磁路的磁导不同，主磁路的大部分是铁

芯，受磁饱和的影响较大，属于非线性，而漏磁路的大部分是空气，受饱和的影响较小，属于线性。把两者分开处理，常常给电机的分析带来很大的方便。但是，在有些工况下（如启动）会带来很大的误差。

4.2.2 感应电动机的负载运行

当感应电动机的转轴上带机械负载时称为负载运行。此时，电机的转速将下降，需要产生较大的电磁转矩来克服负载制动转矩，转子绕组中将流过较大的电流，产生转子磁动势，同时定子电流将增大。

1. 转子磁动势

若定子旋转磁场为正向旋转（即从 A→B→C 相），则转子感应电动势和电流的相序也是正相序。同定子一样，将产生正向旋转磁动势 F_2。

（1）转子磁动势的转速。由于定子旋转磁场以 $\Delta n = n_s - n = s n_s$ 的相对速度切割转子绕组，因此转子感应电动势和电流的频率 f_2 应为

$$f_2 = \frac{p(n_s - n)}{60} = \frac{p n_s}{60} \cdot \frac{n_s - n}{n_s} = s f_1 \tag{4.6}$$

f_2 也称为转差频率。转子电流产生的磁动势 F_2 与转子的相对转速为

$$n_2 = \frac{60 f_2}{p} = \frac{60 s f_1}{p} = s n_s = \Delta n \tag{4.7}$$

而转子本身又以转速 n 在旋转，因此 F_2 在空间的绝对转速应为

$$\Delta n + n = (n_s - n) + n = n_s \tag{4.8}$$

即无论转子的实际转速是多少，转子磁动势 F_2 和定子磁动势 F_1 的绝对转速都等于同步转速 n_s，它们在空间始终保持相对静止。所以感应电机在任何异步转速下均能产生恒定的电磁转矩，并实现机电能量转换。定、转子磁动势之间的速度关系如图 4.11 所示。

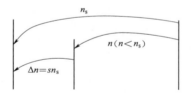

图 4.11 定、转子磁动势之间的速度关系

【例 4.1】 一台三相感应电动机，$2p = 4$，接 50Hz 电源。若转子的转差率 $s = 0.04$，试求：

（1）转子电流的频率。

（2）转子磁动势与转子的相对转速。

（3）转子磁动势的绝对转速。

解 （1）转子电流的频率为

$$f_2 = s f_1 = 0.04 \times 50 = 2 (\text{Hz})$$

（2）转子磁动势与转子的相对转速为

$$n_2 = \frac{60 f_2}{p} = \frac{60 \times 2}{2} = 60 (\text{r/min})$$

（3）转子的转速为

$$n = n_s (1 - s) = 1500 \times (1 - 0.04) = 1440 (\text{r/min})$$

所以转子磁动势在空间的绝对转速应为

$$n+n_2=1440+60=1500(\mathrm{r/min})$$

即为同步转速。

（2）转子磁动势的空间位置。为了分析简便，三相绕线型转子的绕组用 3 个集中线圈来表示，如图 4.12 所示。气隙磁场 $\boldsymbol{B}_\mathrm{m}$ 以同步转速 n_s 在气隙中旋转，转向从左向右；转子以速度 n 旋转，所以气隙磁场以转差速度 $\Delta n=n_\mathrm{s}-n$ 切割转子绕组。

当 a 相感应电动势达到最大值时，若不计转子漏抗，即 $X_{2\sigma}=0$，则该相电流也为最大。此时三相合成磁动势的轴线恰好与 a 相绕组轴线重合，气隙磁场波与转子磁动势波之间的空间夹角 $\delta=90°$，如图 4.12（a）所示。

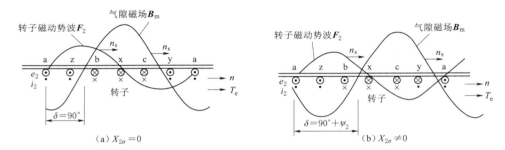

图 4.12　转子磁动势波在空间的位置

若考虑转子漏抗的影响，转子电流将滞后于感应电动势一个阻抗角 ψ_2。当 a 相电流达到最大值时，该相电动势已在超前 ψ_2 电角度时就达到最大值；也就是说，气隙磁场波已经向前移过 ψ_2 角，故气隙磁场波和转子磁动势波之间的空间夹角 $\delta=90°+\psi_2$，如图 4.12（b）所示。

2. 转子反应

负载时感应电机的转子磁动势基波对气隙磁场的影响，称为转子反应。转子反应使气隙磁场的大小和空间相位发生变化，从而引起定子感应电动势 $\dot{E}_1$ 变化，使定子电流 $\dot{I}_1$ 中除励磁分量 $\dot{I}_\mathrm{m}$ 以外，还增加一个补偿转子磁动势的负载分量 $\dot{I}_\mathrm{1L}$，即

$$\dot{I}_1=\dot{I}_\mathrm{m}+\dot{I}_\mathrm{1L} \tag{4.9}$$

$\dot{I}_\mathrm{1L}$ 的出现，使得感应电动势将从电源吸收一定的电功率。$\dot{I}_\mathrm{1L}$ 所产生的磁动势 $\boldsymbol{F}_\mathrm{1L}$ 与转子磁动势 $\boldsymbol{F}_2$ 大小相等而方向相反，即

$$\boldsymbol{F}_\mathrm{1L}=-\boldsymbol{F}_2 \tag{4.10}$$

用以维持气隙内的主磁通基本不变，并使定子感应电动势 $-E_1$ 仍能与电源电压和定子漏阻抗压降相平衡。

转子磁动势还与主磁场相互作用，产生所需要的电磁转矩，以带动轴上的机械负载。这是转子反应的另一作用。设磁通密度的空间分布为

$$b=B_\mathrm{m}\sin\theta \tag{4.11}$$

电流的空间分布为

$$i_2 = \sqrt{2}\,I_2 \sin(\theta - \psi_2) \tag{4.12}$$

根据电磁力定律，转子各导体受到的电磁转矩为

$$T = f\,\frac{D}{2} = b i_2 l\,\frac{D}{2} = \frac{1}{\sqrt{2}} B_m I_2 D l \sin\theta \sin(\theta - \psi_2) \tag{4.13}$$

式中　f——电磁力；

　　　D——转子直径；

　　　l——转子导体的有效长度。

电磁转矩的空间分布如图 4.13 所示。如果转子槽数为 Q_2，整个电机产生的电磁转矩为

$$
\begin{aligned}
T_e &= 2p \sum_1^{Q_2/2p} T = 2p \int_0^\pi T\,\frac{Q_2}{2\pi p}\,\mathrm{d}\theta = 2p\,\frac{Q_2}{2\pi p}\,\frac{1}{\sqrt{2}} B_m I_2 D l \int_0^\pi \sin\theta \sin(\theta - \psi_2)\,\mathrm{d}\theta \\
&= \frac{Q_2}{\pi}\,\frac{B_m D l}{\sqrt{2}} I_2\,\frac{\pi}{2}\cos\psi_2 = \frac{Q_2 p}{2\sqrt{2}}\,\frac{B_m D l}{p} I_2 \cos\psi_2
\end{aligned} \tag{4.14}
$$

由于每极磁通量为

$$\Phi_m = \frac{2}{\pi} B_m l\tau = \frac{2}{\pi} B_m l\,\frac{\pi D}{2p} = \frac{B_m D l}{p} \tag{4.15}$$

如果转子绕组为多相多匝短距分布绕组，则用有效导体数 $2N_2 k_{w2} m_2$ 代替槽数 Q_2。于是电磁转矩为

$$T_e = \frac{1}{\sqrt{2}} p m_2 N_2 k_{w2} \Phi_m I_2 \cos\psi_2 = C_T \Phi_m I_2 \cos\psi_2 \tag{4.16}$$

式中　C_T——转矩常数，$C_T = p m_2 N_2 k_{w2}/\sqrt{2}$。

式 (4.16) 说明，感应电动机的电磁转矩与气隙合成磁场的磁通量 Φ_m 和转子电流的有功分量 $I_2\cos\varphi_2$ 成正比；要想增大电磁转矩，应增加转子电流的有功分量。

转子反应的这两个作用综合地体现了通过电磁感应作用实现机电能量转换的机理。图 4.14 所示为一台感应电动机负载时的磁场分布。

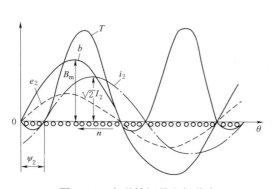

图 4.13　电磁转矩的空间分布

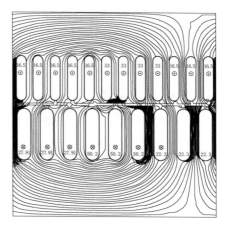

图 4.14　感应电动机负载时的磁场分布

3. 磁动势方程

负载时，与定子电流 $\dot{I}_1$ 相对应，定子磁动势 F_1 由两部分组成：一部分是产生主磁通的励磁磁动势 F_m，另一部分是抵消转子磁动势的负载分量 $-F_2$，即

$$F_1 = F_m + (-F_2) \ 或 \ F_1 + F_2 = F_m \tag{4.17}$$

式（4.17）就是感应电机的磁动势方程。说明负载时电动机的励磁磁动势是定、转子绕组的合成磁动势。电机内的磁场由定、转子磁动势共同建立。

考虑到

$$F_1 = \frac{\sqrt{2}}{\pi} m_1 \frac{N_1 k_{w1} I_1}{p}, F_2 = \frac{\sqrt{2}}{\pi} m_2 \frac{N_2 k_{w2} I_2}{p}, F_m = \frac{\sqrt{2}}{\pi} m_1 \frac{N_1 k_{w1} I_m}{p}$$

且 F_1、F_2 和 F_m 在空间的相位差就等于产生这些磁动势的电流相量 $\dot{I}_1$、$\dot{I}_2$ 和 $\dot{I}_m$ 在时间上的相位差，故磁动势方程式（4.17）也可以改写为电流表达的形式，即

$$\dot{I}_1 + \frac{\dot{I}_2}{k_i} = \dot{I}_m \quad 或 \quad \dot{I}_1 + \dot{I}_2' = \dot{I}_m \tag{4.18}$$

式中　k_i——电流比；

I_2'——当转子流过电流 I_2 时，定子边应供给的负载分量电流，即

$$I_{1L} = -I_2', \dot{I}_2' = \frac{\dot{I}_2}{k_i}, k_i = \frac{m_1 N_1 k_{w1}}{m_2 N_2 k_{w2}} \tag{4.19}$$

负载时定、转子磁动势间的空间关系，以及定子电流与励磁电流和转子电流的

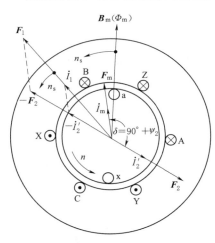

图 4.15　磁动势空间矢量和电流
时间相量

时间关系如图 4.15 所示。为简单起见，图 4.15 中把磁动势和磁场的空间矢量（用黑体字表示）和磁通、电流的时间相量（用打点的量表示）画在了一起。

4.2.3　感应电动机的数学模型

感应电动机的数学模型包括基本方程、等效电路和相量图，是分析和计算感应电动机性能的有力工具。为了分析简便，设定子的三相对称绕组为星形连接，电源电压三相对称。定子电路和旋转的转子电路通过气隙旋转磁场（主磁场）耦合起来，如图 4.16 所示。

1. 电压方程

（1）定子电压方程。由于三相对称，故仅需分析其中的一相。根据基尔霍夫定律，定子每相所加的电源电压应该与电动势的负值和定子漏阻抗压降相平衡。于是用瞬时值表示的定子电压方程为

$$\dot{U}_1 e^{j\omega_1 t} = \dot{I}_1 e^{j\omega_1 t}(R_1 + jX_{1\sigma}) - \dot{E}_1 e^{j\omega_1 t} \tag{4.20}$$

式中　$\dot{U}_1$——定子每相所加的电源电压；

$\dot{I}_1$——定子相电流；

R_1、$X_{1\sigma}$——定子每相的电阻和漏抗；

$\dot{E}_1$——定子绕组中的感应电动势。

（2）转子电压方程。气隙主磁通在转子绕组内感应出每相电动势的有效值为

$$E_{2s}=\sqrt{2}\,\pi f_2 N_2 k_{w2}\Phi_m=\sqrt{2}\,\pi s f_1 N_2 k_{w2}\Phi_m \tag{4.21}$$

当转子不转时，$s=1$，转子每相的感应电动势有效值为

$$E_2=\sqrt{2}\,\pi f_2 N_2 k_{w2}\Phi_m \tag{4.22}$$

从式（4.21）和式（4.22）不难看出，在数值上有

$$E_{2s}=sE_2 \tag{4.23}$$

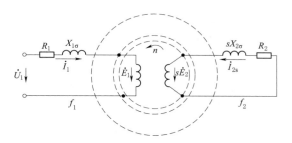

图4.16 感应电动机定、转子的耦合电路示意图

即转子的感应电动势正比于转差率 s，s 越大，主磁场切割转子绕组的相对速度就越大，转子的感应电动势也就越大。

转子磁动势除了与定子磁动势共同建立主磁场外，还产生转子漏磁场，反映到转子绕组，漏抗 $X_{2\sigma s}$ 正比于转子频率，且有 $f_2=sf_1$，即

$$X_{2\sigma s}=2\pi f_2 L_{2\sigma}=2\pi s f_1 L_{2\sigma}=sX_{2\sigma} \tag{4.24}$$

式中 $X_{2\sigma}$——转子频率等于 f_1 时的漏抗，即转子不转时的漏抗。

感应电机的转子绕组通常为短接，即端电压 $U_2=0$。根据基尔霍夫第二定律，可写出转子绕组一相的瞬时电压方程为

$$\dot{E}_{2s}e^{j\omega_2 t}=\dot{I}_{2s}e^{j\omega_2 t}(R_2+jsX_{2\sigma}) \tag{4.25}$$

式中 $\dot{I}_{2s}$——转子电流；

R_2——转子绕组每相电阻。

归纳起来，感应电机内各物理量的关系如图4.17所示。由于定、转子频率不同，相数和有效匝数也不同，故定、转子的电压方程不能联立求解，定、转子电路联不到一起。为得到定、转子的等效电路，必须把转子频率变换为定子频率，转子的相数、有效匝数变换为定子的相数、有效匝数。为此要进行频率归算和绕组归算。

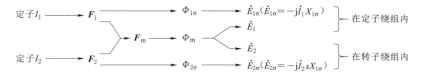

图4.17 感应电机内各物理量的关系

2. 频率归算

把转子瞬时电压方程式（4.25）的两端同时乘以 $\dfrac{1}{s}e^{j(\omega_1-\omega_2)t}$，则有

$$\dot{E}_2 \mathrm{e}^{\mathrm{j}\omega_1 t} = \dot{I}_2 \mathrm{e}^{\mathrm{j}\omega_1 t} \left(\frac{R_2}{s} + \mathrm{j} X_{2\sigma} \right) \tag{4.26}$$

其中，I_2 的幅值不变，转子电阻由 R_2 变为 R_2/s，频率已从 f_2 变成 f_1，即把转子的频率归算到了定子边，此时转子应为静止的。

频率归算以后，虽然转子转速 $n=0$，但转子电流的频率却变为 f_1，所产生的磁动势与转子的相对转速为 $\Delta n = n_s$，在空间仍以同步转速旋转，即 $\Delta n + n = n_s$，与实际转子所产生的磁动势同转速，由于转子 I_2 的幅值没变，则磁动势的幅值也不变，归算后转子的阻抗角为

$$\psi_2 = \arctan \frac{X_{2\sigma}}{R_2/s} = \arctan \frac{sX_{2\sigma}}{R_2} \tag{4.27}$$

可见，与频率归算前相同，没有变化，所以转子磁动势的相位也不变。这说明频率归算前后，转子反应是相同的，那么定子的所有物理量以及定子传送到转子的功率也保持不变；即旋转的实际转子和等效的静止转子对定子的效果完全相同。

由此可见，频率归算的物理含义是用一个静止的、电阻为 R_2/s 的等效转子去代替旋转的、电阻为 R_2 的实际转子，等效转子产生的磁动势 $\boldsymbol{F}_2$ 将与实际转子的磁动势同幅值、同空间相位、同空间转速。

频率归算后，转子电阻变成

$$\frac{R_2}{s} = R_2 + \frac{1-s}{s} R_2 \tag{4.28}$$

其中，第一项 R_2 就是转子本身电阻，第二项 $(1-s)R_2/s$ 代表与转子所产生的机械功率相对应的等效电阻。由于静止的转子不能输出机械功率，转轴的总机械功率就等效为转子电路的电阻损耗 $m_2 I_2^2 (1-s)R_2/s$。电阻 $(1-s)R_2/s$ 与转差率 s 有关，在电动机状态下，s 增大时，$(1-s)R_2/s$ 就减小，意味着负载增大，与实际情况符合。

频率归算后，感应电动机的定、转子电路如图 4.18 所示，相当于带有可变纯阻性负载的变压器。

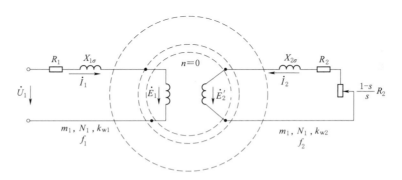

图 4.18　频率归算后感应电动机的定、转子电路图

3. 绕组归算

类似于变压器，为了便于求解电压方程，需把转子边的各量归算到定子边，相

应的归算值都用加"$'$"的量表示。归算前后，应保持转子绕组具有同样的电磁效应，即转子磁动势的大小和相位应保持不变。

为达到绕组归算前、后转子磁动势幅值不变的要求，根据式（4.19），转子绕组电流实际值除以电流变比 k_i，相当于在定子绕组中应供给的电流值，可作为电流的归算值 I_2'。归算后，转子的有效匝数已变换成定子的有效匝数，由于主磁通不变，所以归算后的电动势 E_2' 应为

$$E_2' = \frac{N_1 k_{w1}}{N_2 k_{w2}} E_2 = k_e E_2 \tag{4.29}$$

其中

$$k_e = \frac{N_1 k_{w1}}{N_2 k_{w2}}$$

式中　k_e——电压比。

于是归算前、后转子的总视在功率保持不变，即

$$m_2 E_2 I_2 = m_2 \frac{E_2'}{k_e} k_i I_2' = m_2 \frac{N_2 k_{w2}}{N_1 k_{w1}} \frac{m_1 N_1 k_{w1}}{m_2 N_2 k_{w2}} E_2' I_2' = m_1 E_2' I_2' \tag{4.30}$$

在转子电压方程式（4.36）的两边同时乘以 k_e，并将转子电流 $\dot{I}_2$ 乘以再除以 k_i，即

$$k_e \dot{E}_2 e^{j\omega_1 t} = k_e k_i \frac{\dot{I}_2}{k_i} \left(\frac{R_2}{s} + j X_{2\sigma} \right) e^{j\omega_1 t} = \frac{\dot{I}_2}{k_i} \left(k_e k_i \frac{R_2}{s} + j k_e k_i X_{2\sigma} \right) e^{j\omega_1 t} \tag{4.31}$$

于是可得归算后转子的电压方程为

$$\begin{cases} \dot{E}_2' e^{j\omega_1 t} = \dot{I}_2' \left(\dfrac{R_2'}{s} + j X_{2\sigma}' \right) e^{j\omega_1 t} \\[2mm] R_2' = k_e k_i R_2 = \dfrac{m_1}{m_2} \left(\dfrac{N_1 k_{w1}}{N_2 k_{w2}} \right)^2 R_2 \\[2mm] X_{2\sigma}' = k_e k_i X_{2\sigma} = \dfrac{m_1}{m_2} \left(\dfrac{N_1 k_{w1}}{N_2 k_{w2}} \right)^2 X_{2\sigma} \end{cases} \tag{4.32}$$

式中　R_2'、$X_{2\sigma}'$——转子电阻和漏抗的归算值。

类似于式（4.30）推导方法可得

$$\begin{cases} m_2 I_2^2 R_2 = m_1 I_2'^2 R_2' \\[2mm] \dfrac{1}{2} m_2 I_2^2 X_{2\sigma} = \dfrac{1}{2} m_1 I_2'^2 X_{2\sigma}' \end{cases} \tag{4.33}$$

归纳起来，绕组归算时，转子电动势和电压应乘以 k_e，转子电流应除以 k_i，转子电阻和漏抗则乘以 $k_e k_i$；归算前后转子的总视在功率、有功功率、转子的铜耗和漏磁场储能均保持不变，且前后磁链相等，即 $\Psi_2' = \Psi_2$。

由此可见，所谓绕组归算就是用一个相数、有效匝数和定子绕组完全相同的等效转子绕组，去代替原来的相数为 m_2、有效匝数为 $N_2 k_{w2}$ 的转子绕组。当定、转子绕组均为集中绕组，且相数相同时，$k_i = k_e = k$，与变压器相同。

频率和绕组归算后的定、转子耦合电路如图 4.19 所示。

4. 等效电路和相量图

将电压方程消去时间因子，归算后感应电动机的基本方程就归纳为

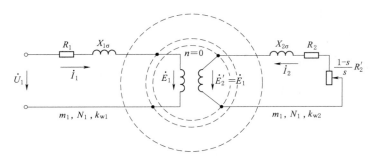

图 4.19　频率和绕组归算后的定、转子耦合电路

$$\begin{cases} \dot{U}_1 = \dot{I}_1(R_1 + jX_{1\sigma}) - \dot{E}_1 \\[2mm] \dot{E}_2' = \dot{I}_2'\left(\dfrac{R_2'}{s} + jX_{2\sigma}'\right) \\[2mm] \dot{E}_1 = \dot{E}_2' = -\dot{I}_m Z_m \\[2mm] \dot{I}_1 + \dot{I}_2' = \dot{I}_m \end{cases} \tag{4.34}$$

类似于变压器，根据基本方程即可画出感应电动机的 T 形等效电路，如图 4.20 所示，相对应的相量图如图 4.21 所示。

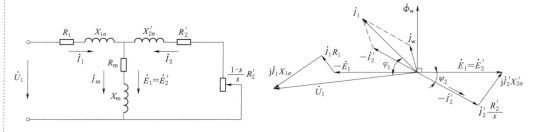

图 4.20　感应电动机的 T 形等效电路　　　　图 4.21　感应电动机的相量图

空载时，$n \approx n_s$，$s \approx 0$，$(1-s)R_2'/s \to \infty$，从等效电路可见，相当于转子开路。此时转子电流接近于零，定子电流基本上就是励磁电流，用以产生主磁通，所以定子的功率因数很低。

额定负载时，$s_N = 0.03 \sim 0.05$，$(1-s)R_2'/s$ 为（$20 \sim 30$）R_2'，转子电路基本上呈电阻性，使定子的功率因数提高到 $0.8 \sim 0.85$。由于定子电流和漏阻抗压降的增加，感应电动势和相应的主磁通值将略小于空载时。

启动时，$s = 1$，$(1-s)R_2'/s = 0$，相当于转子短路。这时转子电流很大，定子电流也很大，使得漏阻抗压降很大，导致感应电动势和主磁通值大为减小。如果定、转子漏阻抗近似相等，则启动时主磁通仅为空载时的一半左右。由于转子电路的电阻性降低，因此功率因数较低。

从图 4.20 可见，定子电流 $\dot{I}_1$ 总是滞后于电源电压 $\dot{U}_1$，这主要是因为感应电动机要从电源输入一定的感性无功功率来维持气隙中的主磁场和定、转子的涌磁场。

相应的磁化电流和定、转子漏抗越大，$\dot{I}_1$ 滞后于 $\dot{U}_1$ 的角度也越大，电机的功率因数就越低。

这里应当注意，由等效电路算出的所有定子量均为电机中的实际值，算出的转子电动势、电流则是归算值而不是实际值，而转子有功功率、损耗和转矩均与实际值相同。

在给定参数和电源电压的情况下，若已知转差率 s，则可以用等效电路算出电动机的转速、转矩、电流、损耗和功率等各物理量。从图 4.19 可见，定子和转子电流应为

$$\begin{cases} \dot{I}_1 = \dfrac{\dot{U}_1}{Z_{1\sigma} + \dfrac{Z_m Z_2'}{Z_m + Z_2'}} \\[3mm] \dot{I}_2' = -\dot{I}_1 \dfrac{Z_m}{Z_m + Z_2'} = -\dfrac{\dot{U}}{Z_{1\sigma} + \dot{c} Z_2'} \\[3mm] \dot{I}_m = \dot{I}_1 \dfrac{Z_2'}{Z_m + Z_2'} = \dfrac{\dot{U}}{Z_m} \dfrac{1}{\dot{c} + \dfrac{Z_{1\sigma}}{Z_2'}} \end{cases} \qquad (4.35)$$

$$Z_{1\sigma} = R_1 + jX_{1\sigma}$$

$$Z_2' = \frac{R_2'}{s} + jX_{2\sigma}'$$

$$\dot{c} = 1 + \frac{Z_{1\sigma}}{Z_m} \approx 1 + \frac{X_{1\sigma}}{X_m}$$

式中　$Z_{1\sigma}$——定子的漏阻抗；

　　　Z_2'——转子的等效阻抗；

　　　$\dot{c}$——修正系数。

4.2.4　感应电动机的功率和转矩

1. 功率方程

从等效电路可见，感应电动机将从电源输入电功率 $P_1 = m_1 U_1 I_1 \cos\varphi_1$，$\cos\varphi_1$ 为定子的功率因数。其中的一小部分将作为铜耗 $p_{Cu1} = m_1 I_1^2 R_1$ 消耗于定子绕组的电阻，一小部分将作为铁耗 $p_{Fe} = m_1 I_m^2 R_m$ 消耗于定子铁芯，余下的大部分功率由旋转磁场的电磁感应作用，通过气隙传送到转子，这部分称为电磁功率，即

$$P_e = m_1 E_2' I_2' \cos\psi_2' = m_1 I_2'^2 \frac{R_2'}{s} \qquad (4.36)$$

式中　$\cos\psi_2'$——转子的功率因数。

于是定子边的能量关系可写成功率方程

$$P_1 = p_{Cu1} + p_{Fe} + P_e \qquad (4.37)$$

电磁功率 P_e 传送到转子后，在转子绕组中要消耗一小部分铜耗 $p_{Cu2} = m_1 I_2'^2 R_2' = sP_e$，也称为转差功率；而在转子铁芯中消耗的铁耗很小，可忽略不计，

因为正常运行时转差率很小，转子中磁通的变化频率通常仅有 $1 \sim 3\,\mathrm{Hz}$。剩下的电功率转换为机械功率，也称转换功率，即

$$P_\Omega = P_\mathrm{e} - p_\mathrm{Cu2} = (1-s)P_\mathrm{e} = m_1 I_2'^2 \frac{1-s}{s} R_2' \qquad (4.38)$$

式（4.38）说明，在感应电动机中，转换功率和电磁功率是不同的；传送到转子的电磁功率 P_e 中，s 部分变为转子铜耗，$(1-s)$ 部分转换为机械功率。

从 P_Ω 中再扣除转子的机械损耗 p_Ω 和杂散损耗 p_Δ 可得转子轴上的输出功率为

$$P_2 = P_\Omega - (p_\Omega + p_\Delta) \qquad (4.39)$$

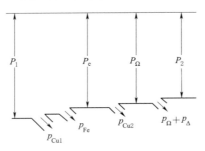

p_Δ 的大小与槽配合、槽开口、气隙大小和制造工艺等因素有关。在小型铸铝笼型转子感应电动机中，满载时 $p_\Delta = (1\% \sim 3\%)P_2$，在大型铜条笼型转子感应电动机中，$p_\Delta = 0.5\% P_2$。感应电动机的功率图如图 4.22 所示。

图 4.22　感应电动机的功率图

2. 转矩方程

将感应电机转子输出功率方程式（4.39）除以机械角速度 Ω，可得转子的转矩方程，即

$$T_\mathrm{e} = T_0 + T_2 \qquad (4.40)$$

其中，电动机的输出转矩 $T_2 = P_2/\Omega$；与机械损耗和杂散损耗所对应的阻力转矩为 $T_0 = (p_\Omega + p_\Delta)/\Omega$，如忽略杂散损耗，它就是空载转矩；电磁转矩为 $T_\mathrm{e} = P_\Omega/\Omega$。

由于机械功率 $P_\Omega = (1-s)P_\mathrm{e}$，转子的机械角速度 $\Omega = (1-s)\Omega_\mathrm{s}$，所以电磁转矩 T_e 亦可写成

$$T_\mathrm{e} = \frac{P_\Omega}{\Omega} = \frac{P_\mathrm{e}}{\Omega_\mathrm{s}} \qquad (4.41)$$

式（4.41）表明，电磁转矩 T_e 既可由机械功率 P_Ω 除以转子的机械角速度 Ω 算出，也可由电磁功率 P_e 除以同步角速度 Ω_s 算出。这是因为电磁功率是同步速度的气隙旋转磁场传送到转子的功率。考虑到

$$P_\mathrm{e} = m_1 E_2' I_2' \cos\psi_2, \quad E_2' = \sqrt{2}\,\pi f_1 N_1 k_\mathrm{w1} \Phi_\mathrm{m}, \quad I_2' = \frac{m_2 k_\mathrm{w2} N_2}{m_1 k_\mathrm{w1} N_1} I_2, \quad \Omega_\mathrm{s} = \frac{2\pi f_1}{p} \qquad (4.42)$$

把这些关系代入式（4.41），经过整理，同样可得式（4.15）。

【例 4.2】　有一台三相 4 极鼠笼型感应电动机，额定功率 $P_\mathrm{N} = 10\,\mathrm{kW}$，额定电压 $U_\mathrm{1N} = 380\,\mathrm{V}$，三角形连接。定子每相电阻 $R_1 = 1.35\,\Omega$，漏抗 $X_{1\sigma} = 2.45\,\Omega$；转子电阻的归算值 $R_2' = 1.15\,\Omega$，漏抗归算值 $X_{2\sigma}' = 4.45\,\Omega$，励磁阻抗 $R_\mathrm{m} = 7.5\,\Omega$，$X_\mathrm{m} = 95\,\Omega$。电动机的机械损耗 $p_\Omega \approx 80\,\mathrm{W}$。额定负载时的杂散损耗 $p_\Delta \approx 150\,\mathrm{W}$。试求额定负载时电动机定子和转子的相电流、定子功率因数、效率、转速、输出转矩和电磁转矩。

解　（1）阻抗计算。设额定负载时的转差率 $s_\mathrm{N} = 0.003$（试探值），则转子的等效阻抗为

$$Z_2' = \frac{R_2'}{s} + jX_{2\sigma}' = \frac{1.15}{0.033} + j4.45 = 34.848 + j4.45 = 35.131\angle 7.2771° (\Omega)$$

励磁阻抗为 $Z_m = R_m + jX_m = 7.5 + j95 = 95.296\angle 85.486° (\Omega)$

Z_2' 与 Z_m 的并联值为

$$\frac{Z_m Z_2'}{Z_m + Z_2'} = \frac{95.296\angle 85.486° \times 35.131\angle 7.2771°}{7.5 + j95 + 34.848 + j4.45} = 30.972\angle 25.828°$$

$$= 27.878 + j13.494 (\Omega)$$

（2）定子电流计算。相电流为

$$\dot{I}_1 = \frac{\dot{U}_1}{Z_{1\sigma} + \dfrac{Z_m Z_2'}{Z_m + Z_2'}} = \frac{380\angle 0°}{1.35 + j2.45 + 27.878 + j13.494} = 11.413\angle -28.613° (A)$$

线电流为 $\sqrt{3} \times 11.413 = 19.768 (A)$

（3）定子功率因数为

$$\cos\varphi_1 = \cos 28.613° = 0.87787$$

（4）定子输入功率为

$$P_1 = 3U_1 I_1 \cos\varphi_1 = 3 \times 380 \times 11.413 \times 0.87787 = 11422 (W)$$

（5）转子电流为

$$I_2' = I_1 \left| \frac{Z_m}{Z_m + Z_2'} \right| = 11.413 \times \frac{95.296}{108.09} = 10.062 (A)$$

（6）励磁电流为

$$I_m = I_1 \left| \frac{Z_2'}{Z_m + Z_2'} \right| = 11.413 \times \frac{35.131}{108.09} = 3.7094 (A)$$

（7）损耗为

$$p_{Cu1} = 3I_1^2 R_1 = 3 \times 11.413^2 \times 1.35 = 527.54 (W)$$

$$p_{Fe} = 3I_m^2 R_m = 3 \times 3.7094^2 \times 7.5 = 309.59 (W)$$

$$p_{Cu2} = 3I_2'^2 R_2' = 3 \times 10.062^2 \times 1.15 = 349.29 (W)$$

$$\sum p = p_{Cu1} + p_{Fe} + p_{Cu2} + p_\Omega + p_\Delta = 527.54 + 309.59 + 349.29 + 80 + 150 = 1416.42 (W)$$

（8）输出功率为

$$P_2 = P_1 - \sum p = 11422 - 1416.42 \approx 10005.6 (W)$$

从上面的计算可见，在所设转差率下，输出功率 $P_2 \approx 10005.6W$，即电动机在额定负载下运行，符合题目要求。如果算出的 $P_2 \neq P_N$，则要重新假设一个转差率 s，直到算出的 $P_2 = P_N$ 为止。

（9）效率为

$$\eta = 1 - \frac{\sum p}{P_1} = 1 - \frac{1416.42}{11422} = 87.599\%$$

（10）电磁功率为

$$P_e = 3I_2'^2 \frac{R_2'}{s} = 3 \times 10.062^2 \times \frac{1.15}{0.033} = 10585 (W)$$

（11）机械功率为

$$P_{\Omega} = 3I_2'^2 \frac{1-s}{s} R_2' = 3 \times 10.062^2 \times \frac{1-0.033}{0.033} \times 1.15 = 10235(\text{W})$$

（12）额定负载时的转速为

$$n_{\text{N}} = n_{\text{s}}(1-s_{\text{N}}) = 1500 \times (1-0.033) = 1450.5(\text{r/min})$$

转子的机械角速度为

$$\Omega = \frac{2\pi n}{60} = \frac{2\pi \times 1450.5}{60} = 151.896(\text{rad/s})$$

同步角速度为

$$\Omega_{\text{s}} = 2\pi \frac{n_{\text{s}}}{60} = 2\pi \frac{1500}{60} = 157.08(\text{rad/s})$$

（13）输出转矩为

$$T_2 = \frac{P_2}{\Omega} = \frac{10005.6}{151.896} = 65.871(\text{N} \cdot \text{m})$$

（14）电磁转矩。用电磁功率计算为

$$T_{\text{e}} = \frac{P_{\text{e}}}{\Omega_{\text{e}}} = \frac{10585}{157.08} = 67.386(\text{N} \cdot \text{m})$$

用机械功率计算为

$$T_{\text{e}} = \frac{P_{\Omega}}{\Omega} = \frac{10235}{151.896} = 67.382 \ (\text{N} \cdot \text{m})$$

可见用两种方法算出的结果完全相同。

4.2.5　感应电动机的笼型转子

绕线型感应电动机的结论同样适用于笼型感应电动机，但由于结构不同，笼型转子的极数、相数和参数的归算具有自己的特点。

1. 极数

任何电机的定子和转子都应有相同的极数，否则，合成电磁转矩就等于零，电机无法工作。绕线型转子的极数在设计时就与定子极数相一致。笼型转子的极数则取决于气隙磁场的极数，而本身并没有固定的极数。

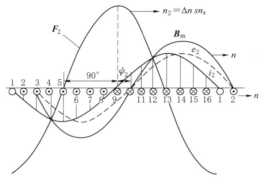

图 4.23　笼型转子的磁动势

一个处于两极气隙磁场里的笼型转子如图 4.23 所示。气隙旋转磁场 B_{m} 先后切割处在不同位置的导条，在每根导条中将感生不同电动势 e_2，其瞬时值与导条所切割的瞬时磁通密度成正比。由于导条和端环具有电阻和漏抗，所以导条电流 i_2 要滞后于导条电动势一个阻抗角 ψ_2。导条电流所产生的转子磁动势 F_2 的基波幅值在电流分布的轴线上。由于导条内的电流分布取决于气隙主磁场的极数，故笼型转子的极数与产生它的定子磁场的极数恒相一致；且定、转子磁动势波始终保持相对静止。气隙磁场波和转子磁动势波之间的空间夹角 $\delta = 90° + \psi_2$。

2. 相数

设气隙磁场为正弦分布，则导条中的感应电动势也随时间正弦变化；相邻导条的电动势相量相差 α_2 角，则

$$\alpha_2 = \frac{p \times 360°}{Q_2} \tag{4.43}$$

式中 Q_2——转子槽数（即转子的导条数）。

若 Q_2/p 为整数，则一对极下（360°电角度），所有导条的电动势相量将构成一个均匀分布的电动势星形图，如图 4.24 所示。可见笼型绕组是一个幅值相等、相位相差 α_2 角的多相对称绕组，其中每对极下的每一根导条就构成一相，所以笼型转子的相数为 $m_2 = Q_2/p$。各对极下占有相同位置的导条，可看作属于一相的并联导体，即每相有 p 根导条并联。由于一根导条相当于半匝，所以每相串联匝数 $N_2 = 1/2$。因为每相仅有一根导条，不存在"短距"或"分布"问题，故笼型绕组的节距因数和分布因数都等于 1，于是绕组因数 $k_{w2} = 1$。若 Q_2/p 为分数，可认为在 p 对极内总共有 Q_2 相，此时 $m_2 = Q_2$，并联导条数为 1。

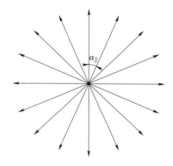

图 4.24 Q_2/p 为整数时一对极下导条的电动势星形图

3. 参数的归算

笼型转子的电路如图 4.25（a）所示，其中 Z_B 为每根导条的漏阻抗，Z_R 为每段端环的漏阻抗。每段端环同时与相邻两根导条连接，导条与端环内的电流互不相等，端环漏阻抗很难分清属于哪一相。因此要确定每相的阻抗，需要进行电路的等效变换，把端环的多边形阻抗化成等效的星形阻抗，然后才能将它归并到导条阻抗中去。

首先分析端环电流与导条电流之间的关系。为清楚起见，把图 4.25（a）中的部分电路画出，如图 4.25（b）所示。每根导条感应电动势的幅值都相等，相邻两根导条在时间上相差 α_2 电角度。由于笼型转子的结构对称，相邻两根导条中的电流也幅值相等、时间上彼此亦相差 α_2 电角度。同理，相邻两段端环中的电流幅值也相等，相位也相差 α_2 电角度。根据基尔霍夫第一定律，各节点的导条电流等于相邻两段端环电流的相量差，于是可画出导条和端环电流的相量图如图 4.25（c）所示。从图 4.25（c）可见，导条电流的有效值 I_B 与端环电流的有效值 I_R 之间具有下列关系

$$\frac{I_B}{2I_R} = \sin\frac{\alpha_2}{2} \tag{4.44}$$

一根导条和对应的前、后两段端环中的铜耗为

$$p_{\text{Cu(B+R)}} = I_B^2 R_B + 2I_R^2 R_R = I_B^2 \left(R_B + \frac{R_R}{\dfrac{I_B^2}{2I_R^2}} \right) = I_B^2 \left(R_B + \frac{R_R}{2\sin^2 \dfrac{\alpha_2}{2}} \right) = I_B^2 R_{BR} \qquad (4.45)$$

式中　R_B、R_R——每根导条和每段端环的电阻。

把两段端环电阻并入导条后的等效电阻为

$$R_{BR} = R_B + \frac{R_R}{2\sin^2 \dfrac{\alpha_2}{2}} \qquad (4.46)$$

考虑到各对极下属于同一相的每根导条是并联的，所以转子每相的等效电阻 R_2 应为

$$R_2 = \frac{R_{BR}}{p} = \frac{1}{p} \left(R_B + \frac{R_R}{2\sin^2 \dfrac{\alpha_2}{2}} \right) \qquad (4.47)$$

同理，根据导条和端环的漏磁场储能，可以导出转子每相的等效漏抗 $X_{2\sigma}$ 为

$$X_{2\sigma} = \frac{1}{p} \left(X_B + \frac{X_R}{2\sin^2 \dfrac{\alpha_2}{2}} \right) \qquad (4.48)$$

式中　X_B、X_R——每根导条和端环的漏抗。

再代入笼型转子的电流变比 k_i 和电压变比 k_e，即可得到转子电阻和漏抗的归算值为

$$\begin{cases} R_2' = k_e k_i R_2 = \dfrac{m_1}{m_3} \left(\dfrac{N_1 k_{w1}}{N_2 k_{w2}} \right)^2 R_2 = \dfrac{4p m_1 (N_1 k_{w1})^2}{Q_2} R_2 \\[4mm] X_{2\sigma}' = k_e k_i X_{2\sigma} = \dfrac{4p m_1 (N_1 k_{w1})^2}{Q_2} X_{2\sigma} \end{cases} \qquad (4.49)$$

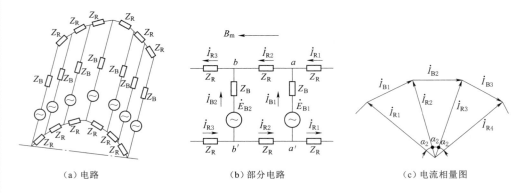

（a）电路　　　　　　　　（b）部分电路　　　　　　　（c）电流相量图

图 4.25　笼型转子的电路和电流相量图

4.3 同步电机概述

4.3.1 同步电机的基本结构

1. 旋转电枢式和旋转磁极式

同步电机与感应电机相比，定子的结构大体相同，绕组采用交流绕组，铁芯用 0.5mm 厚的硅钢片叠成；转子的结构有所差别。感应电机的定子为铁芯上嵌多相交流绕组，而同步电机的转子则为磁极上装直流励磁绕组。这种结构称为旋转磁极式，把电枢装在定子上，主磁极装在转子上，由于励磁部分的容量和电压较电枢小得多，电刷和集电环的负荷大为减轻，工作条件得以改善。因此，目前旋转磁极式结构已成为中、大型同步电机的基本结构型式，现代发电厂中见到的同步发电机几乎都是旋转磁极式，故本章只讨论旋转磁极式同步电机。

如果将电枢装在转子上，主磁极装在定子上，则称为旋转电枢式。这种结构在小容量同步电机中曾得到一定应用。

对于大型同步电机，铁芯采用分段式，每段厚 30～60mm，段间留有宽 8～10mm 的通风槽，整个铁芯用非磁性压板压紧，固定在机座上；定子绕组采用空心导线，用来通水内冷；机座一般用钢板焊接而成；端盖与轴承分离，归于定子，只起封闭作用；采用滑动轴承，装在轴承座内。

2. 隐极式和凸极式

按照主磁极的形状，旋转磁极式又可分为隐极式和凸极式两种型式，如图 4.26 所示。

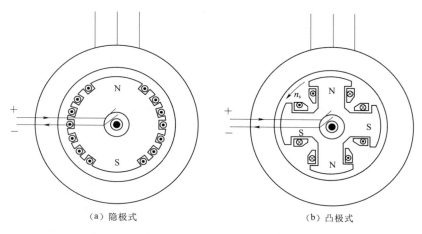

（a）隐极式　　　　　　　　　　（b）凸极式

图 4.26　旋转磁极式同步电机按转子外形分类

（1）隐极式同步电机。隐极式同步电机的转子做成圆柱形，气隙均匀，由转子铁芯、励磁绕组、转轴、风扇、集电环和护环等部件组成。铁芯与转轴用整块的具有良好导磁性的高强度合金钢锻成；励磁绕组用非磁性的金属槽楔固定在转子槽内，端部用高强度非磁性钢锻成的护环固定。它具有较高的机械强度，可以承受极大的机械应力和发热，常用于离心力较大的高速同步电机，如用高速汽轮机作为原动机来驱动的汽轮发电机和少数的高速同步电动机。

现代的汽轮发电机均为卧式结构，即转子轴线位于水平方向。一般都是二极电机，同步转速为 3000r/min（50Hz 时）或 3600r/min（60Hz 时）。由于转速高，所以汽轮发电机的直径较小，长度较长，转子的长度与直径之比 $l_2/D_2=2\sim6$，容量越大，此比值也越大。

提高转速可以提高汽轮机的运行效率，减小整个机组的尺寸、降低机组的造价。由于汽轮发电机的机身比较细长，转子和电机中部的通风比较困难，所以汽轮发电机的通风、冷却系统要比其他电机复杂得多。

（2）凸极式同步电机。凸极式同步电机的转子有明显凸出的磁极，气隙不均匀，由主磁极、磁扼、励磁绕组、阻尼绕组、集电环和转轴等部件组成。主磁极和磁轭一般用 $1\sim1.5$mm 厚的钢板叠压而成，励磁绕组采用集中绕组。凸极式同步电机机械强度较差，常用于低速电机（1000r/min 以下），如用水轮机作为原动机来驱动的水轮发电机，由内燃机驱动的同步发电机、同步电动机和同步补偿机。

凸极式同步电机通常分为卧式和立式两种结构。低速、大容量的水轮发电机和大型水泵电动机采用立式结构，其他都采用卧式结构。立式水轮发电机整个机组的转动部分的质量以及作用在水轮机上的水推力均由推力轴承支撑，并通过机架传递到地基上。

凸极式同步电机的特点是直径大、长度短。在低速水轮发电机中，转子的外径和长度之比 D_a/l 可达 $5\sim7$ 或更大。以前定子铁芯常制成分瓣定子，以便于运输和安装；目前，大型水轮发电机的定子铁芯一般都在运行现场叠装。由于水轮发电机的机身比较短粗，通风较好，所以多采用较简单的空冷系统。

除励磁绕组外，同步电机的转子上还常装有阻尼绕组，是由插入主极极靴槽中的铜条和两端的端环焊成的一个闭合绕组，与感应电机转子的笼形绕组结构相似。在同步发电机中，当转子发生振荡、转速高于或低于同步转速时，阻尼绕组将切割气隙旋转磁场，感生一低频电流，所产生的电磁转矩总是对偏离同步转速起阻尼作用，削弱或抑制转子的机械振荡。在同步电动机和补偿机中，阻尼绕组主要用来启动电机。

4.3.2　同步电机的运行状态

当同步电机的定子绕组中通过对称的三相电流时，定子将产生一个以同步转速推移的旋转磁场。定子旋转磁场带动转子以恒定的、与旋转磁场相同的转速旋转，这就是"同步"一词的含义。在稳态情况下，同步电机的转速恒为同步转速。于是，定子旋转磁场与直流励磁的转子主极磁场保持相对静止，它们相互作用产生电磁转矩，进行机电能量转换。

根据电机的可逆原理，同步电机有发电机、电动机和补偿机三种运行状态。发电机把机械能转换为电能；电动机把电能转换为机械能；补偿机不转换有功功率，专门发出或吸收无功功率、调节电网的功率因数，因此也称调相机。同步电机的实际运行状态取决于定、转子磁场的相对位置，其空间夹角称为转矩角 δ_{sr}。这里以功率角 δ 来表征，它是定、转子的合成磁场之间的夹角，也是同步电机的一个基本变量。

当 $\delta>0$ 时，转子主磁场超前于合成磁场，此时转子上将受到一个制动性质的电磁转矩，作用方向与转子旋转方向相反，如图 4.27（a）所示。为使转子能以同步转速持续旋转，转子必须从原动机输入驱动转矩。此时，转子输入机械功率，定子绕组向电网或负载输出电功率，电机作发电机运行。此时，在定子绕组中感应电动势的频率为

$$f=\frac{pn}{60} \tag{4.50}$$

可见，为了使频率恒定，在特定极数 $2p$ 下，转子的转速 n 也必须恒定，即同步转速。

当 $\delta=0$ 时，转子主磁场与合成磁场的轴线重合，此时电磁转矩为零，如图 4.27（b）所示。此时，

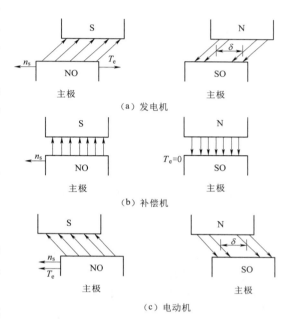

图 4.27　同步电机的三种运行状态

电机内没有有功功率的转换，电机处于补偿机状态或空载状态。

当 $\delta<0$ 时，转子主磁场滞后于合成磁场，则转子上将受到一个驱动性质的电磁转矩作用，作用方向与其旋转方向相同，如图 4.27（c）所示。此时，定子绕组从电网吸收电功率，转子可拖动负载输出机械功率，电机作电动机运行，电机的转速为

$$n=\frac{60f}{p}n_s \tag{4.51}$$

4.3.3　同步电机的励磁方式

供给同步电机励磁的装置称为励磁系统。获得励磁电流的方式称为励磁方式。为保证同步电机的正常运行，励磁系统应满足以下要求：

（1）当同步电机从空载到满载以及过载时，应能稳定地提供所需的励磁电流。

（2）当电力系统发生故障，使得电网电压下降时，应能快速强行励磁，以提高系统的稳定性。

（3）当同步电机内部发生故障时，应能快速灭磁，以便迅速排除故障，并使故障局限在最小范围内。

（4）励磁系统应能长期可靠地运行，且维护要方便，力求简单、经济。

目前采用的励磁系统主要可分为两类：一类是用直流发电机作为励磁电源的直流励磁机励磁系统；另一类是用交流发电机配合半导体整流装置将交流变成直流作为励磁电源的交流整流励磁系统。

1. 直流励磁机励磁系统

直流励磁机通常与同步发电机同轴，最简单的方式是并励。有时为了使励磁机在较低电压下也能稳定运行，并提高励磁系统的反应速度，励磁机也有采用他励的，此时励磁机由另一台与主励磁机同轴的副励磁机供给励磁，如图 4.28 所示。为使同步电机的输出电压保持恒定，常在励磁电流中加进一个反映发电机负载电流的反馈分量，当负载增加时，励磁电流相应地增大，以补偿电枢反应和漏抗压降的作用，称为复式励磁系统。

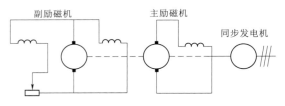

图 4.28　带副励磁机的励磁系统

2. 交流整流励磁系统

交流整流励磁系统分为静止和旋转两类。

静止交流整流励磁系统工作原理如图 4.29 所示。交流主励磁机和副励磁机都是与主同步发电机同轴连接的三相同步发电机，频率通常分别为 100 Hz 和 400 Hz。副励磁机的励磁开始时由外部直流电源供给，待电压建起后再转为自励（有时采用永磁发电机）；副励磁机输出的交流电经静止的晶闸管可控整流器整流之后，由集电环装置接到主励磁机的励磁绕组，供给主励磁机励磁；主励磁机输出的交流电经静止的三相桥式不可控硅整流器整流后，再由集电环装置接到主发电机的励磁绕组，以供给其直流励磁。自动电压调整器根据主发电机端电压的偏差，对交流主励磁机的励磁进行调节，从而实现对主发电机励磁的自动调节。

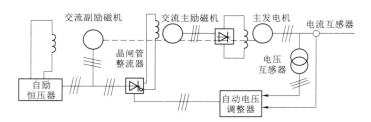

图 4.29　静止交流整流励磁系统工作原理图

这种励磁系统的运行和维护比较方便，由于取消了直流励磁机，使励磁容量得以提高，因而在大容量汽轮发电机中获得广泛应用。然而现代大容量汽轮发电机所需的励磁容量很大，即使采用 400～500 V 的励磁电压，励磁电流仍可达到 4000 A 以上。实践表明，当励磁电流超过 2000 A 时，会引起集电环的严重过热而烧伤，可采用旋转的交流整流励磁系统。

旋转交流整流励磁系统的工作原理如图 4.30 所示。交流主励磁机改用旋转电枢式，旋转电枢输出的交流电经与主轴一起旋转的不可控硅整流器整流后，直接送到汽轮发电机的转子励磁绕组。交流主励磁机的励磁，由同轴的交流副励磁机经静止的晶闸管可控整流器整流后供给。发电机的励磁由电压调节器自动调节。这种系统的交流主励磁机的电枢绕组、硅整流装置、主发电机的励磁绕组均装设在同一旋转体上（图 4.30 中用虚线框出），不再需要集电环和电刷装置，所以又称为无刷励磁系统。

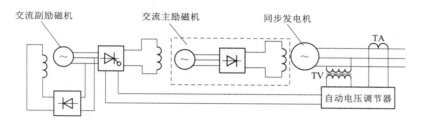

图 4.30　旋转交流整流励磁系统

由于取消了集电环和电刷装置，所以这种励磁方式的优点是运行比较可靠，尤其适合要求防燃、防爆的特殊场合。缺点是发电机励磁回路的灭磁时间常数较大，对迅速消除主发电机的内部故障是不利的。这种励磁系统大多用于大、中容量的汽轮发电机、补偿机以及在特殊环境中工作的同步电动机中。

3. 其他励磁系统

晶闸管自励恒压励磁系统的原理如图 4.31 所示。当发电机空载时，单独由半控整流桥供给励磁；当发电机负载时，复励变流器经整流桥又给主发电机提供复励电流，可在一定程度上对发电机随负载而变化的电压进行自动调节。在机端三相短路的情况下，发电机端电压为零，但此时电流将急剧增大，使得整流桥的输出电流也急剧增大，从而产生一定的强励效应。此外，图 4.31 中还简要地示出了自动电压调整器的控制线路。这种励磁方式适用于几千千瓦到几万千瓦的同步发电机。

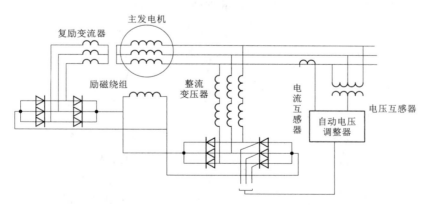

图 4.31　晶闸管自励恒压励磁系统的原理图

在小型同步发电机中，还经常采用具有结构简单、自励恒压等特点的 3 次谐波励磁、电抗移相励磁或感应励磁等励磁方式。

4.4 同步发电机的运行原理

本章主要分析三相同步发电机的电磁关系,以建立物理模型;推导方程式,以建立数学模型。先分析空载情况,后分析负载情况;再分别建立隐极式和凸极式同步发电机的数学模型;最后研究同步发电机的功率和转矩。本章的内容是同步电机理论的核心和基础。

4.4.1 同步发电机的空载运行

同步发电机的运行原理

同步发电机被原动机驱动以同步转速旋转,励磁绕组通入直流励磁电流,电枢绕组开路,这种运行情况称为同步发电机的空载运行。

空载运行时,由于电枢电流为零,同步发电机内仅有由励磁电流建立的主极磁

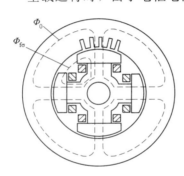

图4.32 晶闸管自励恒压励磁系统的原理图

场,是一个恒定磁场。一台4极凸极式同步发电机空载时,电机内的磁通如图4.32所示。主极磁通分成主磁通 Φ_0 和主极漏磁通 $\Phi_{f\sigma}$ 两部分,Φ_0 通过气隙并与定子绕组相交链,能在定子绕组中感应交流电动势,$\Phi_{f\sigma}$ 不通过气隙,仅与励磁绕组相交链。主磁通经过的路径称为主磁路,包括空气隙、电枢齿、电枢、磁极和转子轭五部分。

当转子以同步转速旋转时,主磁场就在气隙中形成旋转磁场,它切割对称的三相定子绕组后,就在定子绕组内感应出频率为 f 的三相对称电动势,称为励磁电动势,则

$$\dot{E}_{0A}=E_0\angle 0° \quad \dot{E}_{0B}=E_0\angle 120° \quad \dot{E}_{0C}=E_0\angle 240° \tag{4.52}$$

忽略高次谐波时,每相励磁电动势的有效值 E_0 为

$$E_0=\sqrt{2}\pi f N_1 k_{w1}\Phi_0 \tag{4.53}$$

式中 Φ_0——每极的磁通量。

4.4.2 对称负载时的电枢反应

当同步发电机带上对称负载后,电枢绕组中就流过对称的三相电流,产生电枢磁动势,并影响主极磁动势建立的气隙磁场。电枢磁动势基波对气隙磁场的影响称为电枢反应。若仅考虑其基波,电枢磁动势与转子同方向、同转速旋转。电枢磁动势和主极磁动势在电机内的相对位置始终保持不变,共同建立气隙磁场。

电枢反应的性质取决于电枢磁动势和主磁场在空间的相对位置,与励磁电动势 $\dot{E}_0$ 和负载电流之间的相角差 ψ_0 有关,如 ψ_0 称为内功率因数角,与负载的性质有关(感性、容性或阻性)等具体如下:

1. $\psi_0 = 0°$，电枢电流 $\dot{I}$ 与励磁电动势 $\dot{E}_0$ 同相时

$\psi_0 = 0°$ 时一台 2 极同步发电机的示意图如图 4.33（a）所示。为简明起见，图 4.33（a）中每相电枢绕组和励磁绕组均用一个单匝线圈来表示。在主极轴线与电枢 A 相绕组轴线正交的瞬间 A 相绕组交链过的主磁通为零，由于电动势滞后于产生它的磁通 90°，故 A 相的励磁电动势 $\dot{E}_{0A}$ 总的瞬时值为最大值，其方向为从⊗入，从⊙出。B、C 两相的励磁电动势 $\dot{E}_{0B}$ 和 $\dot{E}_{0C}$ 分别滞后 A 相 120° 和 240°，如图 4.33（b）所示。A 相的励磁电动势 $\dot{E}_{0A}$ 位于时间参考轴上，主极磁通相量超前 90°。

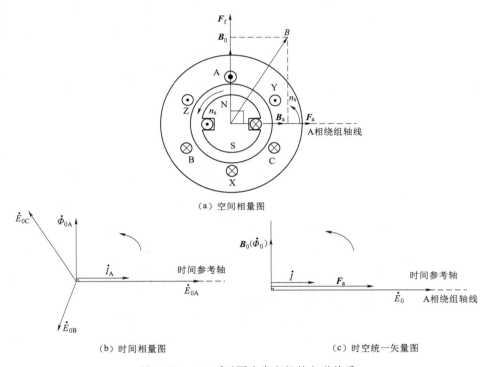

（a）空间相量图

（b）时间相量图　　　　　　　　　　　（c）时空统一矢量图

图 4.33　$\psi_0 = 0°$ 时同步发电机的电磁关系

如果内功率因数角 $\psi_0 = 0°$ 时，电枢电流 $\dot{I}$ 与励磁电动势 $\dot{E}_0$ 同相位 ［图 4.33（b）］，A 相电流达到最大值，三相基波合成磁动势 $\boldsymbol{F}_a$ 的轴线应位于 A 相绕组的轴线上 ［图 4.33（a）］。

此时电枢磁动势的轴线与主极磁动势 $\boldsymbol{F}_f$ 的轴线正交。由于它们均以同步速率旋转，其相对位置始终保持不变，所以在其他任意瞬间，电枢磁动势的轴线恒与转子交轴重合。由此可见，$\psi_0 = 0$ 时，电枢磁动势是一个交轴磁动势，即

$$\boldsymbol{F}_{a(\psi_0 = 0°)} \quad \boldsymbol{F}_{aq} \tag{4.54}$$

交轴电枢磁动势所产生的电枢反应称为交轴电枢反应。对主极磁场而言，交轴电枢反应在极前端起去磁作用，在后端起增磁作用，称为交磁性质，使气隙磁场发生畸变，如图 4.34 所示。

由于交轴电枢反应的存在，使气隙合成磁场 $\boldsymbol{B}$ 与主磁场 $\boldsymbol{B}_0$ 之间形成一定的空

间相角差，从而产生一定的电磁转矩。所以电磁转矩和能量转换与交轴电枢磁动势相关联。从图 4.33（a）可见，对于同步发电机，当 $\psi_0 = 0°$ 时，主磁场将超前于气隙合成磁场，于是主极上将受到一个制动性质的电磁转矩。原动机的驱动转矩克服制动的电磁转矩而做功，并通过在电枢绕组内产生运动电动势向电网送出有功电流，将机械能转换为电能。

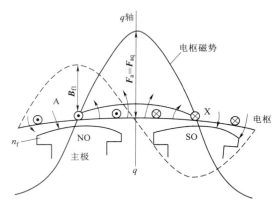

图 4.34　交轴电枢磁动势与主磁场的相对位置

用电角度表示时，图 4.33（a）的空间相量和图 4.33（b）的时间相量均为同步旋转，于是，若把时间参考轴置于 A 相绕组轴线上，就可以把两图合并，得到一个统一的时空矢量图，如图 4.33（c）所示。主磁场 $\boldsymbol{B}_0$ 与电枢磁动势 $\boldsymbol{F}_a$ 之间的空间相位关系，恰好同交链过 A 相的主磁通 $\varPhi_{0A}$ 与 A 相电流 $\dot{I}_A$ 的时间相位关系一致。由于三相电动势和电流均为对称，所以在统一矢量图中，仅画出 A 相一相的励磁电动势、电流和与之磁链的主磁通，并省略下标 A；空间矢量 $\boldsymbol{F}_f$ 与时间相量 $\varPhi_0$ 重合，A 相电流相量 $\dot{I}$ 与电枢磁动势矢量 $\boldsymbol{F}_a$ 重合，考虑到 $\boldsymbol{F}_a \propto \dot{I}$、$\varPhi_0 \propto \boldsymbol{F}_f$，因此常常利用相量 $\dot{I}$ 和 $\varPhi_0$ 表达矢量 $\boldsymbol{F}_a$ 和 $\boldsymbol{F}_f$ 的作用。应当注意，在统一矢量图中，空间矢量是指整个电枢（三相）或主极的作用，而时间相量仅指一相而言。

2. $\psi_0 = 90°$，电枢电流 $\dot{I}$ 滞后于励磁电动势 $\dot{E}_0$ 时

当内功率因数角 $\psi_0 = 90°$ 时，电枢电流 $\dot{I}$ 将滞后于励磁电动势 $\dot{E}_0$ 90°，如图 4.35 所示。A 相电流为零，B 相电流为最大值的 -0.866 倍，C 相电流为最大值的 0.866 倍，三相基波合成磁动势 $\boldsymbol{F}_a$ 的轴线将与主极磁动势 $\boldsymbol{F}_f$ 的轴线重合，即与转子直轴重合，但方向相反。由此可见 $\psi_0 = 90°$ 时，电枢磁动势是一个直轴磁动势，即

$$\boldsymbol{F}_{a(\psi_0 = 90°)} = \boldsymbol{F}_{ad} \qquad (4.55)$$

直轴电枢磁动势所产生的电枢反应称为直轴电枢反应。对主极磁场而言，直轴电枢反应起纯去磁作用。

3. $\psi_0 = -90°$，电枢电流 $\dot{I}$ 超前于励磁电动势 $\dot{E}_0$ 时

当内功率因数角 $\psi_0 = -90°$ 时，电枢电流 $\dot{I}$ 将超前于励磁电动势 $\dot{E}_0$ 90°，如图 4.36 所示。A 相电流也为零，B 相电流为最大值的 0.866 倍，C 相电流为最大值的 -0.866 倍，三相基波合成磁动势 $\boldsymbol{F}_a$ 的轴线也与主极磁动势 $\boldsymbol{F}_f$ 的轴线重合，但方向相同。由此可见，$\psi_0 = -90°$ 时，电枢磁动势是一个直轴磁动势，但电枢反应性质是纯增磁作用。

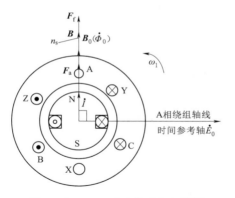

图 4.35 $\psi_0 = 90°$时的时空矢量图

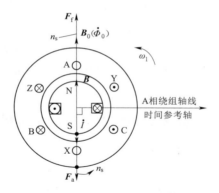

图 4.36 $\psi_0 = -90°$时的时空矢量图

4. $0° < \psi_0 < 90°$时

一般情况下，电枢绕组都带电感和电阻组合性负载，使得内功率因数角 $\psi_0 = 0° \sim 90°$，电枢电流 $\dot{I}$ 将滞后于励磁电动势 $\dot{E}_0 \psi_0$ 角度，如图 4.37 所示。电枢磁动势 $\boldsymbol{F}_a$ 应在距离 A 相轴线 ψ_0 电角度处，此时电枢磁动势 $\boldsymbol{F}_a$ 可以分解为交轴电枢磁动势 $\boldsymbol{F}_{aq}$ 和直轴电枢磁动势 $\boldsymbol{F}_{ad}$ 两个分量，即

$$\boldsymbol{F}_a = \boldsymbol{F}_{ad} + \boldsymbol{F}_{aq} \qquad (4.56)$$

其中

$$F_{ad} = F_a \sin\psi_0, \quad F_{aq} = F_a \cos\psi_0 \qquad (4.57)$$

电枢反应性质分别为交磁和去磁。

5. $-90° < \psi_0 < 0°$时

电枢绕组带电容和电阻组合性负载时，使得内功率因数角 $\psi_0 = -90° \sim 0°$，电枢电流 $\dot{I}$ 将超前于励磁电动势 $\dot{E}_0 \psi_0$ 角度，如图 4.38 所示。电枢磁动势 $\boldsymbol{F}_a$ 应在距离 A 相轴线 $-\psi_0$ 电角度处，此时电枢磁动势 $\boldsymbol{F}_a$ 也可以分解为交轴和直轴两个分量，电枢反应性质分别为交磁和增磁。

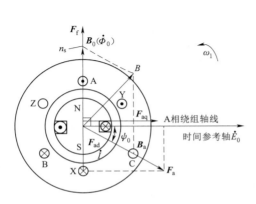

图 4.37 $0° < \psi_0 < 90°$时的时空矢量图

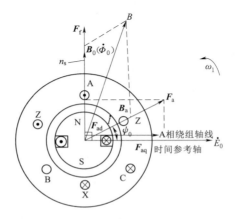

图 4.38 $-90° < \psi_0 < 0°$时的时空矢量图

直轴电枢反应对同步电机的运行性能影响很大。若同步发电机单独供电给一组负载，则负载后，直轴电枢反应将使气隙内的合成磁通减少或增加，从而使发电机的端电压产生波动。若发电机接在电网上，其无功功率和功率因数与直轴电枢反应密切相关。

　　由于隐极式电机和凸极式电机的磁路有明显区别，因此它们的分析方法也有所不同。

4.4.3　隐极式同步发电机的数学模型

1. 不考虑磁饱和时

　　如果不计磁饱和，即磁路为线性，可应用叠加原理来分析隐极式同步发电机的负载运行，即分别考虑主极磁动势和电枢磁动势的单独作用。主极磁动势建立主磁通 $\dot{\Phi}_0$ 和漏磁通 $\dot{\Phi}_{f\sigma}$，Φ_0 在定子绕组内感应励磁电动势 $\dot{E}_0$，$\dot{\Phi}_{f\sigma}$ 不感应电动势；电枢磁动势建立电枢磁通 $\dot{\Phi}_a$ 和漏磁通 $\dot{\Phi}_{a\sigma}$，分别在定子绕组内感应出相应的反应电动势 $\dot{E}_a$ 和漏磁电动势 $\dot{E}_\sigma$，其关系如图 4.39 所示。

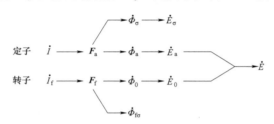

图 4.39　不考虑磁饱和时隐极式同步
发电机的电磁关系

　　在定子回路中，采用发电机惯例，根据基尔霍夫第二定律可列出电压方程式

$$\dot{E}_0 + \dot{E}_a + \dot{E}_\sigma = \dot{U} + \dot{I}R_a \quad (4.58)$$

　　式中各项均为每相值，$\dot{U}$ 为电枢端电压，R_a 为电枢绕组的电阻。$\dot{E}_0$ 和 $\dot{E}_a$ 相量相加为气隙磁场在电枢绕组感应的合成电动势，也称为气隙电动势。因为 $\dot{E}_a \propto \dot{\Phi}_a \propto F_a \propto \dot{I}$，在时间相位上，$\dot{E}_a$ 滞后于 $\dot{\Phi}_a 90°$ 的电角度，不计定子铁耗时 $\dot{\Phi}_a$ 与 $\dot{I}$ 同相位，所以 $\dot{E}_a$ 总将滞后于 90° 的电角度。于是 $\dot{E}_a$ 可以近似地写成负电抗压降的形式，即

$$\dot{E}_a \approx -j\dot{I}X_a \quad (4.59)$$

式中　X_a——对应于电枢反应磁通的电抗，称为电枢反应电抗，$X_a = \dot{E}_a/\dot{I}$，即等于单位电枢电流所产生的电枢反应电动势。

　　同理有

$$\dot{E}_\sigma = -j\dot{I}X_\sigma \quad (4.60)$$

式中　X_σ——电枢绕组的漏电抗。

　　于是式（4.58）可表示为

$$\dot{E}_0 = \dot{U} + \dot{I}R_a + j\dot{I}X_\sigma + j\dot{I}X_a = \dot{U} + \dot{I}R_a + j\dot{I}X_s \quad (4.61)$$

$$X_s = X_\sigma + X_a \quad (4.62)$$

式中　X_s——隐极式同步发电机的同步电抗。

　　同步电抗是表征对称稳态运行时电枢反应和电枢漏磁这两个效应的综合参数，

不计饱和时，它是一个常值。

图 4.40 所示为隐极同步发电机的相量图和等效电路。可以看出，隐极式同步发电机的等效电路是一个由励磁电动势 $\dot{E}_0$ 和同步阻抗 $R+\mathrm{j}X_\mathrm{s}$ 相串联组成的电路，其中 $\dot{E}_0$ 表示主磁场的作用，X_s 表示电枢基波旋转磁场（电枢反应）和电枢漏磁场的作用。

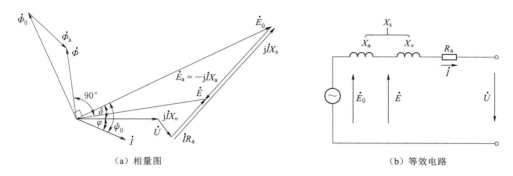

（a）相量图　　　　　　　　　　　　（b）等效电路

图 4.40　隐极同步发电机的相量图和等效电路

2. 考虑磁饱和时

如果考虑磁饱和，磁路为非线性，叠加原理就不再适用。此时，应先求出作用在主磁路上的合成磁动势 F，然后利用电机的磁化曲线求出负载时的气隙磁通 $\dot{\Phi}$ 及相应的气隙电动势 $\dot{E}$，如图 4.41 所示。

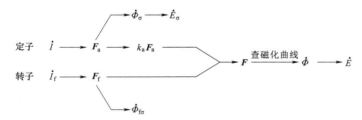

图 4.41　考虑磁饱和时隐极式同步发电机的电磁关系

气隙电动势 $\dot{E}$ 与电枢绕组的电阻和漏抗压降以及端电压 $\dot{U}$ 相平衡，即得电压方程式

$$\dot{E}-\dot{I}(R_\mathrm{a}+\mathrm{j}X_\sigma)+\dot{U} \tag{4.63}$$

与式（4.63）相应的相量图如图 4.40 所示，此时 $\dot{E}_0$ 与 $\dot{E}$ 不再构成封闭的三角形。实际的同步电机常常运行在接近饱和的区域。

这里有一点需要注意，电枢磁动势的基波是正弦波，而励磁磁动势则为一阶梯形波，如图 4.42 所示。通常的磁化曲线（即空载曲线）习惯上都用励磁磁动势的幅值或励磁电流值作为横坐标。需要把基波电枢磁动势换算为等效阶梯形波的作用后再与励磁磁动势叠加，以便利用通常的磁化曲线。所以在作相量图［图 4.42（a）］时，F_a 都乘上了一个电枢磁动势能换算系数 k_a，以便利用通常的磁化曲线。

k_a 的意义为产生同样大小的基波气隙磁场时，1 安匝的电枢磁动势相当于多少安匝的梯形波主极磁动势，一般 $k_a \approx 0.93 \sim 1.03$。图 4.42（b）为典型的空载特性曲线，其横坐标为励磁电流，纵坐标为空载电压。在励磁电流较小时，磁通与励磁电流成正比，空载端电压与励磁电流呈直线关系；当励磁电流增大到一定程度，由于铁芯逐渐饱和，空载端电压与电流的关系将逐渐偏离。

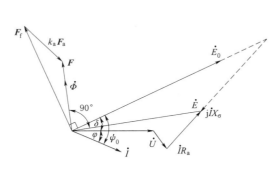

（a）相量图　　　　　　　　　（b）空载特性曲线

图 4.42　考虑饱和时隐极式同步发电机的矢量图

可以将励磁磁动势的阶梯形波近似为梯形波，再应用傅氏级数分析求出基波。由于隐极式电机的气隙均匀，磁场与磁动势的波形相同，所以不必分析到磁场。最后根据其定义可推出换算系数的近似表达式为

$$k_a = \frac{\pi^2 \gamma}{8 \sin \dfrac{\pi \gamma}{2}} \qquad (4.64)$$

式中　γ——转子的实际槽数与槽电角度数之比，也是转子每极下嵌放绕组部分与极距之比。

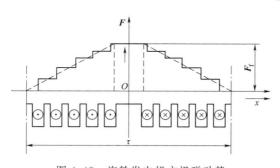

图 4.43　汽轮发电机主极磁动势

若要精确计算，可按阶梯形波进行傅氏级数分析或采用电磁场数值分析，如图 4.43 所示。

考虑饱和效应的另一种方法是，根据运行点的饱和程度，找出相应同步电抗的饱和值 X_s（饱和），然后通过运行点将磁化曲线线性化，把问题作为线性问题来处理。

4.4.4　凸极式同步发电机的数学模型

1. 双反应理论

凸极式同步发电机的气隙沿电枢圆周是不均匀的，极面下的气隙较小，两极之

间的气隙较大，因而沿电枢圆周各点单位面积的气隙磁导 λ（$\lambda=\mu_0/\delta$）有所不同。由于 λ 的变化关于主极轴线对称，并以 $180°$ 电角度为周期，因此可用仅含偶次谐波的余弦级数来表示。若忽略 λ 中 4 次及以上的谐波项，可得

$$\lambda=\lambda_0+\chi_2\cos2\alpha \tag{4.65}$$

式（4.65）的坐标原点取在主极轴线处，α 为从原点量起的电角度值。λ 的近似分布图如图 4.44（a）所示，同样大小的电枢磁动势作用在不同的位置时，产生的电枢磁场在数值和波形上有明显差别，因而电枢反应也将不同。这给问题的分析带来困难。

针对这一问题，勃朗德（Blondel）提出，当电枢磁动势作用在空间任意位置时，可以分解成直轴和交轴两个分量，再用直轴磁导和交轴磁导分别算出直轴和交轴电枢磁场，最后再把它们的反应效果叠加起来。这就是著名的双反应理论。式（4.56）和式（4.57）为双反应理论的数学描述，图 4.44（b）则为其图形描述。实践证明，不计磁饱和时，采用双反应理论来分析凸极式同步电机，效果相当令人满意。

当正弦分布的电枢磁动势作用在直轴上时，由于极面下的磁导较大，变化较小，直轴电枢磁场的幅值 B_{ad} 较大，波形接近正弦分布，其基波幅值 B_{ad1} 比 B_{ad} 减小得不多；作用在交轴上时，由于极间的磁导非常小，交轴电枢磁场将出现明显的下凹，相对来讲，基波幅值 B_{aq1} 将明显减小，如图 4.44（c）中所示。

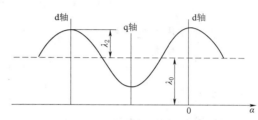

（a）单位面积气隙磁导的近似分布

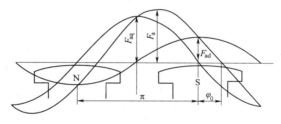

（b）电枢磁动势分解

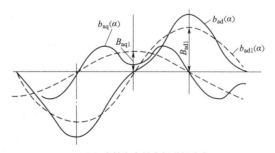

（c）直轴和交轴电枢磁场分布

图 4.44　凸极式同步发电机的双反应理论

2. 电压方程和相量图

不计磁饱和时，根据双反应理论，分别求出直轴和交轴磁动势所产生的磁通 $\dot\Phi_{ad}$、$\dot\Phi_{aq}$，和电枢绕组中相应的电动势 $\dot E_{ad}$、$\dot E_{aq}$，其他各量的情况与隐极电机相同，电磁关系如图 4.45 所示。

采用发电机惯例，根据基尔霍夫第二定律可列出定子回路中的电压方程式

$$\dot E_0+\dot E_{ad}+\dot E_{aq}+\dot E_\sigma=\dot U+\dot IR_a \tag{4.66}$$

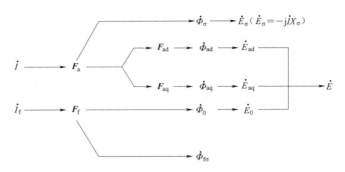

图 4.45 不考虑磁饱和时隐极式同步发电机的电磁关系

与隐极式同步发电机相类似，$E_{ad} \propto \Phi_{ad} \propto F_{ad} \propto I_d$，$E_{aq} \propto \Phi_{aq} \propto F_{aq} \propto I_q$，而

$$\dot{I}_d = \dot{I}\sin\psi_0, \dot{I}_q = \dot{I}\cos\psi_0, \dot{I} = \dot{I}_d + \dot{I}_q \tag{4.67}$$

在时间相位上，$\dot{E}_{ad}$ 和 $\dot{E}_{aq}$ 分别滞后于 $\dot{I}_d$、$\dot{I}_q$ 90°电角度，所以 $\dot{E}_{ad}$ 和 $\dot{E}_{aq}$ 可以用相应的负电抗压降来表示

$$\left.\begin{array}{l} \dot{E}_{ad} = -jI_d X_{ad} \\ \dot{E}_{aq} = -jI_q X_{aq} \end{array}\right\} \tag{4.68}$$

式中　X_{ad}——直轴电枢反应电抗，表征单位直轴电流所产生的直轴电枢反应电动势，$X_{ad} = E_{ad}/I_d$；

　　　　X_{aq}——交轴电枢反应电抗，表征单位交轴电流所产生的交轴电枢反应电动势，$X_{aq} = E_{aq}/I_q$。

将式（4.68）代入式（4.66），并考虑到 $\dot{I} = \dot{I}_d + \dot{I}_q$，$\dot{E}_a = -j\dot{I}X_a$，可得

$$\begin{aligned} \dot{E}_0 &= \dot{U} + \dot{I}R_a + j\dot{I}X_\sigma + j\dot{I}_d X_{ad} + j\dot{I}_q X_{aq} \\ &= \dot{U} + \dot{I}R_a + j\dot{I}_d(X_a + X_{ad}) + j\dot{I}_q(X_0 + X_{aq}) \\ &= \dot{U} + \dot{I}R_a + j\dot{I}_d X_a + j\dot{I}_q X_q \end{aligned} \tag{4.69}$$

式中　X_d——直轴同步电抗，$X_d = X_\sigma + X_{a\sigma}$；

　　　　X_q——交轴同步电抗，$X_q = X_\sigma + X_{aq}$。

它们是表征对称稳态运行时电枢漏磁和直轴或交轴电枢反应的综合参数。

与式（4.69）相对应的相量图如图 4.46 所示。要画出该相量图，除需要给定发电机的端电压 $\dot{U}$、电流 $\dot{I}$，负载的功率因数角 ϕ 以及电机的参数 R_a、X_d 和 X_q 之外，还必须先确定 ψ_0 角，以便把电枢电流分解成直轴和交轴两个分量。

将式（4.69）两边同时减去 $j\dot{I}_d(X_d - X_q)$，并设 $\dot{E}_0 - j\dot{I}_d(X_d - X_q) = \dot{E}_Q$，经整理后，可得

$$\dot{E}_Q = \dot{E}_0 - j\dot{I}_d(X_d - X_q)$$

$$=\dot{U}+\dot{I}R_\mathrm{a}+\mathrm{j}\dot{I}_\mathrm{d}X_\mathrm{d}+\mathrm{j}\dot{I}_\mathrm{q}X_\mathrm{q}-\mathrm{j}\dot{I}_\mathrm{d}(X_\mathrm{d}-X_\mathrm{q})$$

$$=\dot{U}+\dot{I}R_\mathrm{a}+\mathrm{j}(\dot{I}_\mathrm{d}+\dot{I}_\mathrm{q})X_\mathrm{q}=\dot{U}+\dot{I}R_\mathrm{a}+\mathrm{j}\dot{I}X_\mathrm{q} \tag{4.70}$$

式中　E_Q——虚拟电动势。

因为相量 $\dot{I}_\mathrm{d}$ 与 $\dot{E}_0$ 相垂直，故 $\mathrm{j}\dot{I}_\mathrm{d}(X_\mathrm{d}-X_\mathrm{q})$ 必与 $\dot{E}_0$ 同相位，因此 $\dot{E}_\mathrm{Q}$ 与 $\dot{E}_0$ 也是同相位，如图 4.47 所示。由此利用式（4.70）的右端项计算出电动势 $\dot{E}_\mathrm{Q}$ 的相位，即可确定 ψ_0 角，且不难看出

$$\psi_0=\arctan\frac{U\sin\varphi+IX_\mathrm{q}}{U\cos\varphi+IR_\mathrm{a}} \tag{4.71}$$

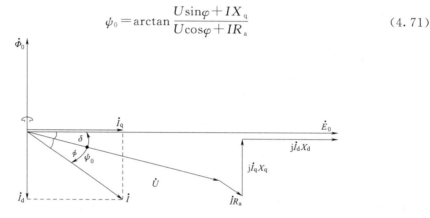

图 4.46　凸极式同步发电机的相量图

引入虚拟电动势 $\dot{E}_\mathrm{Q}$ 后，由式（4.70）可得凸极同步发电机的等效电路，如图 4.48 所示。计算凸极式同步发电机在电网中的运行性能和功角时常常用到此电路。

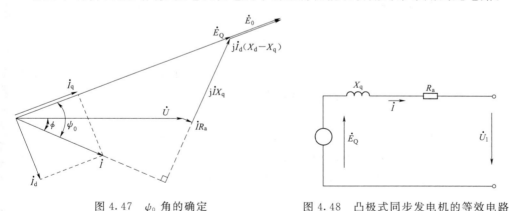

图 4.47　ψ_0 角的确定　　　　图 4.48　凸极式同步发电机的等效电路

考虑饱和时，由于交轴下的气隙较大，交轴磁路可以近似认为不饱和，直轴磁路则要受到饱和的影响。如果近似认为直轴和交轴方面的磁场相互有影响，一种办法是可将直轴电枢磁动势与励磁磁动势相叠加求出合成磁动势，并与交轴电枢磁动势分别用电机的磁化曲线得出感应电动势，再用基尔霍夫第二定律列出定子回路中的电压方程，画出等效电路图。另一种办法是，采用适当的饱和参数来计及饱和的影响。

直轴电枢磁动势换算到励磁绕组磁动势时应乘以直轴换算系数 k_{ad}，交轴电枢磁动势换算到励磁绕组磁动势时应乘以交轴换算系数 k_{aq}。由于凸极式电机气隙不均匀，磁场与磁动势的波形不同，所以必须分析到磁场，且其无法得出表达式，以往都采用磁场作图法求出曲线，近年来有人采用有限元法计算。

3. 直轴和交轴同步电抗的比较

由于电抗与绕组匝数的平方和所经磁路的磁导成正比，即

$$X_d \propto N_1^2 \Lambda_d \propto N_1^2 (\Lambda_\sigma + \Lambda_{ad}) \quad X_q \propto N_1^2 \Lambda_q \propto N_1^2 (\Lambda_\sigma + \Lambda_{aq}) \tag{4.72}$$

式中　N_1——电枢每相的匝数；

　Λ_d、Λ_q——稳态运行时直轴交轴电枢等效磁导；

　Λ_{ad}、Λ_{aq}——直轴和交轴电枢反应磁通所经磁路的等效磁导；

　Λ_σ——电枢磁通所经磁路的等效磁导。

直轴和交轴电枢反应磁通所经过的磁路及其磁导如图 4.49 所示。

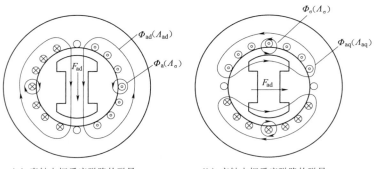

（a）直轴电枢反应磁路的磁导　　　　（b）交轴电枢反应磁路的磁导

图 4.49　凸极式同步电机电枢反应磁通所经磁路及其磁导

对于凸极式电机，直轴下的气隙较交轴下小，所以 $\Lambda_{ad} > \Lambda_{aq}$，因此在凸极式同步电机中，$X_d > X_q$。对于隐极电机，由于气隙是均匀的，直轴和交轴方面没有区别，$X_d \approx X_q = X_s$。

【例 4.3】　一台凸极式同步发电机，其直轴和交轴同步电抗的标幺值为 $X_d^* = 0.95$，$X_q^* = 0.55$，如果忽略电枢电阻，不计饱和，试计算该机在额定电压、额定电流、$\cos\phi = 0.85$（滞后）的励磁电动势标幺值 E_0^*。

解：以端电压作为参考相量，则有

$$\dot{U}^* = 1\angle 0°, \dot{I}^* = 1\angle -31.788°$$

虚拟电动势为 $\dot{E}_Q^* = \dot{U}^* + j\dot{I} X_q^* = 1 + j0.55\angle -31.788° = 1.3718\angle 19.925°$

即 δ 角为 19.925°，于是

$$\psi_0 = \delta + \varphi = 19.925° + 31.788° = 51.713°$$

电枢电流的直轴和交轴分量分别为

$$I_d^* = I^* \sin\psi_0 = 0.78492$$

$$I_q^* = I^* \cos\psi_0 = 0.6196$$

于是

$$\dot{E}_0^* = \dot{E}_Q^* + \dot{I}_d^*(X_d^* - X_q^*) = 1.3718 + 0.78492 \times (0.95 - 0.55) = 1.6858$$

$$(或 \dot{E}_0^* = 1.6858\angle 19.925°)$$

4.4.5 同步发电机的功率和转矩

1. 功率方程式

设另外的直流电源供给转子励磁损耗,则转轴上输入的机械功率 P_1 一部分用于支付机械损耗 p_Ω,一部分用于支付定子铁耗 p_{Fe},余下部分为电磁功率 P_e,通过电磁感应作用转换成定子的电功率,即电磁功率等于转换功率。于是可写出同步发电机的转子功率方程为

$$P_1 = p_\Omega + p_{Fe} + P_e \tag{4.73}$$

电磁功率 P_e 中的一小部分将消耗于电枢绕组的电阻而变成铜耗 p_{Cu},大部分为电枢端点输出的电功率 P_2,则同步发电机的定子功率方程可写为

$$P_e = p_{Cua} + P_2 \tag{4.74}$$

其中

$$p_{cua} = mI^2 R_a, P_2 = mUI\cos\varphi \tag{4.75}$$

式中 m——定子相数;

U、I——每相值。

其功率图与直流发电机相似,这里不再叙述。

2. 转矩方程式

把转子功率方程式(4.73)两边同除以同步角速度 Ω_s,可得同步发电机的转矩方程为

$$T_1 = T_o + T_e \tag{4.76}$$

式(4.76)说明,稳态运行时,作用在发电机转轴上的外加驱动机械转矩 $T_1 = P_1/\Omega$,一部分用以克服电机的空载转矩 $T_o = (p_\Omega + p_{Fe})/\Omega_s$,另一部分将用以克服制动的电磁转矩 $T_e = P_e/\Omega_s$。

3. 电磁功率

根据式(4.74)和式(4.75),电磁功率可写为

$$P_e = p_{cua} + P_2 = mI^2 R_a + mUI\cos\varphi = mI(IR_a + U\cos\varphi) \tag{4.77}$$

相量图如图 4.50 所示。由图 4.50 可见

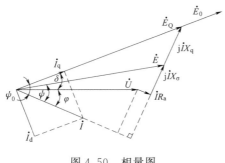

图 4.50　相量图

$$\dot{I}R_{\mathrm{a}}+\dot{U}\cos\varphi=\dot{E}\cos\psi=\dot{E}_{\mathrm{Q}}\cos\psi_0$$

$$(4.78)$$

于是电磁功率亦可写成

$$P_{\mathrm{e}}=mEI\cos\psi \qquad (4.79)$$

与感应电机的电磁功率表达式相同，针对同步电机，电磁功率还可写成

$$P_{\mathrm{e}}=mE_{\mathrm{Q}}I\cos\psi_0=mE_{\mathrm{Q}}I_{\mathrm{q}} \qquad (4.80)$$

对于隐极同步电机，由于 $X_{\mathrm{d}}=X_{\mathrm{q}}$，$\dot{E}_{\mathrm{Q}}=\dot{E}_0$，故有

$$P_{\mathrm{e}}=mE_0I\cos\psi_0 \qquad (4.81)$$

式（4.80）和式（4.81）表明，要进行能量转换，电枢电流中必须要有有功分量。对 $\dot{E}_{\mathrm{Q}}$ 来说，这个有功分量就是电枢电流的交轴分量 $\dot{I}_{\mathrm{q}}$，所以，交轴电枢反应对产生电磁转矩和进行能量转换有直接关系。

励磁电动势 $\dot{E}_0$ 与端电压 $\dot{U}$ 之间的夹角称为功率角 δ。不难看出，交轴电枢反应越强（即电枢电流的交轴分量 $\dot{I}_{\mathrm{q}}$ 越大），功率角 δ 就越大。以后可以证明，在一定的范围内，功率角越大，同步电机的电磁转矩和电磁功率也越大。

4. 功率角的空间含义

由于励磁电动势 $\dot{E}_0$ 由主磁场 $\boldsymbol{B}_0$ 感应产生，电枢端电压 $\dot{U}$（即电网电压）可认为由电枢的合成磁场 $\boldsymbol{B}_{\mathrm{u}}$（包括主磁场、电枢反应磁场和电枢漏磁场）感应产生，在时空统一矢量图中，$\boldsymbol{B}_0$ 和 $\boldsymbol{B}_{\mathrm{u}}$ 分别超前于 $\dot{E}_0$ 和 $\dot{U}$ 90°电角度，于是也可以近似地认为，功率角 δ 是主磁场 $\boldsymbol{B}_0$ 与电枢合成磁场之间的空间相角差（这里电枢的合成磁场是指有效长度范围内的合成磁场，不包括电枢端部的漏磁场。因此只有忽略端部漏磁时，才能把主磁场和电枢合成磁场之间的空间夹角看作为功率角 δ），如图 4.51 所示。对于同步发电机，$\boldsymbol{B}_0$ 总是领先于 $\boldsymbol{B}_{\mathrm{u}}$，若采用发电机惯例，这时 δ 角定为正值，电磁功率也是正值。

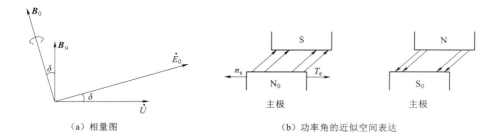

（a）相量图　　　　　　　　　　（b）功率角的近似空间表达

图 4.51　功率角的空间含义图

功率角是同步电机的基本变量之一，近似地赋予功率角以空间含义，对于掌握负载变化时主磁场和电枢合成磁场之间的相对位移，以及理解负载时同步电机内所

发生的物理过程是很有帮助的。

思　考　题

1. 感应电机如何产生转矩？

2. 为什么感应电动机不能以同步转速运行？（绘制并说明典型感应电机转矩—转速特性曲线的形状）。

3. 命名并描述控制感应电动机转速的四种方法。

4. 为什么需要在降低电频率时降低施加到感应电机上的电压？

5. 采取哪些措施来提高现代高效感应电机的效率？

6. 单独运行的感应发电机的端电压由什么控制？

7. 感应发电机通常用于哪些应用？

8. 不同的电压—频率模式如何影响感应电机的转矩—转速特性？

9. 三相感应电动机的定、转子电路频率互不相同，在 T 形等效电路中为什么能把它们画在一起？

10. 感应电动机轴上所带的负载增大时，定子电流就会增大，试说明其原因和物理过程。

11. 感应电动机驱动额定负载运行时，若电源电压下降过多，往往会使电机过热甚至烧毁，试说明其原因。

12. 试说明笼型转子的极数和相数是如何确定的。

13. 试写出感应电机电磁转矩的三种表达形式：

（1）用电磁功率表达。

（2）用总机械功率表达。

（3）用主磁通、转子电流和转子的内功率因数表达。

14. 一台感应电动机的性能可以从哪些方面和用哪些指标来衡量？

15. 同步电机的气隙磁场，在空载时是如何激励的？在负载时是如何激励的？

16. 在凸极式同步电机中，为什么要采用双反应理论来分析电枢反应？

17. 在凸极式同步电机中，为什么直轴电枢反应电抗 X_{ad} 大于交轴电枢反应电抗 X_{aq}？

18. 测定同步发电机的空载特性和短路特性时，如果转速降为原来 $0.95n_N$，对试验结果有什么影响？

19. 一般同步发电机三相稳定短路，当 $I_k = I_N$ 时的励磁电流 I_{fk} 和额定负载时的励磁电流 I_{fN} 都已达到空载特性的饱和段，为什么前者 X_d 取不饱和值而后者取饱和值？

20. 为什么同步发电机突然短路，电流比稳态短路电流大得多？为什么突然短路电流大小与合闸瞬间有关？

21. 在直流电机中，$E > U$ 还是 $U > E$ 是判断电机作为发电机还是作为电动机运行的依据之一，在同步电机中，这个结论还正确吗？为什么？

22. 当同步发电机与大容量电网并联运行以及单独运行时，其 $\cos\varphi$ 是分别由什么决定的？为什么？

23. 试利用功角特性和电动势平衡方程式求出隐极式同步发电机的 V 形曲线。

24. 两台容量相近的同步发电机并联运行，有功功率和无功功率怎样分配和调节？

25. 同步电动机与感应电动机相比有何优缺点？

26. 试述直流同步电抗 X_d、直轴瞬变电抗 X'_d、直轴超瞬变电抗 X''_d 的物理意义和表达式，阻尼绕组对这些参数的影响？

习　题

1. 有一台 Y 接、380V、50Hz，额定转速为 1444r/min 的三相绕线型感应电动机，其参数为 $R_1 = 0.4\Omega$，$R'_2 = 0.4\Omega$，$X_{1\sigma} X'_{2\sigma} = 1\Omega$，$X_{np} = 40\Omega$。定、转子的电压比为 4。试求：

(1) 额定负载时的转差率。

(2) 额定负载时的定、转子电流。

(3) 额定负载时转子的频率和每相电动势值。

2. 有一台三相四极的笼型感应电动机，电动机的容量 $P_N = 17kW$，额定电压 $U_{1N} = 380V$（D 联结），$R_1 = 0.715\Omega$，$X_{1\sigma} = 1.74\Omega$，$R'_2 = 0.416\Omega$，$X'_{2\sigma} = 3.032\Omega$，$R_m = 6.2\Omega$，$X_m = -75\Omega$，电动机的机械损耗 139W，额定负载时的杂散损耗 320W，试求额定负载时的转差率、定子电流、定子功率因数、电磁转矩、输出转矩和效率。

3. 为什么绕线型感应电动机的转子中串入启动电阻后，启动电流减小而启动转矩反而增大？若串入电抗，是否会有同样效果？

4. 有一台三相绕线型感应电动机，$P_N = 155kW$，$n_N = 1450r/min$，$U_{1N} = 380V$，定、转子均为 Y 形连接，$\cos\varphi_N = 0.89$，$\eta_N = 0.89$，参数 $R_1 = R'_2 = 0.012\Omega$，$X_{1\sigma} = X'_{2\sigma} = 0.06\Omega$，$k_e = k_i = 1.73$，激磁电流略去不计。现要把该电动机的启动电流限制在 $1.5I_N$，试计算启动电阻的值以及启动转矩倍数。

5. 试分析绕线型感应电动机的转子中串入调速电阻，负载为恒转矩负载时，电机内部所发生的物理过程。调速前、后转子电流是否改变，为什么？

6. 有一台三相四极的绕线型感应电动机，额定转速 $n_N = 1485r/min$，转子每相电阻 $R_2 = 0.012\Omega$。设负载转矩保持为额定值不变，今欲把转速从 1485r/min 下调到 1050r/min，问转子每相应串入多大的调速电阻？

7. 有一台三相 Y 形连接感应电动机，启动时发现有一相断线，问电动机投入电网后能否启动起来？如果在运行时发生一相断线，问定子电流、转速和最大转矩有何变化，断线后电机能否继续长期带上额定负载？

8. 有一台 110V、50Hz 的四极单相感应电动机，其参数为 $R_1 = R'_2 = 0.012\Omega$，$X_{1\sigma} = X'_{2\sigma} = 2\Omega$，$X_m = 50\Omega$，$R_m = 4.5\Omega$，机械损耗和杂耗为 10W，试求转差率 $s = 0.05$ 时电动机的：

(1) 定子电流和功率因数。

(2) 电磁转矩和输出功率。

（3）正向和反向旋转磁场幅值之比。

9. 有一台三相汽轮发电机，$P_N = 25000\text{kW}$，$U_N = 10.5\text{kV}$，Y 接法，$\cos\varphi_N = 0.8$（滞后），作单机运行。由试验测得它的同步电抗标幺值为 $X_s^* = 2.13$。电枢电阻忽略不计。每相励磁电动势为 7520V，试分析下列几种情况接上三相对称负载时的电枢电流值，并说明其电枢反应的性质：

（1）每相是 7.52Ω 的纯电阻。

（2）每相是 7.52Ω 的纯感抗。

（3）每相是 15.04Ω 的纯容抗。

（4）每相是 (7.52−j7.52)Ω 的电阻电容性负载。

10. 有一台 $P_N = 25000\text{kW}$，$U_N = 10.5\text{kV}$，Y 接法，$\cos\varphi_N = 0.8$（滞后）的汽轮发电机，$X_t^* = 2.13$，电枢电阻略去不计。试求额定负载下励磁电动势 E_0 及 E_0^* 与 I^* 的夹角 ψ。

11. 一台隐极式同步发电机，在额定电压下运行，$X_t^* = 2$，$R_a \approx 0$，试求：

（1）调节励磁电流使定子电流为额定电流时，$\cos\varphi_N = 1$，空载电动势 E_0^* 是多少？

（2）保持上述 E_0^* 不变，当 $\cos\varphi_N = 0.866$（滞后）时，I^* 是多少？

12. 一台三相隐极发电机与大电网并联运行，电网电压为 380V，Y 接法，忽略定子电阻，同步电抗 $X_t = 1.2\Omega$，定子电流 $I = 69.51\text{A}$，相电势 $E_0 = 278\text{V}$，$\cos\varphi = 0.8$（滞后）。试求：

（1）发电机输出的有功功率和无功功率。

（2）功率角。

13. 一台汽轮发电机额定功率因数为 $\cos\varphi = 0.8$（滞后），同步电抗 $X_t^* = 0.8$，该机并联于大电网，如励磁不变，输出有功功率减半，求电枢电流及功率因数。

14. 一台三相 Y 接隐极同步发电机与无穷大电网并联运行，已知电网电压 $U = 400\text{V}$，发电机的同步电抗 $X_t = 1.2\Omega$，当 $\cos\varphi = 1$ 时，发电机输出有功功率为 80kW。若保持励磁电流不变，减少原动机的输出，使发电机输出有功功率为 20kW，忽略电枢电阻，求功率角、功率因数、定子电流、输出的无功功率及其性质。

15. 试推导凸极式同步电机无功功率的功角特性。

16. 一台隐极式发电机，$S_N = 7500\text{kVA}$，$\cos\varphi_N = 0.8$（滞后），$U_N = 3150\text{V}$，Y 接，同步电抗为 1.6Ω。不计定子阻抗，试求：

（1）当发电机额定负载时，发电机的电磁功率 P_{em}、功角 θ、比整步功率 P_{syn} 及静态过载能力。

（2）在不调整励磁情况下，当发电机输出功率减到一半时，发电机的电磁功率 P_{em}、功角 θ、比整步功率 P_{syn} 及负载功率因数 $\cos\varphi$。

17. 三相隐极同步发电机，Y 接法，$S_N = 60\text{kVA}$，$U_N = 380\text{V}$，同步电抗 $X_s = 1.55\Omega$，电枢电阻略去不计。试求：

（1）当 $S = 37.5\text{kVA}$、$\cos\varphi = 0.8$（滞后）时的 E_0 和 θ。

（2）拆除原动机，不计损耗，求电枢电流。

18. 三相凸极式同步电动机 $X_q = 0.6 X_d$，电枢绕组电阻不计，接在电压为额定值的大电网上运行。已知该电机自电网吸取功率因数为 0.8（超前）的额定电流。在失去励磁时，尚能输出的最大电磁功率为电机的输入容量（视在功率）的 37%，求该电机在额定功率因数为 0.8（超前）时的励磁电动势 E_0（标幺值）和功率角 θ。

第5章 风力发电机

风力
发电机

5.1 基本工作原理及分类

5.1.1 基本工作原理

发电机是风力发电机组的重要部件，它把风轮输出的机械能转换成电能并输送给电网，储存在蓄电池或通过提水储能等。与其他类型电机一样，风力发电机的工作原理基于电磁感应定律和电磁力定律。电磁感应定律指出，导体在磁场中切割磁力线运动时将产生感应电动势，而对于永磁电机来说，永磁体本身也会产生磁力。电磁力定律指出，处于磁场中的载流导体将产生电磁力。正是依靠这两条定律，发电机才能实现机电能量转换。这两条定律的公式如下式中各物理量的正方向如图5.1所示。

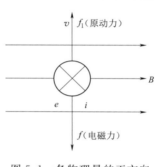

图 5.1 各物理量的正方向

电磁感应定律 $\qquad e = BLv \qquad$ (5.1)

电磁力定律 $\qquad f = BL \qquad$ (5.2)

式中 e——感应电动势，V；

$\quad f$——电磁力，N；

$\quad B$——磁感应强度，T；

$\quad L$——导体的有效长度，m；

$\quad v$——导体运动的线速度，m/s；

$\quad i$——导体电流，A。

由式（5.1）和式（5.2）可以看出，发电机实现机电能量转换的必要条件是必须有磁场（磁极）和导体（绕组），这是构成发电机的物质基础。两者之间相对运动就产生了感应电动势，而一旦电枢导体中在感应电动势的作用下流过电流，就会产生电磁转矩。依靠电磁转矩，发电机从轴上吸收风轮产生的机械能；依靠感应电动势，发电机向电网（负载）输出电能，从而实现从机械能到电能的转换。发电机磁场可以由永磁体产生，也可以由励磁绕组通以励磁电流产生，励磁电流可以是直流电流，也可以是交流电流；电机绕组的型式更是多种多样，如直流绕组、交流绕组、励磁绕组、短路绕组等。不同的磁场产生方式和不同的绕组结构型式就构成了不同类型的发电机。可以说，发电机的工作原理就是有关发电机的磁场、绕组、感应电动势、电磁转矩以及能量转换关系在发电机中相互关联和相互作用的原理。

由以上分析可知，一台发电机是由其电系统和机械系统两部分构成的，通过磁场的耦合作用而形成了一个有机的整体。发电机的定、转子绕组构成了发电机的电系统，而各种转矩作用下的转轴则构成了发电机的机械系统。

发电机的电系统通过感应电动势与外部电系统相联系，在感应电动势的作用下，向外部电系统输出电功率（发电机）或从电网吸收电功率（电动机）。这种联系的数学描述就是电压平衡方程式。

电机的机械系统通过电磁转矩与外部机械系统相联系，在电磁转矩的作用下，外部电机的机械能—电能之间的转换关系则由功率平衡方程式来描述。上述方程式构成了描述电机内部基本物理关系的基本方程式，是对电机性能进行分析和计算的理论基础。

5.1.2　分类

目前，风力发电机广泛采用笼型感应发电机、双馈感应发电机和同步发电机。由于直流风力发电机的运行可靠性差，维护成本高，已经很少应用，这里不作介绍。发电机的选型与风力发电机类型以及控制系统的控制方式直接有关。当采用定桨距风力发电机和恒速恒频控制方式时，应选用感应发电机。为了提高风电转换效率，感应发电机常采用双速型，可以采用双绕组双速型，也可采用单绕组双速型。采用变桨距风力发电机时，采用笼型感应发电机或双馈感应发电机。采用变速恒频控制时，选用双馈感应发电机或同步发电机，近年来也开始选用笼型感应发电机。同步发电机中，可以采用永磁同步发电机（用永磁体产生主磁场），也可采用电励磁同步发电机（在励磁绕组中通以励磁电流产生主磁场）。为了降低控制成本，提高系统的控制性能，人们正在研究混合励磁（既有电励磁、又有永磁）的同步发电机。对于直驱式风力发电机组，一般采用低速（多极）永磁同步发电机。

风力发电机的分类如图 5.2 所示。

图 5.2　风力发电机的分类

不同类型风力发电机的结构特点、所使用的材料以及各主要零部件的作用等一并归纳在表 5.1 中，供读者对照参考。

表 5.1 发电机的结构特点

发电机类型		同步发电机		感应发电机	
发电机结构		电励磁型	永磁型	笼型	双馈型
定子	定子铁芯	用 0.5mm 硅钢片冲制叠压而成；是主磁路的一部分，槽中嵌放定子绕组			
	定子绕组	用扁铜绝缘线或圆铜漆包线绕制而成；产生定子旋转磁场，感生电动势，通过电流并向电网输出电功率			
	机座	用铸钢或球墨铸铁厚钢板焊接后加工而成；用于定子铁芯固定、整个发电机的固定以及防止水和沙尘等异物进入电机内部的防护			
	端盖	用铸钢或球墨铸铁厚钢板焊接加工而成；用于安装轴承、支承转子和发电机防护			
转子	转子铁芯	用钢板制成，是主磁路的一部分，用于套装或嵌放励磁线圈或安放永磁体		用 0.5mm 硅钢片冲制叠压而成；是主磁路的一部分，槽中嵌放转子绕组	
	转子绕组	用圆铜漆包线或扁铜绝缘线绕制，通过励磁电流，产生主磁场	—	由铸铝或铜质导条和端环构成笼型短路绕组，用于感应转子电动势，通过转子电流产生电磁转矩	用圆铜漆包线或扁铜绝缘线绕制，用来感应转子电动势，通过转子电流产生电磁转矩
	永磁体	—	用钕铁硼或铁氧体等永磁材料加工而成，构成主磁极		
	转轴	用轴钢加工而成；支承转子旋转、规定转子零部件相对定子的位置，传递转矩，输入机械功率			
气隙		储存磁场能量，转换和传递电磁功率和电磁转矩；保证转子正常旋转			
集电环—电刷装置		用于连接励磁电源，使励磁绕组输入励磁电流	无	—	用于连接外部电路，实现对发电机的速度控制
轴承装置		利用动静部件之间的滚动或滑动作用实现对旋转体的支承以及对其运动和空间位置进行约束的装置，可分为滚动轴承、滑动轴承和推力轴承等			
混合励磁同步发电机		混合励磁同步发电机是一种既有电励磁磁极，又有永磁磁极的同步发电机，其主磁场可以在一定范围内进行调节			
反装式永磁同步发电机		与传统电机的结构相反，将永磁体磁极作为外转子，电枢铁芯和电枢绕组构成内定子的永磁同步发电机，常用作直驱式风力发电机			

5.2 发电机的设计基础

5.2.1 设计的技术要求

1. 设计依据

国家标准是发电机设计的基本依据。发电机设计时，应全面贯彻、执行有关国家标准。

电机的国家标准是国家有关部门在总结电机设计、制造和使用经验的基础上，从当前实际情况出发，并考虑今后的发展需要，对电机产品提出一系列技术要求的具有强制性或推荐性的技术文件。电机技术标准综合考虑了电机产品的实用性、技术上的先进性、经济上的合理性、使用上的可靠性以及生产上的可行性，是电机设计和生产的依据，也是评价电机性能优劣的准则。

电机的技术标准大体上可分为三大类，具体如下：

（1）对电机提出一般性规定和基本技术要求的通用标准。例如 GB 755《旋转电机定额和性能》中，规定了旋转电机的名词术语、工作制、定额、现场运行条件、电气运行条件、热性能和试验，其他性能和试验，以及铭牌、容差、电磁兼容、安全和其他要求等；又如 GB/T 4942.1《旋转电机整体结构的防护等级（IP 代码）分级》中，对各种旋转电机外壳防护结构以及对水和固体微粒进入电机内部的防护等级作出了规定。前者为强制性国家标准，后者为推荐性国家标准。

（2）规范某一类型电机基本技术要求的技术条件。例如 GB/T 23479.1《风力发电机组双馈异步发电机 第 1 部分：技术条件》中，对双馈异步发电机的名词术语、结构型式和定额、运行条件和技术要求、试验方法和验收规则、安全和警示标记等均作出了明确规定。

（3）电机的试验方法。例如 GB/T 23479.2《风力发电机组双馈异步发电机 第 2 部分：试验方法》中，对双馈异步发电机的试验要求及试验准备、试验项目及试验方法等均作出了具体规定和详细说明。

在设计和生产发电机时，发电机的电气和机械性能应全面满足有关技术标准的要求。表 5.2 为风力发电机的有关国家标准。

表 5.2　　　　　　　　　风力发电机的有关国家标准

种类	标准代号	标 准 名 称
通用标准	GB/T 755—2019	《旋转电机定额和性能》
	GB/T 997—2008	《旋转电机结构型式、安装型式及接线盒位置的分类》
	GB/T 1971—2006	《旋转电机线端标志与旋转方向旋转电机冷却方法》
	GB/T 2900.25—2008	《电工术语 旋转电机》
	GB/T 4772.1—1999	《旋转电机尺寸和输出功率等级 第 1 部分：机座号 56～400 和凸缘号 55～1080》
	GB/T 4942.1—2006	《旋转电机整体结构的防护等级（IP 代码）分级》
	GB 10068—2020	《轴中心高为 56mm 及以上电机的机械振动振动的测量、评定及限值》
	GB/T 10069.1—2006	《旋转电机噪声测定方法及限值 第 1 部分：旋转电机噪声测定方法》
	GB/T 10069.3—2008	《旋转电机噪声测定方法及限值 第 3 部分：噪声限值》
技术条件	GB/T 10760.1—2003	《离网型风力发电机组用发电机 第 1 部分：技术条件》
	GB/T 19071.1—2003	《风力发电机组异步发电机 第 1 部分：技术条件》
	GB/T 23479.1—2009	《风力发电机组双馈异步发电机 第 1 部分：技术条件》

种类	标准代号	标 准 名 称
	GB/T 1029—1993	《三相同步电机试验方法》
	GB/T 1032—2005	《三相异步电动机试验方法》
试验方法	GB/T 10760.2—2003	《离网型风力发电机组用发电机 第2部分：试验方法》
	GB/T 19071.2—2003	《风力发电机组异步发电机 第2部分：试验方法》
	GB/T 23479.2—2009	《风力发电机组双馈异步发电机 第2部分：试验方法》

2. 设计内容

发电机设计一般分为两个阶段，即电磁设计阶段和结构设计阶段。

电磁设计是根据相关国家标准和设计任务书的规定，选定材料，确定定、转子尺寸和绕组数据，通过磁路计算和参数计算，最终核定电机的电磁性能。电磁设计时，常常需要进行多方案比较，以便从中优选出最佳方案。

结构设计是根据相关国家标准和设计任务书的规定，在电磁设计所确定尺寸的基础上，确定电机的机械结构、零部件尺寸，材料规格、加工工艺等，有时，还需进行必要的机械计算、冷却通风计算和温升计算。

通常情况下，应先进行电磁设计，再进行结构设计，但有时两者也需要平行交叉地进行，以便相互调整。

3. 额定数据

额定数据是记载发电机额定运行时的运行状态和主要运行条件的一组数据，也常称为额定值或铭牌数据。发电机按额定数据所规定的状态和条件运行时称为发电机额定运行。

风力发电机设计时，通常需要给定以下额定数据：

（1）额定功率，是指额定运行情况下发电机线端输出的电功率（W、kW、MW）。

（2）额定电压，是指额定运行情况下发电机线端输出的线电压（V、kV）。

（3）额定电流，是指额定运行情况下发电机电枢绕组（或定子绕组）的线电流（A）。

（4）额定频率，是指额定运行情况下发电机电枢侧（或定子侧）的频率（Hz）。

（5）额定转速，是指额定运行情况下发电机转子的转速（r/min）。

此外，额定数据中还应包括电机的定额（未标明定额时，则表明是S1工作制即连续工作制定额）、绝缘等级（风力发电机多为F级绝缘或H级绝缘但按F级考核）、A计权声功率级的噪声等级以及电枢绕组（或定子绕组）接法（一般为Y接法）等。对于同步发电机，还应包括额定励磁电压（V）和额定励磁电流（A）；对于双馈异步发电机，还应包括转子额定电压和转子额定电流。

对于变速运行的发电机，应给出其转速调节范围，依靠变频调速的，还应给出相应的频率调节范围，以便进行电磁设计时，对发电机在相应转速或频率下的运行状态和运行条件进行必要的校核计算，以利于对发电机的电磁性能作出全面评估。

发电机设计时，一般从确定额定数据开始。确定额定数据不能是随意的，而应依据相应的国家标准和相关基本原理来确定。例如，确定额定功率时，应依据GB/T 4772《旋转电机尺寸和输出功率等级》的规定；确定额定电压时，应依据GB/T

156《标准电压》的规定等。

额定同步转速 n_N（r/min）的确定则严格遵循下式

$$n_N = 60 f_N / p \tag{5.3}$$

式中　f_N——额定频率；

　　　p——发电机的极对数。

例如，当 $f_N = 50\mathrm{Hz}$、$p = 2$ 时 $n_N = 1500\mathrm{r/min}$。

额定电流应根据发电机输出的有功功率 P_N（W）的计算公式来确定，即

$$P_N = m U_N I_N \cos\varphi_N \tag{5.4}$$

式中　m——发电机的相数；

　　　U_N——额定相电压，V；

　　　I_N——额定相电流，A；

　　$\cos\varphi_N$——额定功率因数。

例如，$P_N = 1500\mathrm{kW}$、$m = 6$、$U_N = 690\mathrm{V}$、$\cos\varphi_N = 1$ 时，$I_N = 362\mathrm{A}$。

实际上，发电机的额定数据（铭牌数据）常常需要以试验数据为准，也就是说，需要待型式检验完成并合格后才能最后确定。

5.2.2　主要尺寸

发电机的主要尺寸是指电枢（定子）铁芯直径和铁芯轴向长度 l。发电机设计时，额定数据确定后，需要首先确定主要尺寸。

经过 100 多年的发展，电机设计和制造技术已经相当成熟，有大量成功的经验和资料可以借鉴，因此，设计一台新型电机时，工程上经常采用的是"类比法"。电机设计的"类比法"就是参考相同类型、相近规格的已制成电机的结构和尺寸数据，经校核计算，最终确定所设计电机的结构和尺寸。

如果没有相同类型、相近规格电机的数据可供参考时，则可依靠下式确定发电机的主要尺寸

$$\frac{D^2 L_{\mathrm{eff}} n}{P'} - \frac{6.1}{\alpha' K_{Nm} K_{dp} A B_\delta} = C_A \tag{5.5}$$

式中　D——电枢（定子）铁芯直径，m；

　　L_{eff}——电枢计算长度，m；

　　　n——发电机转速，一般取额定转速，r/min；

　　　P'——计算功率，$P' = mEI$，对于异步电机，电枢绕组电动势 E 可用端电压 U 代替，对于同步电机，则须利用电动势公式 $E = 4.44 f N K_{dp1} \Phi$ 进行估算，式中 N 为每相绕组的串联匝数，Φ 为每极磁通量（Wb）；

　　　α'——计算极弧系数，$\alpha' = B_{\delta au} / B_\delta$，其中 $B_{\delta au}$ 为气隙平均磁密（T）；

　　K_{Nm}——气隙磁场波形系数，当气隙磁场正弦分布时等于 1.11；

　　K_{dp}——电枢绕组的绕组系数，通常取基波绕组系数 K_{dp1}；

　　　A——线负载，A，即电枢圆周单位长度的安培导体数；

　　　B_δ——磁负载，T，也就是气隙磁密的最大值，简称气隙磁密。

常称式（5.5）为电机设计的基本方程式。

仔细观察式（5.5），可以得出以下结论：

（1）基本方程式的中间部分分母中各量的变化范围都很小，因此中间部分基本上是一个常数 C_A，称为电机常数。电机常数的倒数 $K_A=1/C_A$ 反映了电机有效材料的利用程度，称为电机的利用系数，进行电磁方案比较时，利用系数常常是一个重要的比较指标。

（2）$D^2 L_{eff}$ 大体上反映了电机有效部分的体积和有效材料的用量。当 $D^2 L_{eff}$ 不变时，转速与计算功率之比（n/P'）基本不变。也就是说，在电机体积相同的情况下，转速低时功率小，转速高时功率大，转速与功率基本上是成比例变化的。或者说，在功率相同的情况下，两台电机的体积可因转速的不同而相差极大（基本上为反比例关系）。例如，两台风力发电机的额定功率为 1500kW，一台的额定转速为 1500r/min，另一台为 15r/min（直驱式），转速相差 100 倍，则根据式（5.5），低转速电机的体积将是高转速电机体积的约 100 倍。

可见，对于直驱式风力发电机，由于额定转速很低，因此体积很大，不仅影响到发电机本身的结构设计（电机本身也是机体结构的一部分），也将在很大程度上影响到机舱和轮毂的结构设计。但是也增加了相应的截面横量，增加了线切割速度，没有了齿轮箱这个故障率较高的部件。

（3）当电机的电枢直径 D 不变，转速 n 也不变时，可通过改变铁芯的轴向长度来改变电机的额定功率 P_N。这一原理主要应用于系列电机的设计。系列电机设计时，同一个机座号的机壳，通过改变铁芯长度，可以设计出 2～3（甚至更多）种不同功率等级的电机，因而给系列电机的设计和制造带来了很大方便。

（4）电磁负载（A 和 B_8）的大小不仅直接影响到电机有效材料的用量和电机体积，而且直接影响到电机的热负载以及运行的可靠性和寿命。相同类型电机的电磁负载的变化范围一般都很小，而不同类型、不同工作制、容量等级相差很大的电机的电磁负载的选取一般是有一定差别的。例如，短时工作制电机的电负载通常要比连续工作制电机的高些；大容量电机的电磁负载一般要比小容量电机的低些等。

（5）$D^2 L_{eff}$ 确定后，还需要分别确定 D 和 L_{eff} 的具体大小，才有可能继续进行下一步的设计计算。D 大而 L_{eff} 小，则电机为短粗形，反之为细长形。考虑到转速引起的离心力对电机结构的影响，对于高转速电机（例如双馈异步发电机）应为细长型；对于低转速电机（例如直驱式永磁同步发电机）则应为短粗形，电机的直径和长度一般会受运输条件的限制。为了反映电机的上述结构上的变化，电机设计中引入了主要尺寸比 λ（也常称为细长比）这一概念，即

$$\lambda = L_{eff}/\tau \tag{5.6}$$

式中　τ——电机的极距。

由于极距 τ 与电枢直径 D 成正比，因此，主要尺寸比 λ 就反映了电枢长度与电枢直径之间的比例关系。对于同一种类型电机，其主要尺寸比 λ 的变动范围很小，因此，在根据式（5.5）确定了 $D^2 L_{eff}$ 之后，再根据主要尺寸比 λ 的经验值，即可分别确定 D 和 L_{eff} 的大小了。

由于主要尺寸比 λ 对电机的参数和性能会产生一定的影响，因此，电机设计时，应经过多方案综合比较后，再最终确定之。

5.2.3　电机绕组

1. 电机绕组的分类

绕组构成了电机的电系统，是电机的重要部件。电机绕组可分为磁极绕组（或称励磁绕组）、换向器绕组、单相交流绕组、多相交流绕组、短路绕组。电机绕组的分类如图 5.3 所示。

电机绕组
- 磁极绕组（励磁绕组）同步电机励磁绕组
- 换向器绕组　交流换向器电机电枢绕组
- 单相交流绕组
- 多相交流绕组
  - 三相感应电机定子绕组
  - 同步电机电枢绕组
- 短路绕组
  - 笼型感应电机转子绕组
  - 同步电机阻尼绕组

图 5.3　电机绕组的分类

（1）磁极绕组。磁极绕组中通以直流励磁电流即可建立起电机的主极磁场。直流电机和凸极式同步电机的磁极绕组为套装在磁极极身上的集中绕组，隐极式同步电机的磁极绕组为嵌放在转子槽中的同心式绕组。因磁极绕组负责建立电机的主极磁场，因此常称为励磁绕组。

（2）换向器绕组。换向器绕组是一种闭合绕组，它的每一个线圈元件的首端和末端都按一定规律与换向器的换向片相连接，利用电刷将绕组截分成若干条并联支路，并通过电刷与外部电路相连接。交流电机的转子绕组一般为双层绕组，有叠绕组、波绕组及混合绕组等类型。

（3）多相交流绕组。多相交流绕组一般为多相对称绕组，主要是三相对称绕组，主要用于三相感应电机定子绕组和同步电机电枢绕组。多相交流绕组的对称性表现在两个方面，即多相绕组沿电机圆周分布的对称性和每相绕组在相邻磁极下分布的对称性。多相绕组沿电机圆周分布的对称性影响到合成磁场的椭圆度，从而直接影响电机的运行性能；每相绕组在相邻磁极下分布的对称性决定了电机磁场和绕组电动势波形是否满足镜对称特性。对称分布的绕组连同对称分布的磁路一起，构成了电机电磁结构上的对称性。

（4）短路绕组。短路绕组是一种在电机内部被自行短路的绕组。例如，笼型感应电机的转子绕组，其所有导条被前后两个端环短路而构成了笼型短路绕组，笼型绕组导条与气隙磁场相互作用产生电磁转矩；同步电机的阻尼绕组也是短路绕组，其结构与笼型感应电机的转子笼型绕组相似，可用来提高同步电机运行的动态稳定性。

2. 绝缘结构

绕组是电机的重要部件，也是电机中事故率较高的部件。绕组中最薄弱的部分是绕组的绝缘，人们常说的"电机烧毁"主要指的是绕组绝缘烧毁。实际上，电机的绝缘结构主要是指电机绕组的绝缘结构，主要包括匝间绝缘、槽绝缘、层间绝缘、相间绝缘、槽楔、端部绑扎、引接线绝缘以及浸渍漆等。电机设计时，合理选择绝缘材料和绝缘结构，可以提高电机运行的可靠性和使用寿命，降低电机的制造成本。

电机的绝缘结构分级见表 5.3。我国一般用中小型电机，常采用 B 级和 F 级绝缘。对于有特殊要求的电机及高温、频繁启制动、频繁正反转以及冲击性负载等场合使用的电机，多采用 F 级或 H 级绝缘。风力发电机的绝缘结构等级一般为 F 级，为了提高发电机的可靠性和使用寿命，常采用 H 级绝缘材料，但其温升一般仍按 F 级考核。

表 5.3　　　　　　　　绝缘结构分级及空气间接冷却交流绕组温升限值

绝缘等级	A	E	B	F	H
绝缘结构的极限温度/K	105	120	130	155	180
最高环境空气温度/K	40	40	40	40	40
热点裕度/K	5	5	10	10	15
交流绕组温升限值/K	60	75	80	105	125

5.2.4　磁场与磁路

1. 电机的磁场

磁场是电机实现机电能量转换的物质基础之一，磁场的波形和大小对电机性能影响极大。磁场是由磁动势产生的，电机绕组中流过电流时就会产生磁动势，因此，也常把磁动势称为安匝（安培匝数）或安导（安培导体数）。绕组中流过直流电流时产生直流绕组磁动势，将建立恒定磁场，恒定磁场的极性不变，磁场轴线与绕组轴线相互重合并且相对静止。交流绕组中流过交流电流时产生交流绕组磁动势，将建立交变磁场，交变磁场的极性随时间交替变化。单相交流绕组产生的是一个沿绕组轴线交变的脉振磁场，而多相交流绕组合成产生的是一个沿气隙圆周交变的旋转磁场。图 5.4 示出了几种常用电机的空载磁场波形。

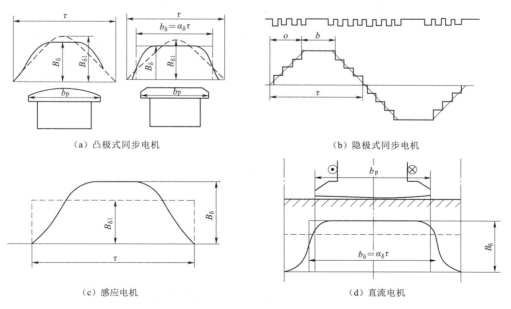

（a）凸极式同步电机　　　　　　　　（b）隐极式同步电机

（c）感应电机　　　　　　　　（d）直流电机

图 5.4　几种常用电机的空载磁场波形

电机中磁场的分布十分复杂，为了简化分析计算，常将电机中的磁场分为主磁场和漏磁场两部分。主磁场通过气隙，同时交链定、转子绕组，并直接参与机电能量转换。交流电机主磁场以同步转速旋转，"切割"电枢（定子）绕组并在其中感应电动势。由基波磁动势产生的基波主磁场的每极基波磁通称为电机的主磁通。

漏磁场一般不通过气隙（谐波漏磁场除外），只与产生漏磁场的绕组本身交链，不参与机电能量转换。交流电机分析计算时，常将漏磁场对电机性能的影响等效成绕组内部产生的一个漏阻抗压降来考虑，而有关漏阻抗的计算将在参数计算中完成。

2. 电机的磁路

目前，电机电磁场分析计算的有限元法已经相当成熟，对于某些新型电机（例如永磁电机等）的磁场分析，只有借助于有限元法才能获得较高的计算精度。然而，大多数交流电机设计计算时，为了方便起见，常将在空间三维分布的磁场计算等效成简单的磁路计算，磁路计算方法与我们熟悉的电路计算十分相似。磁路计算的目的主要有两个：一是校验磁路各部分的磁密分布是否合理，从而校验各部分尺寸的合理性；二是计算励磁磁动势、励磁绕组参数以及电机的空载特性等。

电机设计时的磁路计算是针对主磁路进行的，主磁路就是主磁通所经过的闭合路径。交流电机的主磁路一般选择通过每对磁极中心线的闭合路径。图 5.5 所示为凸极式同步电机主磁路的计算路径。

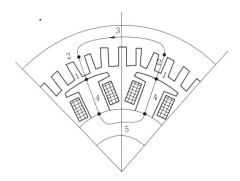

图 5.5　凸极式同步电机主磁路的计算路径

根据全电流定律，磁场强度沿闭合回路的线积分等于该回路所包围的全电流，即

$$\oint H\,\mathrm{d}L = \sum i \tag{5.7}$$

如果积分路径沿磁场强度矢量取向，则式（5.7）左边为磁场强度沿出方向的线积分，等式右边为回路所包围的全电流，即为每对极励磁磁动势。这时，式（5.7）所示的线积分可等效为

$$\sum_{j=1}^{n} H_j L_j = \sum i \tag{5.8}$$

式（5.8）表明，进行磁路计算时，可以将电机主磁路分成若干段，分别计算出各段磁路的磁场强度和磁路计算长度，它们的乘积即为各段磁路所需安匝数，各段磁路所需安匝数之和即为每对极励磁磁动势。

可根据电机磁路的结构特点，按以下方法进行分段：对于交流电机，应包括两个气隙、两个定子齿、一个定子轭、两个转子极身（或转子齿）、一个转子轭。各段磁路的磁场强度 $\boldsymbol{B}$ 可根据计算出的各磁通密度 Φ_j，查取相应材料的磁化曲线求得。

由图 5.5 可以看出，每对极主磁路中，两个极的磁路基本上是以极间中心线为对称的，因此，只需计算闭合回路的一半（即每极磁路）就可以了，当然，计算结果为每极励磁磁动势。

工程实践证明，将复杂的磁场计算简化成简单的磁路计算，用于电机的稳态性能计算时，不会引起很大的误差。

感应电机的主磁通与漏磁通所经路径示意图如图 5.6 所示。

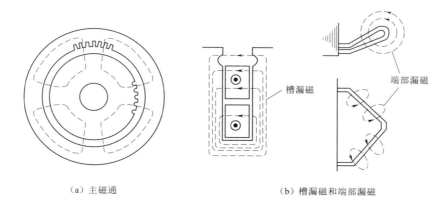

（a）主磁通　　　　　　　　　　　（b）槽漏磁和端部漏磁

图 5.6　感应电机的主磁通与漏磁通所经路径示意图

磁路计算的一般步骤：

发电机设计时，磁路计算一般按如下步骤进行：

（1）假定满载气隙电动势。

（2）计算每极磁通量。

（3）计算气隙面积、定子齿部截面积、转子极身（或转子齿）部截面积、定子轭部截面积、转子轭部截面积。

（4）假定波幅系数和饱和系数。

（5）计算气隙磁密、定子齿磁密、转子极身（或齿）磁密、定子轭磁密、转子轭磁密。

（6）根据计算出的磁密，查取相应铁芯材料的磁化曲线，查得各部分磁路的单位长度所需安匝数（即磁场强度）。

（7）计算各部分磁路的计算长度。

（8）计算各部分磁路的所需安匝数。

（9）计算饱和系数，与（4）不符时，重新假定饱和系数并重新计算有关项。

（10）计算总安匝数［即每极（或每对极）励磁磁动势］。

（11）计算励磁电流、励磁电抗及空载特性等。

实际上，不同类型发电机的磁路计算步骤不尽相同，应根据实际需要确定计算步骤和具体计算项目。例如，对于永磁同步发电机，除上述步骤（1）～步骤（10）以外，还应计算主磁导和漏磁导等参数，以及确定永磁体的空载工作点等。

5.2.5　参数计算

电机参数，就是电机等效电路中的电阻和电抗参数。电机设计时所涉及的主要是稳态等效电路中的稳态参数的计算。感应电机的稳态参数主要有定子漏阻抗（包括定子电阻和定子漏电抗）、转子漏阻抗（包括转子电阻和转子漏电抗）以及励磁阻抗（包括铁耗等值电阻和励磁电抗）。同步电机的稳态参数主要有交轴同步电抗（包括电枢漏电抗和交轴电枢反应电抗）和直轴同步电抗（包括电枢漏电抗和直轴电枢反应电抗）。同步电机电枢漏电抗的计算与感应电机定子漏电抗计算方法相同；同步电机电枢反应电抗的计算则与感应电机的励磁电抗计算相似，这是由于两者均与多相交流绕组电流在气隙中所产生的基波磁场相对应，也常常因此把两者统称为主电抗。显然，漏电抗也应与相应的漏磁场相对应。

电机参数对电机性能影响极大，对于感应发电机，主要影响其功率因数、短路电流以及过载能力等；对于同步发电机，主要影响电压调整率、稳态短路电流以及静态稳定性等。交流电机设计时，磁路计算和参数计算是基础性的计算，只有磁路计算和参数计算具有较高的精度，电机性能计算的精度才能有保障，按照所设计的方案制作出来的电机的质量也才能有保障。

绕组直流电阻的计算公式为

$$R = \rho \frac{L}{S} \tag{5.9}$$

式中　ρ——导体材料的电阻率，$\Omega \cdot m$；

L——绕组导体的长度，m；

S——绕组导体的截面积，m^2。

电抗计算一般采用磁链法。线圈的电抗 Z 可以写成

$$Z = \omega L \tag{5.10}$$

式中　ω——线圈电流交变的角频率，$\omega = 2\pi f$（rad/s），其中 f 为电流频率（Hz）；

L——线圈的电感，H。

可见，在电流频率 f 一定的情况下，电抗 Z 与电感 L 成正比。

根据电工原理，当线圈媒质的磁导率不随磁场强度变化时，线圈电感 L 可表示成

$$L = \frac{\Psi}{i} \tag{5.11}$$

可见，电抗 Z 的计算最终可归结为磁链 Ψ 的计算，这也是磁链法名称的由来。下面采用磁链法简要介绍交流电机主电抗和漏电抗的计算。

1. 主电抗计算

交流电机电枢（定子）基波磁场的每极基波磁通量 Φ_1（Wb）计算公式为

$$\Phi_1 = \frac{2}{\pi} B_{\delta 1} L_{ef} \tau \tag{5.12}$$

式中　$B_{\delta 1}$——电枢基波磁场磁密幅值，T；

L_{ef}——电枢铁芯计算长度，m；

τ——极距，m。

因此，电枢基波磁场交链电枢绕组的磁链 Ψ_1（Wb）为

$$\Psi_1 = \Phi_1 K_{dq1} N_1 \tag{5.13}$$

式中 $K_{dq1} N_1$——电枢绕组每相有效串联匝数。

将式（5.12）代入式（5.13）并考虑到磁密幅值 $B_{\delta1}$ 的求取，可以导出磁链 Ψ_1 的计算公式，进而导出主电抗 X_m 的计算公式为

$$X_m = \frac{4 f \mu_0}{\pi} \frac{m (K_{dq1} N_1)^2}{p} L_{ef} \frac{\tau}{\delta_{ef}} \tag{5.14}$$

式中 μ_0——气隙磁导率，$\mu_0 = 4\pi \times 10^{-7}\,\mathrm{H/m}$；

m——电机的相数；

p——电机的极对数；

δ_{ef}——有效气隙长度，其中 $\delta_{ef} = K_\delta \delta$（m），$K_\delta$ 为卡特系数，δ 为气隙长度，m。常将式（5.14）改写成

$$X_m = 4\pi f \mu_0 \frac{N_1^2}{pq} L_{ef} \lambda_m \tag{5.15}$$

$$\lambda_m = \frac{m}{\pi^2} K_{dq1}^2 \frac{q\tau}{\delta_{et}} \tag{5.16}$$

式中 λ_m——主磁路的比磁导。

式（5.14）和式（5.15）适用于感应电机励磁电抗 X_m 和隐极式同步电机电枢反应电抗 X_a 的计算。对于凸极式同步电机，由于其交轴磁导与直轴磁导的差别很大，使交、直轴电枢反应电抗也有很大差别，一般应用双反应理论，将主电抗分为交轴电枢反应电抗 X_{aq} 和直轴电枢反应电抗 X_{ad} 分别进行计算，即

$$X_{aq} = k_q X_m \tag{5.17}$$

$$X_{ad} = k_d X_m \tag{5.18}$$

系数 k_q 和 k_d 分别为电枢交、直轴磁场的基波磁密幅值与其磁密最大值之比，即

$$k_q = \frac{B_{aq1}}{B_{aq}} \tag{5.19}$$

$$k_d = \frac{B_{ad1}}{B_{ad}} \tag{5.20}$$

式中 B_{aq1}——交轴电枢磁场的基波磁密幅值；

B_{aq}——交轴电枢磁场磁密幅值；

B_{ad1}——直轴电枢磁场的基波磁密幅值；

B_{ad}——直轴电枢磁场磁密最大值。

2. 漏电抗计算

从原理上说，漏磁场计算时，只需将式（5.12）中的电枢磁场基波磁密改成漏磁场磁密，相应的尺寸也改成漏磁场所经路径的尺寸，就可以计算出漏磁通和漏磁链，进而计算出漏电抗。然而，电机中漏磁场的分布十分复杂，不仅不同部位漏磁场的空间分布情况截然不同，而且，它们所经路径的磁导率也可能相差极大，这些都给漏电抗计算带来了困难。经过长期摸索，人们将电机漏磁场按照分布特点的不

同分成了槽漏磁、谐波漏磁以及端部漏磁等，对应的漏电抗也分成槽漏抗、谐波漏抗以及端部漏抗等。分别计算出上述漏电抗后，它们之和即为总漏电抗。采用这种方法计算出来的漏电抗值一般能够满足工程上的精度要求。

漏电抗计算时，也可以写出与式（5.15）相似的形式，即

$$X_\delta = 4\pi f \mu_0 \frac{N_1^2}{pq} L_{ef} \sum \lambda \tag{5.21}$$

其中

$$\sum \lambda = \lambda_s + \lambda_e + \lambda_d$$

式中　λ_s——槽比漏磁导；

　　　λ_e——端部比漏磁导；

　　　λ_d——谐波比漏磁导。

从式（5.21）可以看出，交流电机漏电抗参数的计算可以归结为上述各比漏磁导的计算。漏电抗的比漏磁导计算的方法既适用于定子漏磁导的计算，也适用于转子漏磁导的计算。

（1）槽比漏磁导 λ_s。槽比漏磁导与槽形有关，电机槽形通常以槽口的形状定义，大、中型风力发电机常采用开口槽和半开口槽，如图 5.7 所示，图中槽内的方格部分表示在槽中嵌放的线圈导体。图 5.7（a）中同时示出了开口槽的槽漏磁分布情况。

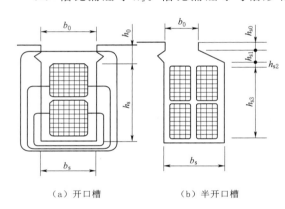

（a）开口槽　　　（b）半开口槽

图 5.7　风力发电机的常用槽形

显然，对于不同槽形来说，槽漏磁的分布情况是不同的，槽比漏磁导也不相同。从图 5.7 可以看出，槽漏磁的分布可以分成两种情况：在槽口部分的高度 h_0 范围内所通过的槽漏磁与槽中的全部电流相交链；而在槽下部的高度 h_s 范围内的槽漏磁所交链的槽电流，将随槽高度坐标的变化而变化，这部分槽漏磁的计算需要采用积分运算。因此，应分别计算这两部分的槽比漏磁导，可分别称为槽口比漏磁导 λ_U 和槽下部比漏磁导 λ_L。

槽比漏磁导 λ_s 的计算公式为

$$\lambda_s = K_U \lambda_U + K_L \lambda_L \tag{5.22}$$

式中　K_U、K_L——考虑绕组短距对槽口比漏磁导 λ_U 和槽下部比漏磁导 λ_L 的影响而引入的节距漏抗系数。

电机绕组的短距因数 β 一般为 $2/3 \leqslant \beta \leqslant 1$，这时 K_U 和 K_L 可分别表示为

$$K_U = \frac{3\beta + 1}{4}, \quad K_L = \frac{9\beta + 7}{16} \tag{5.23}$$

当 $\beta = 1$ 时，电机绕组为整距绕组，显然，这时有 $K_U = K_L = 1$。

式（5.23）中的槽口比漏磁导 λ_U 和槽下部比漏磁导 λ_L 的计算公式因槽形的不

同而不同。对于开口槽

$$\lambda_U = \frac{h_0}{b_0}, \quad \lambda_L = \frac{h_s}{3b_s} \qquad (5.24)$$

对于半开口槽

$$\lambda_U = \frac{h_{s0}}{b_0} + \frac{2h_{s1}}{b_0 + b_s} + \frac{h_{s2}}{b_s}, \quad \lambda_L = \frac{h_{s3}}{3b_s} \qquad (5.25)$$

（2）谐波比漏磁导 λ_d。电枢电流在电机气隙中除了产生基波磁场外，还将产生一系列谐波磁场。这些谐波磁场所通过的磁路与基波磁场基本一样，因此，谐波比漏磁导 λ_d 的计算公式与主磁路比磁导 λ_m 相似。只是需要考虑到谐波磁场的极对数是基波磁场的 v 倍，即 $p_v = vp$；谐波磁场的极距是基波磁场的 $1/\nu$，即 $\tau_v = \tau/v$；谐波绕组系数为 K_{dpv}；以及谐波磁场在定子绕组中感应电动势的频率等于基波电动势频率，即 $f_v = f_1$；即可模仿式（5.16），写出谐波比漏磁导 λ_d 的计算公式为

$$\lambda_d = \frac{m}{\pi^2} \frac{q\tau}{\delta_{ef}} \sum s \qquad (5.26)$$

其中

$$\sum s = \sum \left(\frac{K_{dpv}}{v} \right)^2$$

可根据绕组谐波分析求出。

（3）端部比漏磁导 λ_e。绕组端部漏磁场的分布比较复杂，因此，要想准确计算端部比漏磁导是困难的，一般采用半经验公式来计算。大、中型风力发电机大多采用双层绕组，其端部比漏磁导 λ_e 的计算公式为

$$\lambda_e = 1.2K_{dp1}^2 \frac{q}{L_{ef}}(d + 0.5f_d) \qquad (5.27)$$

式中　d——线圈直线部分伸出铁芯的长度，m；

　　　f_d——双层线圈端部轴向投影长度，m。

5.2.6　发电机的性能

1. 损耗与效率

效率是电机的重要技术性能之一，效率是指其输出功率 P_2 与输入功率 P_1 之比，一般用百分数表示。输入功率 P_1 为

$$P_1 = P_2 + \sum P \qquad (5.28)$$

$$\sum P = p_{Cu} + p_{Fe} + p_{mec} + p_f + p_{ad} \qquad (5.29)$$

式中　$\sum P$——电机的总损耗；

　　　p_{Cu}——铜损耗；

　　　p_{Fe}——铁损耗；

　　　p_{mec}——风摩损耗；

　　　p_f——励磁损耗；

　　　p_{ad}——杂散损耗。

因此，对于发电机，效率可表示为

$$\eta = \frac{P_2}{P_1} \times 100\% = \frac{P_2}{P_2 + \sum P} \times 100\% \qquad (5.30)$$

效率特性是指电机效率随输出功率变化的特性，即 $\eta = f(P_2)$，可见，利用式（5.30）可以计算出（或测试出）发电机的效率特性。发电机的输出功率 P_2 是一个电功率，容易计算（或测试），因此，要想研究发电机的效率特性，关键在于如何准确地计算出（或测试出）发电机的各项损耗。

发电机中的损耗主要有铜损耗、铁损耗、风摩损耗、励磁损耗以及杂散损耗等，这些损耗最终都将变成热能散失到冷却介质中，同时使发电机温度升高。因此，只有减小发电机内部产生的上述损耗，才能增加线端输出的电功率，提高发电机的效率。

减小各项损耗有以下方法：

（1）铜损耗。发电机的铜损耗又称 I^2R 损耗，是电流流过电机绕组时，绕组直流电阻产生的电损耗。减小铜损耗可以从以下方面考虑：

1）在电流 I 不变的情况下，减小绕组电阻 R。由于电阻与导线长度成正比、与导线截面积成反比，因此，减小导线长度或增大导线截面积是减小绕组电阻的有效方法。如果线圈的有效长度不能减小，就应尽量减小其端部长度。增大导线截面积可以明显减小绕组电阻 R，但将导致槽面积增加，使齿磁密增大或电机体积增大，也使有效材料的用量增加，电机成本增加。

2）小容量低电压电机可考虑采用薄绝缘，以便提高槽的利用率，对减小铜耗是有利的。

3）电机工作温度对绕组电阻影响很大。绕组电阻具有正温度系数，温度越高，绕组电阻越大。因此，降低绕组温升可以明显减小铜损耗。

4）提高绝缘结构的耐热等级，以便适当提高电机的电负载和热负载能力。

（2）铁损耗。铁损耗是交变磁场在铁芯中通过时产生的损耗，包括涡流损耗和磁滞损耗。不同的铁芯材料，其单位体积的铁损耗是不同的。铁芯材料相同时，铁损耗大体上与磁感应强度 B 的平方成正比，与磁场交变频率 f 的 1.3～1.6 次方成正比，即

$$P_{Fe} \propto B^2 f^{1.3\sim1.6} \qquad (5.31)$$

因此，减小铁耗可从以下方面考虑：

1）适当增大铁芯体积，降低磁感应强度，以便减小铁损耗。

2）采用优质冷轧硅钢片，可明显降低铁损耗。表 5.4 示出了 0.5mm 厚的不同型号硅钢片的 $P_{10/50}$ 损耗值。

3）调整铁芯冲片设计，使铁芯齿部和轭部的磁密分布更趋合理，使电机的铁损耗最小化。采用有限元分析法可以解决这一问题。

表 5.4　　　　　　　　　不同型号硅钢片的 $P_{10/50}$ 损耗值

硅钢片型号	DR510-50	DW540-50	DW466-50	DW360-50	DW316-50
$P_{10/50}$ 损耗值/（W/kg）	2.11	1.9	1.84	1.34	1.22

注：1. DR 为热轧硅钢片，DW 为冷轧无取向硅钢片。

2. $P_{10/50}$ 表示铁芯材料在磁感应强度 1T，频率为 50Hz 时，单位质量的铁损耗（W/kg）。

（3）风摩损耗。风摩损耗是指电机的通风损耗和轴承摩擦损耗，其中通风损耗是最主要的。

选择优质电机专用轴承和优质润滑油（脂）以及适当掌握润滑油（脂）的填充量，可以减小轴承摩擦损耗。

通风损耗主要与电机转速有关，大体上与转速的立方成比例变化。电机的转速越高、容量越大，通风损耗在总损耗中的比重越大。要想减小通风损耗，可从以下方面考虑：

1）如果电机的温升余量较大，可适当减小冷却系统容量，例如，适当减小冷却风扇容量等。

2）作冷却系统优化设计。例如，优化冷却系统的阻尼，提高系统运行效率。

3）提高电机内部热媒的热传导能力和电机表面的散热能力等。

（4）励磁损耗。本质上说，励磁损耗也是一种铜损耗，因此，减小铜损耗的几种方法也适用于励磁损耗。

采用永磁磁极取代电励磁磁极，可以省去励磁损耗，提高电机效率，因此，永磁电机的温升比相同容量电励磁电机要低，较低的温升又进一步减小了电枢绕组的铜损耗，可以使永磁电机的效率进一步得到提高。

随着永磁材料的发展和永磁电机研究的不断深入，永磁电机的应用领域不断拓展，单机容量不断增大。目前，低速永磁同步发电机已经作为主流机种之一，在风力发电中得到广泛应用。

（5）杂散损耗。杂散损耗又称附加损耗，是除上述损耗以外的其他损耗的统称，主要包括电机漏磁场在金属构件中产生的涡流损耗，高次谐波磁场在定、转子铁芯表面引起的表面损耗和脉振损耗，以及因趋肤效应使导体有效截面减小、交流电阻增大而在绕组中产生的附加损耗等。如果电机设计不当，可能产生较大的杂散损耗，使电机温升提高、效率降低，因此必须认真对待。

杂散损耗产生的原因比较复杂，准确计算有一定困难，试验测定也不易测准，而且试验结果具有一定的分散性。因此，考核电机效率时，为了简单起见，交流电机额定运行时的杂散损耗一般可按额定功率的 0.5% 计算，功率不等于额定值时，杂散损耗应按与负载电流的平方成比例来进行修正。

减小杂散损耗的方法主要如下：

1）抑制高次谐波磁场，使气隙磁场尽可能成为正弦形。例如，采用合适的分布、短距绕组，改善凸极式电机的磁极形状等。由于高次谐波磁场也通过气隙，因此，适当增大气隙常是减小杂散损耗的有效措施。

2）注意抑制齿谐波磁场，以减小齿谐波磁场引起的附加损耗。例如，采用转子斜槽或斜极，采用磁性槽楔，以及采用分数槽绕组等。

3）增加线圈并绕根数，以减小因集肤效应而导致的附加损耗。

4）斜槽转子采用绝缘导体，以消除横向电流引起的损耗。

2．电压调整率

电励磁交流发电机的电压调整率是指在保持额定励磁电流和额定转速不变的条

件下，调节发电机负载使之从额定负载变化到空载，此时端电压的升高相对额定电压的百分值，即

$$\Delta U = \frac{U_0 - U_N}{U_N} \times 100\%$$ (5.32)

对于电励磁发电机来说，"保持额定励磁电流不变"实际上就是"保持额定励磁磁动势不变"，这一条件容易实现。但是，对于永磁发电机，由于永磁体的空载工作点与负载工作点不同，因此，"保持励磁磁动势不变"这一条件无法实现。为了与电励磁发电机区别，对永磁发电机，一般称为固有电压调整率，其定义式仍为式 (5.32)。

电压调整率是交流发电机的性能指标之一。现代风力发电机一般通过并网变流器与电网连接，因此，对电压调整率这一性能指标的要求程度有所放宽，但一般仍应控制在一定范围内。

3. 稳态短路电流

交流发电机发生突然短路时，将产生很大的冲击电流，其峰值可达额定电流的 10 倍以上，因而将在发电机中产生很大的电磁力。如果设计或制造不良，就可能使定子绕组（特别是绕组端部）损坏，也可能使转轴、底脚等发生有害变形，对于永磁发电机，还可能引起永磁体的永久性退磁。发电机突然短路还将对电网的稳定性和正常运行产生不利影响。因此，发电机设计时，应对上述可能产生的冲击电流予以限制，以便将可能发生的损害降至最低。

然而，突然短路电流是一个瞬变电流，分析计算比较复杂。突然短路电流经过短暂的瞬变过程后，将很快衰减并进入稳定短路状态，而稳态短路电流的计算要相对容易些。风力发电机设计时，常常通过稳态短路电流计算，来对其耐短路冲击能力进行评估。

5.3　风力发电机组用异步电机的设计

异步电机是一种交流电机，也称为感应电机，应用在风电场时通常称为风力发电机组用异步电机。本节主要介绍风力发电机组用异步电机电磁设计的原理与方法，编制了发电机的电磁设计程序。

5.3.1　笼型感应发电机的设计

5.3.1.1　风力发电中应用的笼型感应发电机

20 世纪 70 年代末到 90 年代初，笼型感应发电机是大、中型风力发电机组的主流机型，这是因为当时只有笼型感应发电机组解决了运行的可靠性问题，同时，笼型感应发电机还具有结构简单、控制方便等一系列优点。近年来，笼型感应发电机也开始在变速恒频风力发电机组中得到了应用。

1. 笼型感应发电机的基本结构与运行原理

（1）基本结构。笼型感应发电机的结构与笼型感应电动机基本相同，主要由定

子和转子两部分以及其他结构件构成，定子与转子之间有一个不大的气隙。定、转子又分别由各自的铁芯和绕组构成。笼型感应发电机的转子绕组为短路绕组，由若干个铜（或铝）制导条和前后两个短路端环组成，由于形状像一个笼子，故而得名。笼型感应发电机的定、转子结构特点及其所起的作用如下：

1）定子部分。

定子铁芯：用 0.5mm 硅钢片冲制叠压而成；是主磁路的一部分，槽中嵌放定子绕组。

定子绕组：用扁铜绝缘线或圆铜漆包线线绕制而成；感生电动势，并产生定子旋转磁场，向电网输出电功率。

机座：用铸钢或厚钢板焊接后加工而成；用于固定定子铁芯及防护水和沙等异物进入电机内部。

端盖：用铸钢或厚钢板焊接加工而成；用于安装轴承、支承转子和电机防护。

2）转子部分。

转子铁芯：用 0.5mm 硅钢片冲制叠压而成；是主磁路的一部分，槽中嵌放转子绕组。

转子绕组：由铸铝或铜质导条和端环构成笼型短路绕组，用于感应转子电动势。流过转子电流，产生电磁转矩。

转轴：支承转子旋转，输出机械转矩。

气隙：储存磁场能量，转换和传递电磁功率和电磁转矩；保证转子正常旋转。

（2）运行原理。风力发电中使用的大、中型感应发电机一般均与电网并联运行，这里只讨论感应发电机并网运行的情况。

由电工原理可知，转差率 s 是感应电机的一个重要参数，根据它的数值可以判定电机的运行状态。转差率的定义为

$$s = \frac{n_1 - n}{n_1} \tag{5.33}$$

式中　n_1——同步转速，r/min；

n——电机转子的实际转速，r/min。

当原动机（风轮）驱动感应电机旋转，转速超过同步转速，即 $s < 0$ 时，感应电机进入发电机状态，这时，感应发电机把从风轮输入的机械功率转换成电功率输出给电网。同时，发电机产生的制动性质的电磁转矩与风轮驱动性质的机械转矩相平衡，以便维持风力发电机组的稳定运行。感应发电机的笼型绕组转子结构（铜）如图 5.8 所示。

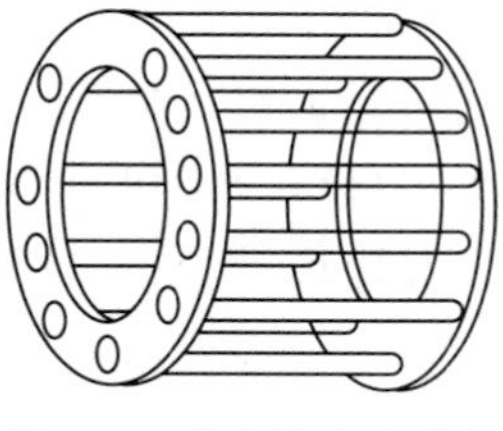

有些风轮的自启动能力较差，这时，首先需要使感应电机作电动机运行，直至机组转速超过同步转速后，才转换为发电机运行。风力感应发电机从电动启动到发电运行的过程与起重机下放重物的过程非常相似。电动启动是指风力发电机组从静止状态启动时，首先把感应发电机当作电动机接到电网上驱动风轮启动旋转。起初，在电动机驱

图 5.8　感应发电机的笼型绕组转子结构（铜）

动转矩和风轮的双重作用下，风力发电机组快速启动，在感应电机转速加速到同步转速之前，始终处于电动机运行状态。随着机组转速的升高，感应电机转速很快超过了同步转速，这时，在风轮的作用下，感应电机从电动机状态自动转变为发电机状态。

风力感应发电机的上述基本运行状态归纳在表 5.5 中。

表 5.5　　　　　　　　　　　风力感应发电机的基本运行状态

项　目	电动运行状态	同步运行状态	发电运行状态
转速 n	$0<n<n_1$ （0<转速<同步转速）	$n=n_1$	$n>n_1$ （转速>同步转速）
转差率 s	$0<s<1$	$s=0$	$s<0$
能量转换	电能←机械能	电磁功率为 0	机械能→电能
电磁转矩性质	驱动性质	电磁转矩为 0	制动性质

由表 5.5 中还可以看出，当发电机转速恰好等于同步转速，即 $n=n_0$，转差率 $s=0$ 时，由于转子导体与气隙旋转磁场之间相对静止，转子绕组的感应电动势和电流均为零，因此，根据电磁感应定律和电磁力定律，其电磁功率和电磁转矩也都为零，可见，同步运行状态实际上是一个不稳定运行状态，也就是说感应发电机或者因风力较大，使 $n>n_1$，而运行于发电状态；或者因风力过小，使 $n<n_1$，因运行于电动状态而使风力发电机组停机。

2. 定桨距风力发电机组与笼型感应发电机

（1）定桨距风力发电机组。定桨距就是风轮的叶片与轮毂之间为刚性连接，叶片的迎风角不能随风速的变化而变化。定桨距风力发电机组由于结构简单、控制方便而得到了广泛应用。

定桨距风力发电机组需要配套的发电机具有恒转速特性，并网运行的感应发电机能够满足这一要求。采用感应发电机并网运行有一系列优点：笼型感应发电机的结构简单、价格便宜；不需要严格的并网装置，可以较容易地与电网连接；感应发电机并网运行时，转速近似是恒定的，但允许在一定范围内变化，因此可吸收瞬态阵风能量。

采用感应发电机的主要缺点是需要从电网吸收感性无功电流来励磁，加重了电网对感性无功功率的负担，因此，常需要对感应发电机进行无功补偿。

另外，在低风速运行段，定桨距风力发电机组还面临系统效率低下的问题。这种效率低下反映在两个方面，一方面是定桨距风力发电机组的转速不能随风速的变化而自动调整，使风轮在低风速时的风能—机械能转换效率很低；另一方面，感应发电机轻载时的机械能—电能转换效率也很低，这样一来，使得整个风力发电机组在低风速段的效率十分低下。为了充分利用低风速段的风能，常采用双速感应发电机。双速感应发电机常做成 4/6 极，在高风速段，发电机在 4 极下运行；在低风速段，发电机切换成 6 极下运行。这种发电机变极运行方式不仅使风轮的风能—机械能转换效率大幅度提高，也使发电机效率能够保持在较高水平。

（2）双速感应发电机的结构特点。目前，笼型感应发电机大多采用双速型，双速型笼型感应发电机可以制成双绕组双速型，也可制成单绕组双速型。双绕组双速就是在定子铁芯槽中嵌放两套相互独立的绕组，一套为 4 极绕组，另一套为 6 极绕组。在高风速段，4 极绕组工作，发电机输出的功率较大；在低风速段，切换到 6 极绕组工作，发电机输出的功率较小。也就是说，表面上双绕组双速电机是一台发电机，实际上是两台额定功率和额定转速不同的发电机切换运行。显然，对于其中的每一个转速的发电机而言，其有效材料和空间都没有得到充分利用，因此，双绕组双速型感应发电机的经济性较差，也很难获得理想的运行特性。

单绕组双速就是在定子铁芯中只嵌放一套绕组，构成了一种极数的感应发电机，但是，当按照一定规律将其中一半线圈反向连接，而线圈在电机槽中的空间位置原封不动，就可以使这套绕组变成另一种极数的发电机。这种将一半线圈反向连接，因而将发电机从 4 极改变为 6 极（或反之）的变极方法称为反向法变极，可以方便地通过接触器的触点从外部来改变绕组的接线来实现。与双绕组双速发电机相比，单绕组双速发电机的有效材料利用率高、体积小、重量轻、变速特性良好，得到了广泛应用。单绕组双速感应发电机的缺点是 6 极时感应电动势的波形稍差，即电动势中的谐波含量稍大，因此供电质量稍差，这里不作详细分析。

以简单的 4/2 变极的感应电机为例，来说明反向法单绕组变极的原理。图 5.9 所示为一台 4 极感应电机，定子为单层绕组，图中只画出了 U 相绕组的两个线圈组，为了清楚起见，每个线圈组用一个集中线圈来表示。

可以看出，当两个线圈组顺着电流方向如图 5.9 所示串联连接时，在气隙中形成了一个 4 极磁场，这时，这台电机是 4 极的。

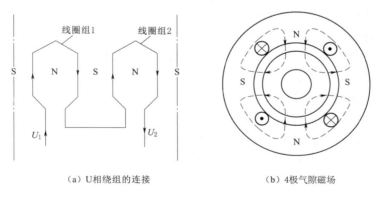

（a）U 相绕组的连接   （b）4 极气隙磁场

图 5.9 4 极时的 U 相绕组及其气隙磁场

所有线圈在槽中位置不变，通过外部接触器的切换，将线圈组 2 反接，使线圈组 2 中的电流反向，则气隙中的磁场从 4 极变成了 2 极，如图 5.10 所示。当然，这台感应电机也从 4 极变成了 2 极，图 5.10 中给出了使线圈组 2 中电流反向的两种接法，其变极效果是完全一样的。

定桨距风力发电机组中的感应发电机常采用的 4/6 变极，与上面介绍的 4/2 变极相比，实现单绕组 4/6 变极要稍微麻烦些，需要按照一定规则对绕组进行仔细排

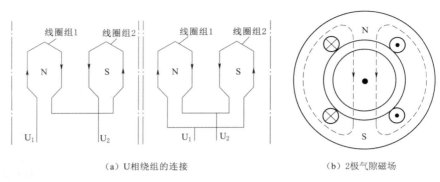

(a) U相绕组的连接　　　　　　　　(b) 2极气隙磁场

图 5.10　2 极的 U 相绕组及其气隙磁场

列，由于有关知识的专业性很强，绕组排列过程又比较繁琐，这里就不再一一说明。

双速发电机的转子均为笼型绕组，这是因为笼型绕组的极数是不固定的，能够随定子极数的改变而改变，当定子绕组进行极数切换时，转子的极数也随之自动进行了切换。

（3）运行特性。双速感应发电机的应用较为广泛，性能也更为优良。图 5.11 示出了双速感应发电机输出功率随风速变化的关系曲线。当发电机采用 4/6 变极时，图中的"大发电机"是指功率较大的 4 极发电机，而"小发电机"则是指功率较小的 6 极发电机。可以看出，根据风速适时进行变极切换，可以使低速段的风电转换效率明显提高。

3. 变速恒频控制的笼型感应发电机组

（1）变速恒频控制。近年来，随着电力电子技术和计算机控制技术的发展，变速恒频控制技术在风力发电中得到了广泛应用。风力发电机组实现变速控制的目的在于使机组获得最大功率输出。要想使风力发电机组实现变速运行，关键在于使发电机与电网解耦，也就是说，使发电机转速与电网频率无关。为此，可在发电机与电网之间接入并网变流器，如图 5.12 所示。由图 5.12 可见，并网变流器需要由两个变流器以及直流环节构成。发电机侧变流器主要用于发电机的转速控制，以便实现风力发电机组功率的优化控制；电网侧变流器则主要用于恒频恒压控制，以便使风力发电机组能够并网运行。由于连接两个变流器的是中间直流环节，使发电机的转速可以根据功率给定随意调节，而不必受电网频率的约束。

采用变速恒频控制的风力发电机可以采用感应发电机，也可采用同步发电机。如果采用低速多极发电机与风轮直接耦合，还可以取消齿轮箱，使风力发电机组的结构得

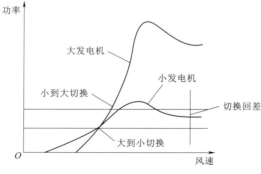

图 5.11　双速感应发电机的功率—风速特性

以简化，运行的可靠性也大大增强。

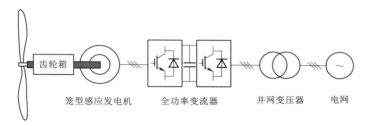

图 5.12 变速恒频控制的笼型感应发电机组

（2）笼型感应发电机。变速恒频控制风力发电机组采用的笼型感应发电机，在结构上与普通笼型感应电机基本相同，只是发电机设计时，需要注意到变速（变频）运行对发电机性能的影响。

笼型感应发电机的输出电功率与转差率之间的关系如图 5.13 所示。可以看出，感应发电机的正常运行范围基本上是在 0～A 范围内，在 A 点附近达到最大值后，随着转差率绝对值的增大，输出功率明显下降，这是因为发电机的无功电流和内部损耗增加得更快，使输出电功率不增反降。

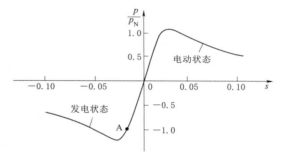

图 5.13 感应发电机的功率—转差率特性

5.3.1.2 电磁设计程序

电磁设计是电机设计的关键环节。电机的电磁设计通常是指根据有关国家标准和设计任务书的要求，参照生产实践经验，计算确定电机的主要尺寸、定转子槽配合及铁芯冲片槽型尺寸、定转子绕组设计、进行磁路计算、参数计算以及运行性能计算等。一般情况下，只有电磁设计完成后，才能进行电机的结构设计。

（1）电磁设计程序所依据的主要原理。笼型感应发电机进行电磁设计程序编制时，所依据的原理就是感应电机的等效电路，一般依据 Γ 形近似等效电路，如图 5.14（b）所示。实际上，笼型感应发电机的电磁设计程序就是围绕等效电路编制的。在选定铁芯 $C_1 = 1 + X_1/X_m$ 和绕组的基础上，通过磁路计算可以计算出励磁参数；通过参数计算可以计算出定转子漏阻抗参数；然后就可以利用等效电路计算出发电机的性能。与 T 形等效电路 ［图 5.14（a）］ 相比，利用 Γ 形近似等效电路进行设计计算时，计算工作有了很大简化，转子电流也具有令人满意的精度，但励磁电流和定子电流稍稍偏大。如果励磁电流和定子电流的计算偏差已经明显影响到性能计算精度，则应考虑采用 T 形等效电路。要想根据等效电路计算发电机的性能，需要预先计算确定等效电路中的各个参数。其中励磁电流 I_m 和励磁阻抗 $Z_m = R_m + jX_m$ 可通过磁路计算求出，定、转子漏阻抗参数 $Z_1 = R_1 + jX_1$ 和 $Z_2 = R_2 + jX_2$ 可利用磁链法通过参数计算求出。上述参数计算确定后，就可以根据等效电路计算出发电机额定运行情况下的定、转子电流，进而计算出发电机的各项运行性能。

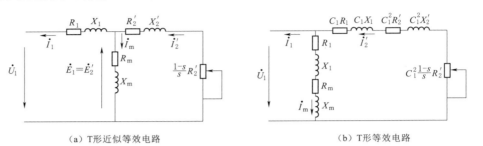

（a）T形近似等效电路　　　　　　　　　　（b）T形等效电路

图 5.14　感应发电机的等效电路

进行定、转子电流计算时，常常首先计算出各电流额定运行时的有功分量和无功分量，然后再分别计算出各电流的实际值。

图 5.15 所示为感应发电机的电流相量图。图中，$\dot{U}$ 为相绕组端电压；$\dot{I}_1$ 为定子电流；$\dot{I}_2$ 为转子电流；$\dot{I}_m$ 为励磁电流；$\dot{I}_P$ 为转子电流有功分量；$\dot{I}'_P$ 为定子电流有功分量；$\dot{I}_{Fe}$ 为励磁电流铁耗分量；$\dot{I}_X$ 为定子电流无功分量；$\dot{I}_\mu$ 为励磁电流磁化分量；$\dot{I}_2$ 为转子电流无功分量。由图 5.15 可以看出上述电流之间具有如下关系

$$\dot{I}_P = \dot{I}'_P + \dot{I}_{Fe}$$

$$\dot{I}_R = \dot{I}_X + \dot{I}_\mu$$

$$\dot{I}_2 = \dot{I}_P + \dot{I}_R$$

$$\dot{I}_1 = \dot{I}_P + \dot{I}_X$$

$$\dot{I}_m = \dot{I}_{Fe} + \dot{I}_\mu$$

$$\dot{I}_2 = \dot{I}_1 + \dot{I}_m \qquad (5.34)$$

发电机磁路计算、参数计算和性能计算的原理请参照本节的有关内容。

（2）电磁设计程序的结构与内容。根据以上原理分析，电磁设计程序应分为以下部分，并按以下顺序进行计算：

1）额定数据：可根据有关国家标准和设计任务书确定，包括额定功率、额定电压、频率调节范围和额定频率、转速调节范围和额定转速、绝缘等级、冷却方式、防护型式等。

2）定子铁芯和绕组：包括确定主要尺寸、定子槽数和槽形尺寸，确定定子绕组结构、选择和计算线规、电流密度等。

3）转子铁芯和绕组：包括确定转子槽数和槽形尺寸，确定转子笼型绕组结构和有关数据等。

4）磁路计算：计算每极磁通量，计算磁路

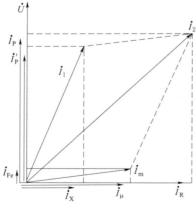

图 5.15　感应发电机的电流相量图

各部分的磁密、空载磁压降、饱和系数，确定空载电流和励磁阻抗等。

5）参数计算：计算确定定、转子电阻和漏电抗参数（包括定、转子槽漏抗，谐波漏抗，端部漏抗等）。

6）性能计算：计算确定定子电动势和额定转差率，计算确定发电机各项损耗和效率，计算稳态短路电流以及电压调整率等。

（3）计算精度。进行感应发电机的电磁设计时，有些物理量只有计算到一定阶段后才能确定下来，然而，往往在设计计算的初始阶段就需要这些物理量参与运算，这时，常需要根据经验先给出一个假定值，通过返工计算来最后确定之。

5.3.2 双馈感应发电机的设计

5.3.2.1 风力发电中应用的双馈感应发电机

在变速恒频控制的笼型感应发电机组的介绍中已知，为了实现风力发电机组的功率优化控制，必须使机组转速能够快速跟踪风速的变化。为此，只需在发电机与电网之间接入并网变流器，使发电机与电网之间解耦，就允许发电机变速运行了。这时，由于并网变流器通过的是发电机的全部输出功率，因此，变流器的容量较大、成本较高。

当变速恒频风力发电机组不需要大范围的变速运行，而只需要在一定的范围内实现变速控制时，可选择双馈感应发电机。双馈感应发电机的定子绕组直接与电网相连，用于变速恒频控制的变流器接到发电机转子绕组与电网之间。这时，需要对双馈感应发电机实行转数和转矩的四象限控制。采用双馈感应发电机的变速恒频风力发电机组的构成如图 5.16 所示。

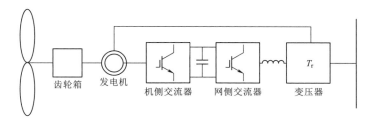

图 5.16　采用双馈感应发电机的变速恒频风力发电机组的构成

1. 双馈感应发电机的基本结构

双馈感应发电机的定子结构与笼型感应发电机基本相同。两者在结构上的区别主要表现在转子绕组结构的不同，前者为绕线型转子绕组，后者为笼型短路绕组。绕线型转子绕组的结构与定子绕组没有区别，也是用绝缘导线绕制成线圈后嵌入转子铁芯槽中，其相数和极数都与定子绕组相同。为了改善转子的动、静平衡，常采用波绕组，三相绕组大多采用 Y 接法。

为了使三相转子绕组与外部控制电路即变流器并网相连接，需要在非轴伸端的轴上装设三个集电环，将转子绕组的三个出线端分别接到三个集电环上，再通过电刷引出。双馈感应发电机的定、转子绕组的接线示意图如图 5.17 所示。

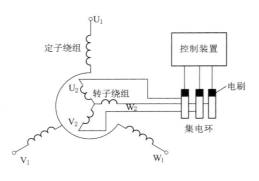

图 5.17　双馈感应发电机的定、转子
绕组接线示意图

集电环和电刷是双馈感应发电机的
薄弱环节，需要经常维护和检修。能否
使双馈感应发电机实现无刷化呢？应该
说，这是一个令人期待的课题。

2. 双馈感应发电机运行原理

双馈（绕线转子）感应发电机的运
行原理与笼型感应发电机相似，只是由
于转子使用了绕线型绕组，才使之可以
实现双馈运行。双馈就是电机的定子和
转子都可以馈电的运行方式，而馈电一
般是指电能的有方向传送。对于双馈感

应发电机来说，定、转子的馈电方向都是可逆的，在定子边，当电能的传送方向为
电机—电网方向时，电机为发电机运行，反之则为电动机运行；在转子边，在电机
侧变流器的控制下，电能传送的方向也是可逆的。因此，双馈感应发电机的运行状
态可以用功率传递关系来加以说明，如图 5.18 所示。图中，P 为发电机的输出功
率、s 为转差率、sP 为转差功率，$\dot{U}_{\mathrm{f}}$ 为变流器的电机侧电压。为了清楚起见，分
析时不计发电机和变流器的损耗。

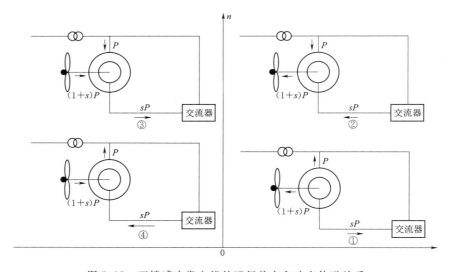

图 5.18　双馈感应发电机的运行状态和功率传递关系

采用双馈发电机时，需要控制的只是转差功率 sP，正常运行时，转差功率一
般不超过发电机额定功率的 30%，使变速恒频双馈感应发电机组的控制成本大为降
低，这也是双馈感应发电机在大型发电机组中的应用日益广泛的主要原因。

可以看出，双馈感应发电机并网运行时，可以有 5 种运行状态。第 Ⅰ 象限的图
①、②为电动机运行状态，其中，图①为亚同步电动机状态，在这种状态下，定子
从电网输入电功率 P，其中，大部分 $(1-s)P$ 转换成机械功率从轴上输出，另一

部分转差功率 sP 通过变流器馈入电网；图②为超同步电动机状态，在这种状态下，定子从电网输入电功率 P，转子通过变流器从电网输入转差功率 sP。两者之和（$1+s$）P 都转换成机械功率从轴上输出。处于电动机运行状态的风力发电机组实际上变成了一台巨大的风扇，需要消耗电网的电能，风力发电机组不应运行在这一状态。

第 Ⅱ 象限的图③、④为发电机运行状态，其中，图③为超同步发电机状态，在这种状态下，发电机从风轮输入机械功率（$1+s$）P，其中，大部分转换成电功率 P 从定子馈入电网，另一部分转差功率 sP 通过变流器馈入电网；图④为亚同步发电机状态，在这种状态下，发电机从风轮输入机械功率（$1-s$）P，转子通过变流器从电网输入电功率 sP，两者之和 P 都转换成电功率从定子端口馈入电网。

发电机的电磁制动状态应处于第 Ⅳ 象限（图中未画出），这种状态时，定子从电网输入电功率，转子从轴上吸收机械功率（$s-1$）P，两者之和全部转换成转差功率 sP 通过变流器馈入电网。由于电磁制动运行时，转差率 $s>1$，要求变流器容量大于发电机的额定容量，因此，双馈感应发电机不允许运行在这一状态。

3. 运行特性

双馈感应发电机的定子绕组直接与电网相连，转子绕组通过集电环、电刷和变流器与电网相连。转子绕组的等效电路如图 5.19 所示。

根据图 5.19，可以写出双馈感应发电机的转子电流 I_2 的表达式为

$$\dot{I}_2 = \frac{\dot{U}_f - \dot{E}_{2s}}{R_2 + jX_{2s}} \qquad (5.35)$$

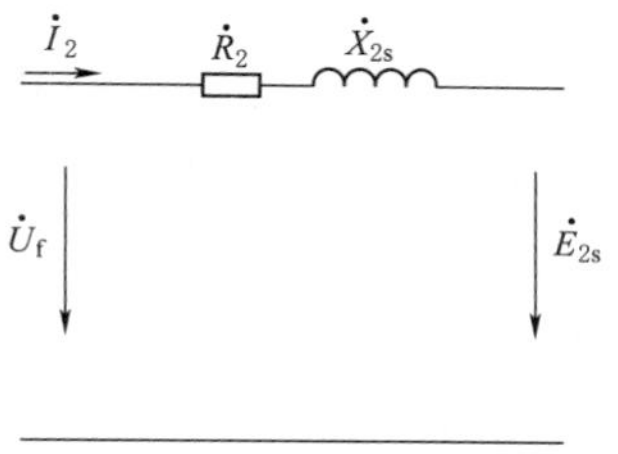

式中　$\dot{E}_{2s}$——转子的感应电动势，V，$E_{2s}=sE_2$，其中 s 为转差率，$\dot{E}_2$ 为转子绕组的开路电动势，V；

图 5.19　转子绕组等效电路

R_2——转子绕组每相电阻，Ω；

X_{20}——转差率为 s 时的转子每相绕组的漏电抗，$X_{2s}=sX_{20}$，其中 X_{20} 为 $s=1$ 时漏电抗，Ω。

可以看出，转子电流 $n_0''>n_0$ 的大小和相位不仅取决于 $\dot{E}_{2s}$，而且与电机侧变流器提供的励磁电压 $\dot{U}_f$ 有关。调节励磁电压 $\dot{U}_f$ 的幅值或相位，就可以改变转子电流和电磁转矩，也就调节了发电机的转速，并使双馈发电机工作于任意有功无功组合状态。

双馈感应电机的特性与笼型感应电机完全相同，对应的机械特性称为自然特性（参见图 5.20 中的曲线 1），转差率 s 的大小完全取决于负载的大小。作电动机运行时，转差率为正值，在 $0<s<1$ 的范围内变化。若减小电动机负载直至空载，则空载运行时的转差率 $s \approx 0$，转子电流 $I_2 \approx 0$，电机转速近似为同步转速，即 $n \approx n_0$。这时，如果在电机旋转方向上施加一个外力（例如由风轮施加的机械转矩），电机的转速就会超过同步转速，这时的转差率变为负值，感应电机变为发电机运行。所施加的外力越大（例如风速越大），转差率的绝对值越大，发电机的负载也就越大。

着重分析电机侧变流器的电压 $\dot{U}_f \neq 0$ 时的情况如下：

电机作电动机运行时，当减小 U_f 而使转子电流 I_2 减小时［式（5.35）］，由于电磁转矩减小，电动机的转速将有所下降，由于此时的机械特性曲线低于自然特性曲线，因此电机处于亚同步电动机运行状态（参见图 5.20 的曲线 2）。若减小电动机的负载直至空载，则空载转速 $n_0'<n_0$（亚同步）。这时，如果在电机旋转方向上施加一个外力（例如由风轮施加的机械转矩），电机的转速就会超过 n_0'，虽然这时电机的转差率仍在 $0<s<1$ 的范围内，但由于机械特性曲线已经进入第 Ⅱ 象限，电机已经变为发电机运行，即运行于亚同步发电机状态。所施加的外力越大（例如风速越大），转差率越小，发电机的负载也就越大。改变 U_f 就改变了 n_0'，也就改变了发电机的转速。U_f 的幅值越大，则发电机的转速越小。

增大 U_f 而使转子电流 I_2 增大时，感应电动机的电磁转矩（驱动性质）将随之增大，使机组的转速上升，由于此时的机械特性曲线高于自然特性曲线，因此电机处于超同步电动机运行状态（参见图 5.20 曲线 3）。若减小电动机的负载直至空载，则空载转速 $n_0''>n_0$（超同步）。这时，如果在电机旋转方向上施加一个外力（例如由风轮施加的机械转矩），电机的转速就会超过 n_0''，电机的机械特性曲线进入第 Ⅱ 象限，电机变为发电机运行，即运行于超同步发电机状态，此时的转差率为负值，即 $s<0$。所施加的外力越大（例如风速越大），转差率越小（绝对值越大），发电机的负载也就越大。改变 U_f 的幅值，就改变了 n_0''，也就改变了发电机的转速，其幅值越大，则发电机的转速越高。

显然，若改变变流器电压的相位，也同样可以调节发电机转速。

由于变流器容量（$0.3P_N$）的限制，使双馈感应发电机的转速调节范围受到了限制。然而，$s=\pm0.3$ 的调速范围已经基本满足了变速恒频风力发电机组对转速控制特性的要求，足够充分地体现出变速恒频机组的所有优点，正因如此，变速恒频双馈感应发电机组的应用比较广泛。

图 5.20 所示为双馈感应发电机的机械特性曲线，其中，曲线 1 为自然特性，曲线 2 为亚同步特性，曲线 3 为超同步特性。

5.3.2.2　电磁设计

1. 电磁设计所依据的基本原理

与笼型感应发电机一样，双馈感应发电机电磁设计所依据的基本原理仍然是其等效电路，如图 5.21 所示。

根据图 5.21 所示的等效电路，应用基尔霍夫定律，可以列出双馈感应发电机的基本方程式如下。

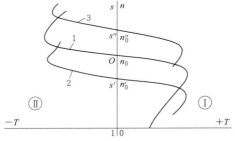

图 5.20　双馈感应发电机的机械特性曲线

$$\begin{cases} \dot{U}_1=\dot{E}_1-\dot{I}_1(R_1+\mathrm{j}X_1) \\ \dfrac{\dot{U}_2'}{s}=\dot{E}_2'+\dot{I}_2'\left(\dfrac{R_2'}{s}+\mathrm{j}X_2'\right) \\ \dot{E}_1=\dot{E}_2' \\ \dot{E}_1=\dot{I}_m(R_m+\mathrm{j}X_m) \\ \dot{I}_1=\dot{I}_2'-\dot{I}_m \end{cases} \quad (5.36)$$

双馈感应发电机的等效电路与笼型感应发电机的 T 形等效电路〔图 5.14（b）〕极为相似，只是由于两者转子绕组结构的不同，才引起了等效电路的不同。笼型感应发电机的转子绕组为笼型短路绕组，因此其输出端的短路电压为 0；而双馈感应发

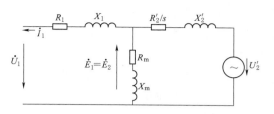

图 5.21 双馈感应发电机的等效电路

电机的绕线型转子绕组与外部变流器相连接，其端电压即为变流器的励磁电压 U_f。

等效电路中转子边的物理量已经折算到定子边，包括转子频率和转子绕组均已折算到定子边。关于频率折算可利用式（5.35）说明如下。

式（5.35）可改写为

$$\dot{I}_2 = \frac{\dot{U}_f - s\dot{E}_2}{R_2 + jsX_{20}} \tag{5.37}$$

将式（5.37）右边的分子、分母同时除以转差率 s，则上式变为

$$\dot{I}_2 = \frac{\dfrac{\dot{U}_f}{s} - \dot{E}_2}{\dfrac{R_2}{s} + jX_{20}} \tag{5.38}$$

比较式（5.36）和式（5.38）可以看出，从数学上来说，这种变换完全是等效的，然而，从物理概念上来说，变换前后却悄然发生了变化。也就是说，式（5.35）和图 5.19 中的频率为转差频率，而式（5.38）已经变换成与定子边相同的频率。再将式（5.38）中的各量折算到定子边，则与式（5.36）一致。

图 5.21 所示等效电路中的参数计算方法与笼型感应发电机完全相同。可通过磁路计算得到定子电动势 $\dot{E}_2$ 和励磁阻抗 Z_m，通过绕组设计和参数计算得到定、转子漏阻抗参数，然后，就可以利用图 5.21 所示的等效电路计算出双馈感应发电机的各项性能。显然，与笼型感应发电机相比，由于 U_f 的作用，使转子电流的计算变得复杂，也使双馈感应发电机的性能计算变得复杂了许多。详细情况请参照电磁设计程序的性能计算部分。

2. 电磁设计程序的结构与内容

根据以上原理分析，电磁设计程序应按以下顺序进行计算：

（1）额定数据：可根据有关国家标准和设计任务书确定：包括额定功率、额定电压、频率调节范围和额定频率、转速调节范围和额定转速、额定励磁容量、额定励磁电压、额定励磁电流、绝缘等级、冷却方式、防护型式等。

（2）定子铁芯和绕组：包括确定主要尺寸、定子槽数和槽形尺寸，确定定子绕组结构、选择和计算线规、电流密度等。

（3）转子铁芯和绕组：包括确定转子槽数和槽形尺寸，确定转子绕线型绕组的结构和有关数据等。

（4）磁路计算：计算每极磁通量，计算磁路各部分的磁密、空载磁压降、饱和

系数，确定空载电流和励磁阻抗等。

（5）参数计算：计算确定定、转子电阻和漏电抗参数（包括定、转子槽漏抗，谐波漏抗，端部漏抗等）。

（6）性能计算：计算确定定子电动势和额定转差率；计算确定额定励磁电压、额定励磁电流和额定励磁容量；确定发电机各项损耗和效率、计算稳态短路电流以及电压调整率等。

3. 计算精度

进行双馈感应发电机的电磁设计时，同样需要在计算过程中设置若干返工计算来保证设计程序的计算精度。

本计算程序中设置了三处返工计算：①饱和系数的返工计算；②电动势系数的返工计算；③额定转差率的返工计算。

4. 设计程序的调试

即使按设计程序一丝不苟地计算下去，也不太可能一帆风顺地一次完成发电机的电磁设计。这是因为在设计过程中，有些物理量无法一次性选定，而是需要事先假定（或预估）一个值，才能使整个计算工作继续下去，待计算工作进行到一定阶段后，即可根据电机学原理计算出该物理量。然而，即使计算过程准确无误，该计算值也未必恰好与假定值相符，有经验的设计师一般经过 1～2 次返工计算，就可以满足程序规定的误差要求。对于经验不足的设计人员来说，不断积累设计经验，掌握电机的设计原理和设计程序调试规律是十分重要的。即使采用 CAD 设计，这些经验和调试规律也是非常宝贵的。

常见的设计程序调试问题及简要说明如下：

（1）磁路计算发现磁密分布不够合理时。磁路计算的目的之一就是要校核电机磁密分布是否合理。如果发现磁密分布不够合理，显然是磁密过高（或过低）部分的磁路尺寸有问题。下面举例说明。

有一台发电机经磁路计算后，各部分的磁密分布情况见表 5.6。

表 5.6　　　　　　　　　　　风力发电机的磁密分布情况　　　　　　　　　　单位：T

气隙磁密	定子齿磁密	定子轭磁密	转子齿磁密	转子轭磁密
0.67	1.5	1.0	1.7	1.1

可以看出，其他部分磁路的磁密分布均属正常，只有转子齿磁密有些偏高。显然，转子齿磁密高的原因是转子齿部截面偏小。如果增大齿宽，势必要减小槽宽，因此，有必要对槽内导体的尺寸、电流密度、绝缘厚度等重新进行调整，必要时还需调整转子槽深等。

可见，在确定定、转子铁芯内外径、铁芯长度、槽数、槽型及其尺寸时，最好参考已有电机的成功经验，避免走弯路。

现代电机设计时，对磁密分布的合理性分析往往进一步细化，以便进一步提高电机的性能，这时，常采用有限元数值法来求得解答。

（2）关于饱和系数和电动势系数的返工计算。在电机电磁设计计算程序中，饱和系数的返工计算次数最多，这是因为饱和系数的返工计算包含在电动势系数的返工计算之中，不仅需要在饱和系数的小循环中进行迭代计算，当电动势系数需要进行返工计算时，由于每极磁通量的改变，导致气隙磁密和定、转子齿磁密随之变化，必然使定、转子齿部的饱和程度发生改变，因此，引起饱和系数小循环中的迭代计算将是不可避免的。如果这部分迭代计算的收敛比较困难，可预先设定一个稍大些的允许误差，待计算顺利通过后，再减小允许误差至规定值。

5.4　风力发电机组用同步发电机设计

5.4.1　风力发电机组用同步发电机

1. 同步发电机与变速恒频风力发电机组

对于大、中容量的发电机，同步发电机的性能明显优于感应发电机，主要表现在以下方面：

（1）感应发电机必须从电网吸收感性无功电流来励磁，加重了电网在无功功率上的负担，如果采用电力电容器作功率因数补偿，则需要经过精心的计算，否则存在发生谐振的可能，那是相当危险的；而同步发电机可以通过调节励磁来调节功率因数，功率因数可以等于1也可以超前，甚至可以专门做调相机使用。

（2）感应发电机的效率较低，除了励磁损耗较大（励磁电流占额定电流的20%以上）之外，转差率较大时转子的转差损耗很大（近似与转差率成比例）；而同步发电机的励磁损耗很小（占额定功率的1%～2%），特别是采用永磁体励磁时更是省去了励磁损耗，使发电机的效率明显提高。

（3）作为并网运行的发电机，感应发电机供电质量的可控性不如同步发电机。例如，感应发电机的励磁电流不能调节，而同步发电机通过调节励磁电流可以实现电压调节、无功功率调节、强励等功能。

同步发电机在多种能源发电等领域中获得了广泛应用。然而，早期应用于风力发电时却并不理想。同步发电机直接并网运行时，转速必须严格保持在同步转速，否则就会引起发电机的电磁振荡甚至失步，同步发电机的并网技术也比感应发电机的要求严格得多。然而，由于风速的随机性，使发电机轴上输入的机械转矩很不稳定，风轮的大惯性也使发电机的恒速恒频控制十分困难，不仅并网后经常发生无功振荡和失步等事故，而且在开始并网时也很难满足并网条件的要求，常发生较大的冲击甚至并网失败。这就是长时间以来，风力发电中很少应用同步发电机的原因。

近年来，随着电力电子技术和计算机控制技术的快速发展，全功率控制型风力发电机组开始使用同步发电机，特别是直驱式永磁同步发电机的应用日趋广泛。直驱式永磁同步发电机的特点是多极数、低转速，风力发电机组省去了中间变速机构，由风轮直接驱动发电机运行。采用变桨距技术可以使桨叶和风力发电机组的受力情况大为改善，然而，要想使变桨距控制的响应速度能够有效地跟踪风速的变化是困难的。为了使机组转速能够快速跟踪风速的变化，以便实行最佳叶尖速比控制，必须对发电机实施直接转矩控制。与全功率控制的感应发电机组一样，只需在同步发电机与电网之间接入变流器，使发电机与电网之间解耦，就允许发电机变速运行了。

2. 基本结构

同步发电机的定子结构与感应发电机基本相同，转子结构与感应发电机转子有明显不同。

 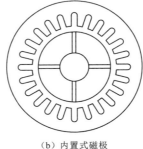

（a）表面式磁极　　　　　　（b）内置式磁极

图 5.22　转子结构型式

按励磁方式的不同，同步发电机可分为电励磁同步发电机和永磁同步发电机。电励磁同步发电机又可按转子磁极结构的不同分为隐极式和凸极式两类，如图 5.22 所示。隐极式转子为圆柱形，气隙均匀，励磁绕组为同心式绕组，嵌放在转子铁芯槽内，在大齿部分形成磁极。

凸极式转子因有明显凸出的磁极而得名，气隙一般不均匀，磁极中心线处的气隙最小，两个极尖处的气隙最大，励磁绕组为集中式绕组，直接套装在磁极铁芯的极身上。高转速发电机宜采用隐极式磁极结构，低转速发电机一般采用凸极式磁极结构。永磁同步电机的永磁体磁极主要有表面式磁极结构［图 5.22（a）］和内置式磁极结构［图 5.22（b）］两类。表面式就是将永磁体贴敷在转子铁芯表面，构成磁极，永磁体的磁化方向为径向。内置式是指将永磁体置于转子铁芯内部预先开好的槽中，并构成磁极，永磁体的磁化方向可以为径向，也可以为切向，还可以采用既有径向、又有切向的混合式磁极结构。表面式磁极结构主要适用于低转速的场合，例如直驱式风力发电机等。

混合励磁同步发电机是一种既有电励磁磁极又有永磁磁极的同步发电机，可以通过调节励磁电流来调节其主磁场的大小，因此，可以用来调节发电机的无功功率，也在一定程度上提高了发电机的过载能力。混合励磁同步发电机的磁极结构比较复杂，目前仍处于研究阶段。

低速永磁同步发电机的极数很多，可以考虑采用反装式结构，将电枢铁芯和电枢绕组作为内定子，而永磁体磁极作为外转子。反装式结构使永磁磁极的安排空间有了一定程度的缓解。这时，由于电动机轴静止不动，也在一定程度上提高了发电机运行的可靠性。把风轮的轮毂与外转子设计成一体化结构，还可以使风力发电机组的结构更为紧凑合理。采用低速永磁同步发电机的风力发电机组一般采用全功率变速恒频控制，由于发电机已经与电网解耦，发电机的转速不再受电网频率的约束，这就给发电机的设计增加了很大的自由度。例如，当风力发电机组采用直驱式结构，机组的额定转速为 15r/min，如果将永磁同步发电机的额定频率设定为 10Hz，发电机的极数仅为 80 极，可以说，这是一个在技术上容易通过的方案，因此永磁直驱风力发电机正在广泛应用在风力发电领域。

5.4.2 电磁设计

1. 电磁设计所依据的基本原理

（1）等效磁路及永磁体工作点计算。永磁电机内部的磁场分布十分复杂，要想准确计算比较困难。近年来，利用有限元法直接求取电机磁场的数值解已经可以获得较为满意的结果。

为了简化电机磁场的分析计算，工程上也常常采用等效磁路的方法来进行求解。在永磁同步电机的等效磁路中，可以把永磁体等效成恒磁通源，也可等效成恒磁动势源。图 5.23 分别示出了两种情况下永磁同步发电机的等效磁路。

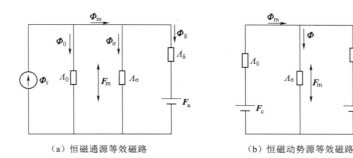

（a）恒磁通源等效磁路　　　　　（b）恒磁动势源等效磁路

图 5.23　永磁同步发电机等效磁路

图 5.23（a）所示即为永磁同步发电机的空载等效磁路。图中，Φ_r 为永磁体虚拟内禀磁通，当永磁体牌号和尺寸给定后，它是一个常数；Φ_m 为永磁体向外磁路提供的每极总磁通；Φ_0 为永磁体的虚拟内漏磁通；Φ_σ 为外磁路的漏磁通；Φ_δ 为每极气隙磁通；Λ_0 为永磁体的内磁导；Λ_σ 为外磁路的漏磁导；Λ_δ 为气隙磁导；F_m 为每对极磁路中永磁体两端向外磁路提供的磁动势；F_a 为每对极磁路中的电枢磁动势；F_c 为永磁体磁动势源的计算磁动势，当永磁体牌号和尺寸给定后，它是一个常数。显然，当电枢磁动势 $F_a = 0$ 时，图 5.23（b）所示即为永磁同步发电机的空载等效磁路。

根据等效磁路，可以导出永磁体空载工作点和负载工作点的计算公式，即

空载工作点

$$\begin{cases} b_{m0} = \varphi_{m0} = \dfrac{\lambda_n}{\lambda_n + 1} \\ h_{m0} = f_{m0} = \dfrac{1}{\lambda_n + 1} \end{cases} \tag{5.39}$$

负载工作点

$$\begin{cases} b_{mN} = \varphi_{mN} = \dfrac{\lambda_n(1 - f')}{\lambda_n + 1} \\ h_{mN} = f_{mN} = \dfrac{\lambda_n f' + 1}{\lambda_n + 1} \end{cases} \tag{5.40}$$

其中　　　　　　　　　　　　　　　　$f' = f_{ad}/\sigma_0$

式中　　b_{m0}——空载时表面的磁密标幺值；

　　　　φ_{m0}——空载时永磁体向外磁路提供的总磁通标幺值；

　　　　h_{m0}——空载时永磁体去磁磁动势标幺值；

　　　　f_{m0}——空载时永磁体向外磁路提供的磁动势标幺值；

　　　　b_{mN}——负载时永磁体表面的磁密标幺值；

　　　　φ_{mN}——负载时永磁体向外磁路提供的总磁通标幺值；

　　　　h_{mN}——负载时永磁体去磁磁动势标幺值；

　　　　f_{mN}——负载时永磁体向外磁路提供的磁动势标幺值；

　　　　λ_n——外磁路合成磁导的标幺值；

　　　　σ_0——空载漏磁系数；

　　　　f_{ad}——每极直轴电枢磁动势标幺值。

　　实际上，空载工作点的确定是通过返工计算来实现的。在确定永磁体尺寸后，先根据经验假定一个空载工作点，经磁路计算计算出外磁路合成磁导 λ_n 后，利用式（5.39）计算出永磁体空载工作点的计算值，如果该计算值与假定的预估值不一致，则重新预估并按上述步骤返工重算，直至两者之间的误差满足设计要求。

　　空载时永磁体提供的总磁通为

$$\Phi_{m0} = b_{m0}B_rA_m \tag{5.41}$$

　　空载漏磁通为

$$\Phi_{\sigma0} = h_{m0}\lambda_\sigma B_rA_m \tag{5.42}$$

　　空载时的每极气隙磁通为

$$\Phi_{\delta0} = (b_{m0} - h_{m0}\lambda_\sigma)B_rA_m \tag{5.43}$$

　　磁路计算和电枢反应磁动势计算完毕后，即可利用式（5.40）计算出永磁体的负载工作点。负载工作点（b_{mN}，h_{mN}）确定后，可以按以下公式计算出发电机中各个磁通：

　　负载时永磁体提供的总磁通为

$$\Phi_{mN} = b_{mN}B_rA_m \tag{5.44}$$

　　负载漏磁通为

$$\Phi_{\sigma N} = h_{mN}\lambda_\sigma B_rA_m \tag{5.45}$$

　　负载时的每极气隙磁通为

$$\Phi_{\delta N} = (b_{mN} - h_{mN}\lambda_\sigma)B_rA_m \tag{6.46}$$

　　（2）同步电机的相量图。进行同步电机性能的分析计算时，可以利用同步电机的等效电路，但应用更多的还是相量图，这是因为相量图中各物理量的相位关系和大小关系更为清晰。对于表面式永磁同步电机对外显示出隐极特性，其交直轴磁导一般相等。隐极式永磁同步发电机的相量图如图 5.24 所示。

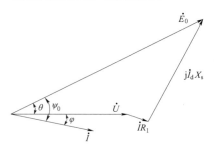

图 5.24　隐极式永磁同步发电机的相量图

图 5.24 中，$\dot{E}_0$ 为励磁电动势，对永磁发电机也称为永磁电动势，是转子主磁场在电枢绕组中感应的电动势；$\dot{U}$ 为发电机的输出相电压；$\dot{I}$ 为发电机的输出相电流；X_s 为同步电抗，是同步发电机的一个重要参数，它综合表征了同步发电机稳态运行时的电枢磁场效应 X_a 和电枢漏磁场效应 X_σ，并且有 $X_s = X_a + X_\sigma$；R_1 为电枢绕组的每相电阻。

而对于内置式永磁同步发电机常常显现出凸极特性，也就是说，其交、直轴磁导一般是不对称的，因此，交轴电枢反应电抗 X_{aq} 与直轴电枢反应电抗 X_{ad} 也是不相等的，而且常常是 $X_{aq} > X_{ad}$，凸极式永磁同步发电机的相量图如图 5.25 所示。

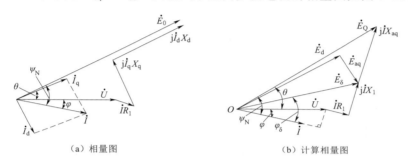

(a) 相量图　　　　　　　　(b) 计算相量图

图 5.25　凸极式永磁同步电机的相量图

凸极式同步发电机性能计算时，常常需要首先将电枢电流分解成交轴和直轴两个分量，为此，需要首先计算出发电机额定运行时的内功率因数角。内功率因数角就是励磁电动势与电枢电流之间的相位差角，如图 5.25（a）所示。可根据图 5.25（a）所示的相量图导出如图 5.25（b）所示的相量图，再导出计算 U，即

$$U = \sqrt{(E_\delta \sin\varphi_\delta - I_N X_1)^2 + (E_\delta \cos\varphi_\delta - I_N R_1)^2} \qquad (5.47)$$

式中　E_δ——气隙电动势；

　　　I_N——额定电枢电流；

　　　X_1——电枢漏抗；

　　　R_1——电枢电阻；

　　　φ_δ——气隙电动势与电枢电流之间的相位差角。气隙电动势 E_δ 为

$$E_\delta = 4.44 f N K_{dp1} \Phi_{\delta N} K_\Phi \qquad (5.48)$$

式中　$\Phi_{\delta N}$——发电机额定运行时的每极气隙磁通量。

然后，就可以进一步计算出发电机的各项性能。

（3）发电机的性能计算。发电机的固有电压调整率为

$$\Delta U = \frac{E_0 - U}{U_N} \times 100\% \qquad (5.49)$$

其中

$$E_0 = 4.44 f N K_{dp1} \Phi_{\delta 0} K_{\Phi 0} \qquad (5.50)$$

式中　E_0——发电机的空载励磁电动势；

　　　$\Phi_{\delta 0}$——发电机空载运行时的每极气隙磁通量；

　　　$K_{\Phi 0}$——空载气隙磁通的波形系数。

发电机的短路电流倍数为

$$I_k^* = \frac{4.44(\lambda_n - \lambda_\sigma)fNK_{dp1}B_rA_m}{4.44fN(1+\lambda_\sigma)\lambda_nf'B_rA_m + (1+\lambda_n)K_\Phi I_N\sqrt{R_1^2 - \overline{X}_{aq}^2\cos^2\psi_k + X_1^2}}$$

(5.51)

式中　ψ_k——发电机发生稳态短路时的内功率因数角；

K_{dp1}——绕组因数；

K_Φ——气隙磁通的波形系数。

发电机的永磁体最大去磁工作点校核公式为

$$b_{mh} = \varphi_{mh} = \frac{\lambda_n(1-f_k')}{\lambda_n + 1}$$

(5.52)

$$h_{mh} = f_{mh} = 1 - b_{mh}$$

其中　　　　　　　　　　　$f_k' = I_k^* f'$

发电机的损耗与效率计算与其他类型发电机相似，不再赘述。

2. 电磁设计特点

(1) 电磁设计程序的结构与内容。永磁同步发电机的电磁设计程序与电励磁同步发电机有很多相似之处，甚至与感应发电机也有一些相似之处。为了便于读者阅读和对照，与其他交流发电机相似的内容也重复列出，而对不同的内容作了重点说明。低速永磁同步发电机的电磁设计程序分为以下部分，并按以下顺序进行计算：

1) 额定数据：可根据有关国家标准和设计任务书确定：包括额定功率、额定电压、频率调节范围和额定频率、转速调节范围和额定转速、绝缘等级、冷却方式、防护型式等。

2) 永磁转子设计：包括确定主要尺寸、细长比、转子铁芯尺寸，极弧系数以及永磁体磁极设计等。

3) 定子铁芯和绕组设计：包括定子槽数和槽形尺寸，确定定子绕组结构、选择和计算线规、电流密度等。

4) 磁路计算：计算每极磁通量，计算磁路各部分的磁密、空载磁压降、漏磁系数，计算确定主磁导、漏磁导、永磁体空载工作点等。

5) 参数计算：计算定子电阻和漏电抗参数（包括定、转子槽漏抗，谐波漏抗，端部漏抗，齿顶漏抗等），计算交、直轴电枢反应电抗和交、直轴同步电抗，内功率因数角，计算永磁体负载工作点等。

6) 性能计算：计算永磁电动势、额定端电压以及固有电压调整率，计算损耗和效率，计算额定状态下稳态短路电流以及最大去磁工作点校核计算等。

(2) 计算精度。与感应发电机的电磁设计时一样，低速永磁同步发电机电磁设计时，有些物理量只有计算到一定阶段后才能确定下来，然而，往往在设计计算的初始阶段就需要这些物理量参与运算，这时，常需要根据经验先给出这些物理量的假定值，再通过返工计算来最后确定之。

附录中的计算程序中设置了三处返工计算，以保证电磁设计的计算精度，具体为：①空载工作点的循环计算；②空载磁通的循环计算；③输出电压的循环计算。

思　考　题

1. 描述三相交流电如何在电机中形成旋转磁场。

2. 描述发电机面对载荷变化时对磁极的影响（说明电枢反应、励磁、频率对电抗的影响）。

第 5 章
教学实践

永磁同步
发电机

第6章　永磁同步发电机

6.1　概　　述

根据机电转换原理，永磁同步电动机都可以作为永磁同步发电机运行，但由于发电机和电动机两种运行状态下对电机的性能要求不同，而用风轮直接驱动的永磁同步发电机的性能要求就更不同了，它前面连接风轮，后面连接变流器。它的磁路结构、参数分析和性能计算有许多特点，本章对这些特点进行分析和讨论。

低速永磁同步发电机具有许多优点，例如：由于省去了励磁绕组和容易出问题的集电环和电刷，其结构简单、装配费用低，运行更为可靠；采用含稀土材料的钕铁硼永磁体后可以增大气隙磁通密度（简称"磁密"），可以把电机设计到适合风力发电机组的转速，提高功率质量比；由于没有励磁损耗，因而电机效率得以提高；处于直轴磁路中的永磁体磁导率很小，直轴电枢反应电抗较电励磁同步发电机小得多，因而固有电压调整率比电励磁同步发电机小得多。由于风力发电机组变转速运行，故这一特性对风电机组影响不大。风轮切入转速一般是额定转速的一半左右。由于直驱风电机组功率可以很大，随着功率的增大，风轮直径也必然增大，而风轮转速变小，因此风电机组用永磁同步发电机转速随功率增加而变小。然而，永磁直驱发电机的重量与体积也增大，气隙直径也必然会增加。一般永磁同步发电机多以永磁直驱形式，就是风轮直接连接电机主轴。目前只有5MW的永磁同步发电机采用一到两级的行星轮进行增速，也称永磁半直驱形式。其他形式基本没有市场规模，现有的风电机组用永磁同步发电机一般都是低速永磁同步发电机。

用于大功率机组的转速很低，例如额定功率为500W，风轮直径为2.5m的永磁直驱风力发电机额定转速只有500r/min，额定功率为1.5MW，风轮直径为77m的永磁直驱风力发电机只有17.5r/min。因此要求电机内永磁体必须有很高的剩磁，目前永磁体一般都是用钕铁硼，其磁体磁导率和空气磁导率相近，电机中的气隙宽度都比较大。一般小的永磁直驱风力发电机，如1kW的电机气隙宽度已有3mm，兆瓦级的电机一般在5mm以上。

永磁同步发电机的缺点是：制成后难以调节磁场以控制其电压和功率因数。但目前有些机组变流器采用可控整流、改变载荷电流时空关系和转速的配合来调整机组需要的电压及功率因数。上述方法在永磁直驱风力发电机组中得到使用。

6.2　永磁体及磁路计算

6.2.1　磁性的来源

1. 磁性材料的分类

（1）逆磁性材料。逆磁性材料是原子无磁矩或原子有磁矩而原子组成的分子无磁矩，在外加磁场作用下获得与外磁场方面相反的弱磁性，其磁化率小于零。这类材料包括惰性气体、大部分有机化合物、石墨以及若干金属等。

（2）顺磁性材料。磁矩间相互混乱排列，且在热运动作用下，每一磁矩的空间取向不断变化的为顺磁性材料。在外磁场作用下，顺磁性材料呈现出十分微弱的磁性，且磁化强度方向与外磁场方向相同，磁化率大于零，一般为 $10^{-8} \sim 10^{-5}$。铝、镁等属于这类材料。

（3）反铁磁材料。磁性电子的旋转磁矩相互平行抵消，不显示磁性的材料为反铁磁材料。当外加磁场时，各原子磁矩勉强地转向外磁场方向，由于它们的磁矩没有完全消失，显示出较弱的磁性，其磁化率大于零，一般为 $10^{-5} \sim 10^{-3}$。铬、锰等属于这类材料。

（4）亚铁磁材料。磁性磁矩不相互抵消，显示一定磁性的材料为亚铁磁材料。被广泛使用的铁氧体就是亚铁磁材料。

（5）铁磁性材料。磁性磁矩平行排列，显示很强磁性的材料为铁磁材料，包括铁、镍、钴及其合金和某些稀土元素的合金化合物。其特点是在相当弱的磁性作用下也能磁化，其磁化率大于零，一般为 $10^{-3} \sim 10^{-1}$，当温度高于某一限值时其磁性消失。现在永磁发电机中所使用的磁性材料就是这类铁磁性材料。

2. 磁路与电路的区别

磁路与电路之间存在一定的类比关系，见表6.1。电路是有限范围的电场，磁路是有限范围的磁场。不难看出，在电路中，基尔霍夫第一定律、基尔霍夫第二定律和欧姆定律实际上是电流连续性定律、电磁感应定律和成分方程在电路中的表达形式，而电流连续性定律、电磁感应定律和成分方程又是基尔霍夫第一定律、基尔霍夫第二定律和欧姆定律在电场中的表达形式。在磁路中，基尔霍夫第一定律、基尔霍夫第二定律和欧姆定律实际上是磁通连续性定律、安培环路定理和成分方程在磁路中的表达形式，而磁通连续性定律、安培环路定理和成分方程又是基尔霍夫第一定律、基尔霍夫第二定律和欧姆定律在磁场中的表达形式。

必须指出，由于磁路与电路物理本质不同，两者存在一定的差别，具体表现如下：

（1）电路可以有电动势无电流，磁路中有磁动势就必须有磁通。

（2）电路中有电流就有功率损耗 I^2R，磁路中有磁通不一定有损耗，恒定磁场无损耗，交变磁场有涡流损耗和磁滞损耗。

表 6.1　　　　　　　　　　　磁路与电路的类比关系

物　理　量		基　本　定　律		
磁路	电路	定律	磁路	电路
磁动势 F	电动势 E	欧姆定律	$\Phi = \dfrac{F}{F_m}$	$I = \dfrac{U}{R}$
磁通 Φ	电流 I	基尔霍夫第一定律	$\sum \Phi = 0$	$\sum I = 0$
磁阻 R_m	电阻 R			
磁导 Λ	电导 G	基尔霍夫第二定律	$\sum N_I = \sum H_l = \sum = \Phi R_m$	$\sum E = \sum IR$

（3）导体的电导率比绝缘体的电导率大 10^{20} 倍，电流只在导体（电路）中流过；导磁材料的磁导率比非导磁材料的磁导率只大 $10^3 \sim 10^4$ 倍，磁通不是全部在磁路中流过，还有一部分漏磁通在磁路以外流过。

（4）电路中电阻率通常不随着电流的变化而变化，电阻为常值，电压降为线性变化，计算时可以应用叠加原理；磁路中磁导率随着磁通密度的变化而变化，磁阻随着饱和程度的增加而增大，磁通是非线性的，计算时不能用叠加原理。

磁路与电路仅是一种数学形式上的类似，而不是物理本质的相似。

3. 电机常用的铁磁材料

电机的铁芯常用铁磁材料制成，由于磁导率较高，在一定的励磁磁动势作用下能激励较强的磁场，可以缩小尺寸，减轻重量，改善性能。

4. 铁磁物质的磁化

铁磁物质包括铁、镍、钴等以及它们的合金。将这些材料放入磁场后，磁场会显著增强。在外磁场作用下铁磁材料呈现很强磁性的现象称为铁磁物质的磁化。磁化是铁磁材料的特性之一。

铁磁物质能被磁化，是因为其内部存在着许多很小的天然磁化区，称为磁畴。磁畴可以用一些小磁铁来示意，当没有外磁场作用时，这些磁畴是杂乱无章的，其磁效应互相抵消，故对外不呈现磁性；一旦将铁磁物质放入磁场，磁畴的轴线在外磁场的作用下将趋于一致，由此形成一个附加磁场，叠加在外磁场上，而使磁场大为增强。在同一磁场强度激励下，磁畴所产生的附加磁场要比非铁磁物质的磁场强得多，所以铁磁材料的磁导率要比非铁磁材料大得多。非铁磁材料的磁导率接近于真空的磁导率 μ_0，$\mu_0 = 4\pi \times 10^{-7} \, \text{H/m}$。为一常值。电机中常用铁磁材料的磁导率为 $\mu_{\text{Fe}} = (2000 \sim 6000)\mu_0$，是一种非线性介质。

5. 磁化曲线

（1）起始磁化曲线。在非铁磁材料中，磁通密度 $\boldsymbol{B}$ 和磁场强度 $\boldsymbol{H}$ 之间成直线关系，其斜率为 μ_0；而铁磁材料的 $\boldsymbol{B}$ 与 $\boldsymbol{H}$ 之间关系为曲线关系 $\boldsymbol{B} = f(\boldsymbol{H})$，该曲线称为磁化曲线。将一块尚未磁化的铁磁材料进行磁化，此时的磁化曲线称为起始磁化曲线，如图 6.1 所示。

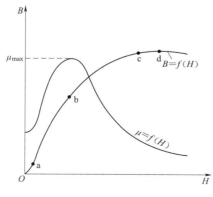

图 6.1　铁磁材料的起始磁化曲线

起始磁化曲线基本上可分为四段：在 Oa 段，因开始磁化时外磁场较弱，磁通密度增加缓慢；在 ab 段，随着外磁场的增强，材料内部的大量磁畴开始转向，越来越多地趋向于外磁场方向，此时 B 值增加迅速；在 bc 段，大部分磁畴已趋向外磁场方向，可转向的磁畴越来越少，随着外磁场的继续增加，B 值增加越来越慢，这种现象称为饱和；饱和后，材料内部所有的磁畴都转向完毕，磁化曲线基本上成为直线，与非磁性材料的 $B = \mu_0 H$ 特性曲线相平行，如 cd 段所示。磁化曲线开始拐弯的 b 点称为膝点，a 点称为踝点，c 点称为饱和点。

设计时，通常把铁芯内的工作磁通密度选择在膝点上方附近，既不过分增大励磁磁动势，又在主磁路内得到较大的磁通量。

由于铁磁材料的磁化曲线不是一条直线，所以 $\mu_{Fe} = B/H$ 也随 H 值的变化而变化，曲线 $\mu_{Fe} = f(H)$ 同时画在图 6.1 中。

（2）磁滞回线。将铁磁材料进行周期性磁化，如图 6.2 所示。当 H 开始从零增加到 H_m 值时，B 值开始从零增加到 B_m；然后逐渐减小磁场强度 H，B 值将不沿原曲线下降，而沿曲线 ab 下降；当 $H = 0$ 时，B 值并不等于零，而等于 B_r；去掉外磁场之后，铁磁材料内仍然保留的磁通密度，称为剩余磁通密度，简称剩磁；再逐渐加上反向外磁场后，B 值继续下降，当 B 值等于零时，所加反向磁场强度 H_c 称为矫顽力，铁磁材料所具有的这种磁通密度 B 的变化滞后于磁场强度 H 变化的现象，称为磁滞；继续加大反向磁场强度到 $-H_m$ 时，B 值达到 $-B_m$，逐渐减小反向磁场强度到 $H = 0$ 时，B 值为反向剩磁

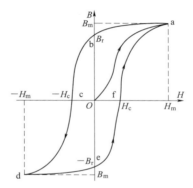

图 6.2 铁磁材料的磁滞回线

B_m；再加正向磁场强度到 H_c 时，铁磁材料内 B 值为零；正向磁场强度继续增加到 H_m 时，B 值再度增加到 B_r。这样形成闭合的 $B - H$ 回线，称为磁滞回线，如图 6.2 所示的 abcdefa 曲线。由此可见，铁磁材料的磁化过程是不可逆的。磁滞现象是铁磁材料的另一个特性，B_r 和 H_c 是铁磁材料的两个重要参数。

（3）基本磁化曲线。以不同的磁场 H_m 对同一铁磁材料进行反复磁化，可得一系列大小不同的磁滞回线。如果将各磁滞回线的顶点连接起来，可和起始磁化曲线一样，称为基本磁化曲线，也称为平均磁化曲线。基本磁化曲线与起始磁化曲线差别不大，计算直流磁路时都采用基本磁化曲线。

6. 铁磁材料及其他永磁材料

按照磁滞回线形状的不同，铁磁材料可分为软磁材料和硬磁材料两大类。

软磁材料指磁滞回线窄，剩磁 B_r 和矫顽力 H_c 都小的材料。常用的软磁材料有铸铁、钢和硅钢片等。软磁材料的磁导率高，故用来制造电机和变压器的铁芯。

硬磁材料指磁滞回线宽，B_r 和 H_c 都大的材料。由于剩磁 B_r 足够大，可用来制造永久磁铁，因而硬磁材料也称为永磁材料。永磁材料通常用剩磁 B_r、矫顽力 H_c 和最大磁能积 $(BH)_{max}$ 三项指标来表征磁性能。一般的，三项指标越大，就表

示材料的磁性能越好。

钕铁硼永磁材料是 20 世纪 80 年代后期研制成的一种永磁材料，其磁性能优于稀土钴，且价格较低廉；不足之处是允许工作温度较低，大多为 $180°$ 以下，因而其应用范围受到一定限制。在选择永磁材料时，首先要考虑满足允许工作温度、温度系数、稳定性、机械加工和价格等方面的要求，然后尽可能选用 H_c 和 $(BH)_{max}$ 大的永磁材料，现代永磁直驱风力发电机大多使用钕铁硼永磁材料。

6.2.2　永磁材料的基本性能

永磁直驱风力发电机组的性能、设计和制造工艺特点与使用的永磁材料的性能相关。因为永磁直驱风力发电机组的特点，特别是大型兆瓦级永磁直驱风力发电机组所选择的永磁材料最好是稀土永磁材料，钕铁硼永磁材料实际应用最多、最可行，但其型号很多，差别很大，只有全面地了解其性能才能做到设计合理。因此从设计出发，本节简要介绍常用永磁材料的基本性能。

1. 退磁曲线及回复曲线

永磁材料首先要用磁滞回线来反映和描述其磁化过程的特点和磁特性，即用 B

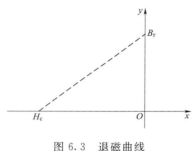

图 6.3　退磁曲线

$= f(H)$ 曲线来表示永磁体的磁感应强度随着充磁磁场强度的增强而增强。当充磁磁场强度达到或超过饱和磁场强度时，磁性能最稳定，所用的磁极材料就得到了一个稳定且较高的磁感应强度。永磁发电机在工作时的电枢反应，也就是工作电流和绕组形成的磁场在很多位置上与永磁体磁场是相反的，它主要表现为去磁作用，即 H 对充磁作用来讲是负的，为了表达方便，用图 6.3 所示的坐标系来表示。对于永磁直驱风力发电机主要应用的钕铁硼材料，其工作温度范围内的退磁曲线为直线，若电磁的作用点在这条直线 $H_c B_r$ 上，这条直线就是回复曲线（在使用温度内的）。

退磁曲线的两个极限位置是表征永磁材料磁能的两个重要参数，退磁曲线上磁场强度为零时，相应的磁感应强度的值称为剩余磁感应强度，又称为剩余磁通密度，简称剩磁通密度，符号为 B_r，单位为 T（特斯拉）或 Gs（高斯），$1Gs = 10^{-4}T$；退磁曲线上磁感应强度为零时相应的磁场强度称为磁感应强度矫顽力，简称矫顽力，符号为 H_c，单位为 A/m。

退磁曲线所表示的磁通密度与磁场强度之间的关系，只有在磁场强度单方向变化时才存在，实际上永磁电机运行时受到作用的退磁磁场强度是反复变化的，当永磁发电机工作时电枢反应对充磁的永磁体施加退磁磁场强度时，磁通密度就沿图中的退磁曲线下降，随着功率和电流的变化其磁通密度沿退磁曲线变化。

当对已充磁的永磁体施加退磁磁场强度时，对于稀土永磁材料的钕铁硼和铁氧体稀土磁性材料来讲，退磁曲线和回复曲线在上部是同一条直线。当退磁磁场强度超过一定值后，退磁曲线不再是直线，而是曲线并急剧下降，开始拐弯的点称为拐点。磁性材料不同，下部的拐点位置也不同，并且工作温度也影响拐点位置。

当退磁磁场强度超过拐点后，就会引起不可回复的退磁。很多稀土永磁材料在工作温度内的退磁曲线全部为直线。回复曲线和退磁曲线相重合可以使永磁电机的磁性能在运行过程中保持稳定，这时的退磁曲线是电机在使用时最理想的退磁曲线。具体参见附录 1 磁材参数表。

2. 内禀退磁曲线

退磁曲线和回复曲线表征的是永磁体对外呈现的磁感应强度 $\boldsymbol{B}$ 与磁场强度 $\boldsymbol{H}$ 之间的关系。还需要另一种表征永磁材料内禀磁性能的曲线。由铁磁学理论可知，在真空中磁感应强度与磁场强度间的关系为

$$\boldsymbol{B} = \mu_0 \boldsymbol{H} \tag{6.1}$$

而在磁性材料中

$$\boldsymbol{B} = \mu_0 \boldsymbol{M} + \mu_0 \boldsymbol{H} \tag{6.2}$$

在均匀的磁性材料中，式（6.2）的矢量和可改成代数和 $B = \mu_0 M + \mu_0 H$。

式中　$\boldsymbol{M}$——磁化强度，是单位体积磁性材料内各磁畴磁矩的矢量和，单位为 A/m，它是描述磁性材料被磁化程度的一个重要物理量。

式（6.2）表明，磁性材料在外磁场作用下被磁化后大大加强了磁场。这时磁感应强度 $\boldsymbol{B}$ 含有两个分量，一部分是真空中的分量 $\mu_0 H$；另一部分是由磁性材料磁化后产生的分量 $\mu_0 M$。后一个分量是物质被磁化后内在的磁感应强度，称为内禀磁感应强度 B_i，又称磁极化强度 J。描述内禀磁感应强度 $B_i(J)$ 与磁场强度 H 的关系曲线 $B_i = f(H)$ 称为内禀退磁曲线，简称内禀曲线。由 $B = \mu_0 M + \mu_0 H$ 可得

$$B_i = B - \mu_0 H \tag{6.3}$$

退磁曲线的 H 取绝对值，变为

$$B_i = B + \mu_0 H \tag{6.4}$$

$$或 B = B_i - \mu_0 H \tag{6.5}$$

式（6.5）表明了内禀退磁曲线与退磁曲线之间的关系，如图 6.4 所示。由此可以看出，$B_i = f(H)$ 与 $B = f(H)$ 两条特性曲线中，只要知道其中的一条，另一条就可由 $B_i = B + \mu_0 H$ 或 $B = B_i - \mu_0 H$ 求出来。

内禀退磁曲线上磁极化强度 J 为零时，相应的磁场强度值称为内禀矫顽力，又称磁化强度矫顽力，其符号为 H_{ci}，单位为 A/m。H_{ci} 的值反映永磁材料抗去磁能力的大小。H_{ci} 远大于 H_c，这正是表征稀土永磁抗去磁能力强的一个重要参数。除 H_{ci} 值外，内禀退磁曲线的形状也影响永磁材料的磁稳定性。曲线的矩形度越好，磁性能越稳定。为表示曲线的矩形度，特定义一个参数 H_K，称为临界场强，H_K 等于内禀退磁曲线上当 $B_i = 0.9B_r$ 时所对应的退磁磁场强度值，如图 6.4 所示。单位为

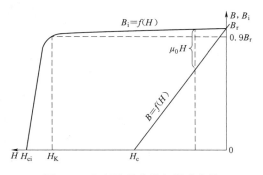

图 6.4　内禀退磁曲线与退磁曲线

A/m。H_K 应当成为稀土永磁材料的必测参数之一。

6.2.3　永磁同步电机的转子结构

　　永磁同步发电机的基本结构和一般同步电机结构基本相同，只是一般同步电机的转子磁极是由线圈缠绕做电励磁，而永磁同步电机的磁极是由永磁材料构成的。电机结构如图 6.5 所示。

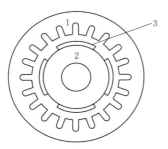
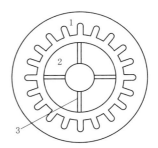

（a）表贴式永磁同步电机　　　　　　（b）内置式永磁同步电机

图 6.5　永磁同步电机结构图
1—定子铁芯；2—转子铁芯；3—永磁体结构

　　一般风电机组由于风轮的转速随风轮直径的增大而减少，直驱机没有增速箱，转速都比较低，百瓦级机组转速也只有四五百转。从结构上一般采用径向式磁路结构，除百瓦级永磁电机使用切向磁路结构的转子外，千瓦级以上的风力发电机转子由于结构强度问题及磁能积小已经很难使用切向磁路。由于钕铁硼磁钢有极高的剩磁和磁能积，瓦片式表面布置也能满足气隙磁通密度的要求，兆瓦级永磁直驱同步发电机只有使用钕铁硼径向磁极最为合适，在下面的磁路讨论中主要讲径向磁路中表贴式接近瓦片形式的磁极结构。

　　由于现代永磁材料的发展使永磁电机也有了很大的发展，磁性材料和永磁电机的发展紧密相关，钕铁硼的批量生产使大型永磁直驱发电机成为可能。钕铁硼的剩磁是铁氧体的数倍，其矫顽力极高，使磁极可径向安装，并提供足够的气隙磁通密度。而使用其他磁性材料必须要有很大的体积，如用铁氧体磁性材料体积要 10 倍以上，结构上很难处理。一个 1.5MW 永磁直驱风力发电机理论上要用铁氧体磁性材料 15t 以上，在结构上很难实现，所以下面主要介绍使用钕铁硼永磁材料径向布置磁极。

　　为了提高气隙磁通密度，在转子直径上固定尽可能大且经济的永磁体，因为钕铁硼永磁体的矫顽力高，永磁体磁化方向长度要小一些，所以多用瓦片形永磁体或矩形永磁体。调节瓦片永磁体的宽度和矩形永磁体的形状宽度，也就调整了磁极的极弧系数，可以改善气隙磁场波形、齿谐波及启动力矩。瓦片形、矩形磁极之间的非磁性压条可以是金属或非金属材料，金属材料还可以起到阻尼作用，它们对永磁体的固定起到非常重要的作用，可以提高电机运行的可靠性。磁极表面用软铁做极靴可以提高对抗电枢反应的去磁作用。主磁通 Φ_δ 的计算前面已经讲过，这里不再叙述，需要强调的是钕铁硼的磁导率基本等于空气。

从图6.5可以看出，永磁同步电机的磁路结构根据永磁同步体形式有较大区别，为了方便计算通常采用等效磁路图。如图6.6所示为永磁同步电机的等效磁路图，Λ 为磁导，$\Lambda = \dfrac{\boldsymbol{\Phi}}{F}$，$\boldsymbol{\Phi}_0$ 为永磁体自退磁磁通；$\boldsymbol{\Phi}_r$ 为每极磁通，$\boldsymbol{\Phi}_r = B_r A_m \times 10^{-4}$；$\boldsymbol{F}_m$ 为每对磁极向外磁路提供的磁动势，$\boldsymbol{F}_m = H \times h$；$\boldsymbol{\Phi}_m$ 为永磁体向外磁路提供的总磁通，$\boldsymbol{\Phi}_m = B A_m \times 10^{-4}$，$\boldsymbol{F}_a$ 为电枢反应磁动势；$\boldsymbol{\Phi}_\sigma$ 为漏磁通；$\boldsymbol{\Phi}_\delta$ 为气隙磁通。

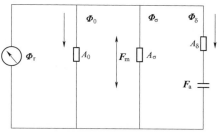

图 6.6　永磁同步电机的等效磁路图

永磁电机主磁路通常包括气隙、定转子齿、轭等部分。可以用通常的磁路计算法求取主磁通 $\boldsymbol{\Phi}_\delta$，即

$$\boldsymbol{\Phi}_\delta = f(\textstyle\sum F)$$

式中　$\boldsymbol{\Phi}_\delta$——每极气隙磁通；

　　　$\textstyle\sum F$——各段磁路磁位差总和。

永磁体内磁导为

$$\Lambda_0 = \frac{\mu_r \mu_0 A_m}{h \times 100} \tag{6.6}$$

式中　A_m——每极磁通截面积，cm^2；

　　　h——磁极厚度，cm；

　　　μ_0——真空磁导率，$\mu_0 = 4\pi \times 10^{-7}\,H/m$；

　　　μ_r——永磁材料相对回复磁导率，是铁磁材料和真空磁导率的比。

外磁路气隙磁导为

$$\Lambda_\delta = \frac{\mu_0 A_\delta}{z \delta K_s K_\delta} \times 10^{-2} \tag{6.7}$$

式中　A_δ——每极气隙有效面积；

　　　δ——气隙长度；

　　　K_δ——气隙系数；

　　　K_s——磁路饱和系数。

永磁体向外磁路提供的总磁通 $\boldsymbol{\Phi}_m$ 与外磁路的主磁通 $\boldsymbol{\Phi}_\delta$ 之比 $\boldsymbol{\Phi}_m / \boldsymbol{\Phi}_\delta$ 称为漏磁系数。在永磁材料和形状、尺寸、气隙、外磁路确定的情况下，漏磁系数还随负载情况不同而变化，随变流器对电角度的控制而变化，即随主磁路和漏磁路的饱和程度不同而变化，它不是常数。

空载时，$\boldsymbol{F}_a = 0$，从图6.5可看出，在此情况下，空载总磁通与空载外磁路主磁通之比在数值上等于外磁路的合成磁导与主磁导之比，为 $(\Lambda_\delta + \Lambda_\sigma) / \Lambda_\delta$。

当负载不同，电枢反应磁动势 $\boldsymbol{F}_a$ 的大小是变化的，磁路的饱和程度也随着改变，Λ_σ、Λ_δ 都不是常数，因此漏磁变化要与负载时的磁路饱和程度相对应。

漏磁导大说明漏磁通大，在永磁体提供的总磁通一定时，漏磁通大而主磁通则相对较小，永磁体利用率就差。空载漏磁系数是一个重要的参数，漏磁系数大，说明电枢反应的分流作用大，则电枢反应的实际 $\boldsymbol{F}_{\mathrm{a}}$ 就小，永磁体的抗去磁能力就强，因此设计时要综合考虑。

　　由于永磁同步电机在运行状态下载荷对磁极是去磁作用，也就是说电枢反应，所以没有励磁控制，其工作状态是多动态状态，所以计算是一个反复迭代的过程，很多情况是在一个已有的模型进行反复修改参数计算要求优化，所以现在很多时候都采用计算机进行数值解法，用有限元的方法或是使用商业化的软件进行计算，在这里不详细介绍了。用磁路图解比较直观，尤其是当退磁曲线具有拐点和磁路饱和程度较高时，应用图解法直接画出永磁体工作图，因为磁体生产厂家可提供详细的不同工作温度下的退磁曲线，钕铁硼和铁氧体都是直线，当温度高时会出现拐点，可以清晰地看出各种因素的影响程度和工作点与拐点的关系，由此可以确定工作温度与磁钢的型号，所以工程上在应用计算机求解的同时，还常用图解法进行补充分析，它具有直观、形象的特点。

　　从等效磁路的推导可以看出，在空载情况下，外磁路 $\boldsymbol{\Phi}_{\mathrm{m}}=f(\boldsymbol{F}_{\mathrm{m}})$ 曲线反映的是主磁路和漏磁路总的磁化特征，也可以表现为 $\varLambda_{\mathrm{n}}=f(\boldsymbol{F}_{\mathrm{m}})$ 曲线，称为合成磁导线。而 $\boldsymbol{\Phi}_{\mathrm{m}}$ 和 $\boldsymbol{F}_{\mathrm{m}}$ 又是由永磁体作为磁源所提供的，两者的关系由退磁曲线决定，因此用图解法求解等效磁路，就是求出退磁曲线与合成磁导线的交点。

　　在永磁电机中漏磁系数的准确与否直接影响电磁计算的准确性，影响漏磁系数的因素有很多，且漏磁场分布复杂，难以精确考虑。在工程计算中漏磁系数一般根据永磁材料和磁极结构凭经验选取，给电磁计算带来了较大的人为影响和误差。一般永磁直驱式同步发电机多为转子表面式布置磁体，转子的漏磁可分为两部分：一部分存在于电枢铁芯长度范围内；另一部分存在于电枢铁芯长度之外，采用数值解法可分别得到极间漏磁系数和端部漏磁系数。

　　极间漏磁系数 σ 与极弧系数、磁极厚和气隙长度之比、气隙长度和极距之比 σ/τ 相关，以常用的等半径瓦片状平形充磁方式为例，用磁路数字运算和试验验证图 6.7 所示关系。

　　端部漏磁系数对永磁直驱的电机来讲相对较小，因两侧端部磁极之间的空间磁路比较长，相距铁磁性材料也较远。漏磁通不随转子长度变化而变化，所以从总体来讲，它相对较小。如果转子长度大于定子叠厚就可以忽略端部漏磁，如果定转子比较长，那么端部漏磁也可以忽略。总漏磁系数为

$$\sigma=\sigma_{\text{极}}+\sigma_{\text{端}} \tag{6.8}$$

　　作图法按如下方式进行：

　　在永磁同步发电机中，永磁体向外磁路提供的磁动势和磁通等于外磁路上的磁动势和磁通。因此，永磁体的工作点取决于永磁体的特性和外磁路的特性，永磁体的特性用退磁回复曲线来描述，外特性由 $\boldsymbol{\Phi}=f(\boldsymbol{F})$ 表示，两者的交点就是工作点，生产厂提供了 $\boldsymbol{B}_{\mathrm{r}}$、$\boldsymbol{H}_{\mathrm{r}}$ 的曲线。对于稀土永磁材料，铁氧体、钕体硼是制造永磁直驱风力发电机的可能磁性材料，而它们多以等尺寸瓦片方式构成磁极，磁极气隙

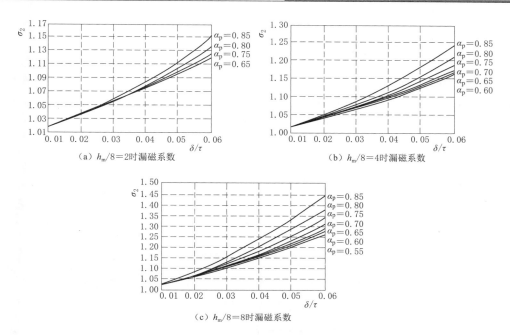

图 6.7 平行充磁瓦片间极间漏磁系数

处面积为 A_m，磁通 $\boldsymbol{\Phi} = \boldsymbol{B}_r A_m$，而磁动势 $\boldsymbol{F} = \boldsymbol{H}_c h_m$（$h_m$ 为磁极厚，cm）；（$\boldsymbol{H}_c h_m$，0），（0，$\boldsymbol{B}_r A_m$）两点之间的连线就是 $\boldsymbol{\Phi} = f(\boldsymbol{F})$ 工作曲线。相应地，根据工厂提供的不同温度下的 $\boldsymbol{B}_r \boldsymbol{H}_c$ 曲线也可得到不同温度下的 $\boldsymbol{\Phi} = f(\boldsymbol{F})$ 工作曲线。

退磁曲线为直线的稀土永磁体，一般在进行磁极结构选择时选用表面式布置，在图 6.7 中，h_m 为磁体中心厚，在空载时气隙磁通密度 h_m/δ 比值不断增大时，B_δ/B_r 比值也不会大于 0.85，此时气隙磁通 $\boldsymbol{\Phi} = A_m B$，空载磁通 $\boldsymbol{\Phi}_{m0} = \boldsymbol{B}_{\delta0} \times A_m$，$\boldsymbol{\Phi}_{m0}$ 和退磁曲线交点便是空载工作点。

另外，求解空载工作点的方法还有将主磁路的特性曲线 $\boldsymbol{\Phi} = f(\boldsymbol{F})$ 和漏磁路的特性曲线 $\boldsymbol{\Phi}_\sigma = \Lambda_\sigma \boldsymbol{F}$ 叠加，得到外磁路的合成特性曲线 $\boldsymbol{\Phi} = \Lambda \boldsymbol{F}_0$，它与回复曲线的交点就是永磁体的空载工作点，所对应的磁动势和磁通分别是空载时永磁体向外磁路提供的磁动势 $\boldsymbol{F}_{m0}$ 和磁通 $\boldsymbol{\Phi}_{m0}$，经过该点的垂线与主磁路特性曲线的交点为空载特性磁通，如图 6.8 所示。

负载运行时存在电枢反应磁动势 $\boldsymbol{F}_a$，其中直轴分量 $\boldsymbol{F}_{ad}$ 对永磁体有助磁或去磁作用，其对永磁体的等效磁动势为 $\boldsymbol{F}'_{ad} = \boldsymbol{F}_{ad}/\delta$。当该磁动势起去磁作用时，将外磁路合成特性曲线向左平移，$\boldsymbol{F}_{ad}/\delta$ 与回复曲线交点就是永磁体向外磁路提供的磁动势 $\boldsymbol{F}_m$ 和磁通 $\boldsymbol{\Phi}_m$，经过该点的垂线与磁路特性曲线的交点所对应的磁通就是漏磁通 $\boldsymbol{\Phi}_\delta$，气隙磁通 $\boldsymbol{\Phi} = \boldsymbol{\Phi}_m - \boldsymbol{\Phi}_\sigma$。

$\boldsymbol{\Phi}_m$ 空载时单极磁通可以由前面关系算出，由于电枢反应对于磁极来讲一半弱磁一半强磁，$\boldsymbol{F}_a$ 可以根据工作电流作平行线得到负载工作点，使用可控整流会使工作点更为复杂一些，要根据控制基本原理来计算永磁体工作点。当工作温度高时，如钕铁硼出现拐点，要进行去磁校核，即求出短路瞬时电流，求出此时的 H

点。如果此时的 H 点低于退磁时的拐点，可能会发生不可逆退磁，因此要调整磁路设计，改变钕铁硼型号，得到新的退磁曲线，出现新的拐点或没有拐点皆可达到设计要求。

以 PWM 整流为例，为了提高功率因数，可升压的变流器采用可控整流，现在用得比较多的是直接力矩法和空间矢量法，它们用 PWM 脉宽方法整流，其输出电压为矩形波，电流的波形为锯齿状的正弦波状电流。在进行工作点计算时负载工作点（载荷工作点）如图 6.8 所示，其他不同的工作状态具有不同

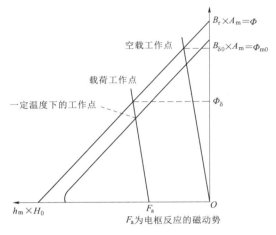

图 6.8　磁极工作状态图

的工作点，这里不做赘述，详细内容可以参看 6.3 节。

6.2.4　表贴式磁极形状及其固定方法

将磁极简单地做成瓦片状不是太好，因为这样在磁极边缘和槽齿边缘的磁通和齿磁力矩有突变，不利于电机电磁转矩的平稳变化和结构的受力。一般对磁极修形使之形成不等的几何气隙，更有利于电压电流波形的连续性过渡，当然电压、电流波形的连续性也和分数槽、斜槽、斜极、极弧系数有关。另外，还可以采取极靴变形来满足电磁转矩的平稳变化。

一般资料介绍重点在于磁通的正弦性，我们认为只要磁通的变化率是连续的，不突变就不会对电机结构和轴产生过大的突变载荷，不对电机造成有害振动就可以接受。

磁极要可靠地固定在转子上，磁极主要受剪切力使磁极产生错位。因此，为了保证安装可靠性，通常将所有的磁极固定成一体粘接好，也可以用不导磁的螺钉固定，同时黏接工艺要简单有效，一般来讲磁钢黏接用厌氧胶比较好，如图 6.9 所示。

因为磁极为钕铁硼，钕、铁元素极易被氧化而失去部分磁性能，所以必须将磁极与氧气隔绝。磁极制成后，在运输过程中包装要可靠，可用真空塑料袋包装，也可用防锈纸包装，还可以用镀膜的形式，但镀膜的强度必须大于黏接的强度，否则镀膜不一定能起作用。镀层必须在 20 年内是有效的，即使是海上的环境也不能出问题，否则镀层就没有意义。最好的方法是用环氧树脂封灌。多年试验证明，用环氧树脂封灌运行的机器没有

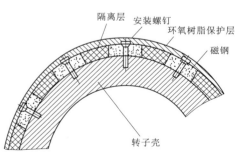

图 6.9　磁钢黏接

任何问题。但环氧树脂的选用应符合电机的绝缘等级，一般为 F 级 1551 绝缘，应和所设计的永磁同步电机的温升相适应。

6.2.5 钕铁硼永磁材料

钕铁硼永磁材料是 1983 年问世的高性能永磁材料。它的磁性能高于稀土钴永磁材料，室温下剩余磁感应强度 B_r 目前可高达 1.47T，磁感应矫顽力可达 992kA/m（12.4kOe），最大磁能积高达 397.9kJ/m³（50MGOe），是目前磁性能最好的永磁材料。由于钕在稀土中的含量是钐的十几倍，资源丰富，铁、硼的价格便宜，又不含战略物资钴，因此钕铁硼永磁材料的价格比稀土钴永磁材料便宜得多，问世以来，在工业和民用的永磁电机中迅速得到推广应用。

钕铁硼永磁材料的不足之处为：一是居里温度较低，一般为 310°～410°；二是温度系数较高，B_r 的温度系数可达 $-0.13\%K^{-1}$，H_{ci} 较大；三是由于材料中含有大量的铁和钕，容易锈蚀。因此要对其表面进行涂层处理。目前常用的涂层有环氧树脂喷涂、电泳和电镀等，一般涂层厚度为 $10\sim40\mu m$。不同涂层的耐腐蚀能力不一样，环氧树脂涂层抗溶剂、抗冲击、耐盐雾腐蚀能力较强；电泳涂层抗溶剂、抗冲击能力较强，抗盐雾能力很强；电镀有极好的抗溶剂、抗冲击能力，但耐盐雾腐蚀能力较差。因此需根据磁体的使用环境来选择合适的保护涂层。

另外，由于钕铁硼永磁材料的温度系数较高，造成其磁性能热稳定性较差。一般的钕铁硼永磁材料在高温下使用时，其退磁曲线的下半部分要产生弯曲，如图 6.10 所示，因此使用普通钕铁硼永磁材料时，一定要校核永磁体的最大去磁工作点，以增强其可靠性。对于超高矫顽力钕铁硼永磁材料，内禀矫顽力已可大于 2000kA/m，国内有些厂家已有成熟的产品，其退磁曲线在 150T 时仍为直线，如图 6.11 所示。

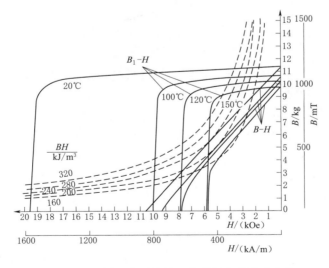

图 6.10　不同温度下钕铁硼永磁的内禀退磁曲线
和退磁曲线（NTP-256H）

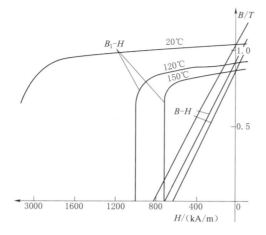

图 6.11 不同温度下钕铁硼永磁的内禀退磁
曲线和退磁曲线 （NTP - 208UH）

国产钕铁硼永磁材料性能见附录1。

6.2.6 永磁材料的性能和选用

永磁发电机的性能、设计制造特点与永磁材料的性能密切相关，一般情况下直驱发电机都是用钕铁硼永磁材料，但该材料型号很多，生产厂家也很多，性能差别较明显。只有对永磁材料有全面的了解，才能做到设计合理，使用得当。

钕铁硼是目前剩磁最高的永磁材料，同时它又有相当好的矫顽力，它的回复曲线在常温下是直线，电机一般是F级绝缘。一些电机要工作在140℃左右，按F级选磁钢应用UH级，如果温升不高也可用SH级的钕铁硼磁钢。一般永磁材料生产厂都可以提供，同时提供内禀退磁曲线与退磁曲线。内禀矫顽力又称磁化强度矫顽力，单位为 kA/m，它反映了永磁材料抗去磁能力的大小。钕铁硼永磁材料内禀退磁曲线与退磁曲线密切相关，内禀退磁曲线的形状矩形度与稳定性有关。曲线的矩形度越好，磁性能越稳定，为表示曲线的矩形度，定义参数 H_k，称为临界场强，H_k 等于内禀退磁曲线上当 $B = 0.9B_r$ 时所对应的退磁磁场强度，是稀土永磁材料必测的参数之一。

为了保证永磁电机的电气性能不变，并且能长期可靠地运行，永磁材料的磁性能必须要稳定。磁性能主要包括热稳定性、磁稳定性、化学稳定性和时间稳定性。

1. 热稳定性

热稳定性是指永磁体由所处环境温度变化而引起磁性能变化的程度。通常所用的永磁材料要经过温度稳定性处理，即在环境温度下保持一段时间，使一部分磁性损失，而其余的磁性能稳定下来。钕铁硼的内禀矫顽力达 2000kA/m 时，其退磁曲线在150℃时仍为直线。

2. 磁稳定性

磁稳定性主要是指电枢反应引起的外磁场干扰下磁材磁性能的变化。理论分析和实践证明一种永磁材料的内禀矫顽力越大，内禀退磁曲线的矩形度越好，磁稳定性越高，抗外磁场干扰能力越强。退磁曲线全部为直线而且回复曲线与退磁曲线相重合，在外施退磁场作用下，永磁体的工作点在回复曲线上来回变化，不会造成不可逆退磁。

3. 化学稳定性

钕铁硼中钕和铁都容易被氧化，由于内部结构的变化将严重影响材料的性能，所以要防止磁极被氧化，应选用密度高的磁钢，而且磁极要用电镀、电泳、环氧树脂封闭等方法进行处理，严格地防止氧化。

4. 时间稳定性

永磁材料充磁以后，在各种环境条件下，其磁性能都会随时间而变化，它的内禀矫顽力与磁极的宽、厚比有关。由于永磁直驱风力发电机的转速和频率都比较低，磁极槽频率不超过 80Hz，一般工作温度不超过 140℃，最大抗退磁能力按瞬时短路设计。这种情况下，应该几十年都不会出现影响电机性能的退磁。

6.3　永磁同步电机的工作特性

6.3.1　空载电动势及负载下气隙中的合成磁通

永磁同步发电机在空载运行时，空载气隙磁通在电枢绕组中产生感应电动势 E_0 以及在负载运行时，气隙合成基波磁通在绕组产生的气隙合成电动势计算公式为

$$E_0 = 4.44 f N \Phi_\sigma K_\Phi \tag{6.9}$$

$$E_\sigma = 4.44 f N \Phi_{\sigma N} K_\Phi \tag{6.10}$$

式中　f——频率；

$\quad$ N——串联匝数；

$\quad$ Φ_σ——每极空载气隙磁通；

$\quad$ $\Phi_{\sigma N}$——每极合成气隙磁通；

$\quad$ K_Φ——气隙磁通的波形系数，因永磁直驱同步发电机均为短距绕组，短距绕组因数一般在 0.99 以上，近似为 1。

空载和负载下气隙磁通根据所用钕铁硼磁性材料的性能、转子的磁路，用电磁场数值解法得出，有专门的有限元软件可供使用。但要想计算准确，必须以现有的、已经测试过的永磁发电机构成的电机模型来验证程序，精细确定相关数据，否则计算结果不能令人相信和满意，无法指导设计。现给出一个实例供参考，齿槽比为 4.6：5.4，空载磁场中的数据见表 6.2。

表 6.2　　　　　　　　空 载 磁 场 数 据 表

序号	转子外径/mm	气隙/mm	磁钢厚度/mm	齿部磁密/个
1	2984	8	15	1.59617
2	2986	7	15	1.65225
3	2988	6	15	1.71139
4	2990	5	15	1.7706
5	2992	4	15	1.82325
6	2994	3	15	1.87398
7	2984	8	16	1.63138
8	2986	7	16	1.68581
9	2988	6	16	1.74296

续表

序 号	转子外径/mm	气隙/mm	磁钢厚度/mm	齿部磁密/个
10	2990	5	16	1.79521
11	2992	4	16	1.84355
12	2994	3	16	1.89228
13	2984	8	17	1.66392
14	2986	7	17	1.7167
15	2988	6	17	1.76988
16	2990	5	17	1.81782
17	2992	4	17	1.8635
18	2994	3	17	1.90958
19	2984	8	18	1.6938
20	2986	7	18	1.74525
21	2988	6	18	1.79247
22	2990	5	18	1.8371
23	2992	4	18	1.88112
24	2994	3	18	1.9262
25	2984	8	19	1.72166
26	2986	7	19	1.76981
27	2988	6	19	1.81405
28	2990	5	19	1.85536
29	2992	4	19	1.89773
30	2994	3	19	1.94147
31	2984	8	20	1.74753
32	2986	7	20	1.79072
33	2988	6	20	1.83231
34	2990	5	20	1.87296
35	2992	4	20	1.91333
36	2994	3	20	1.95575

注：磁材为 42SH 的钕铁硼，极弧系数为 0.82，磁体上下面弧面曲线同半径上下方向偏心等于厚度，该数据用有限元法计算得出，经测定验证。

对于永磁直驱发电机而言，每极合成气隙磁通与磁极大小、形状、磁性材料的特性、磁极结构、载荷情况等许多因素有关，是非常难确定的值。即使能确定电机的很多条件，也难以确定每极合成气隙磁通的值，因为载荷不是一个简单的电阻性载荷，也不是一个稳定的电感性载荷，而是可能配有不同特性的变流器。可控整流器可以改变交轴电抗的电角度，从而对磁极有可能强磁，也可能弱磁，它的强磁和弱磁又与风轮的转速有关。

一般来讲作永磁直驱同步发电机用的磁钢的温度等级要符合相关电机的温度等

级，用于永磁直驱同步发电机的电机都采用 F 级绝缘，所以磁钢材料最低必须使用 SH 级的钕铁硼磁性材料，一般较多采用 UH 级的钕铁硼磁性材料，其工作温度范围内退磁曲线为直线。

设 $\boldsymbol{\Phi}_D$ 为磁体可提供磁通，$\boldsymbol{F}_D$ 磁动势，则磁能为

$$E_c = \frac{1}{2}\boldsymbol{\Phi}_D \boldsymbol{F}_D = \frac{1}{2}\boldsymbol{B}A_m \boldsymbol{H}h_m \times 10^6 = \frac{1}{2}(\boldsymbol{BH})V_m \times 10^6 \tag{6.11}$$

永磁体的体积为

$$V_m = \frac{\boldsymbol{F}_D \boldsymbol{\Phi}_D}{\boldsymbol{BH}} \times 10^6 \tag{6.12}$$

式（6.12）说明永磁体的体积与工作点的磁能积 $\boldsymbol{BH}$ 成反比，因此一般认为应该使永磁体工作点位于回复曲线上有最大磁能积的点。从图 6.7 中可以看出工作点在回复曲线中点时四边形面积最大，永磁体有最大的磁能。

然而在永磁发电机中存在漏磁通，实际参与机电能量转换的是气隙磁场中的有效磁能，并不是永磁体的总磁能，而要把漏磁通算准也是一件非常困难的事，即使用数字解也有很大的误差。要使永磁体处于最佳工作点，需要选用最佳的磁体形状和体积，必须正确选择永磁体尺寸、外磁路结构和尺寸。在实际应用时，最佳工作点要受到更多其他因素的制约，因此在大多数情况下必须偏离最佳工作点。

由于永磁发电机可能会发生短路，对短路时的最大去磁工作点的校核应使其高于退磁曲线拐点，以防止永磁体产生不可逆的退磁，因此不能使短路点小于拐点，在保证不失磁的前提下应追求尽可能大的效能。永磁体的最佳利用不一定是永磁发电机的最佳设计，对于永磁直驱发电机要均衡多种因素。

永磁体的体积与永磁材料的最大磁能积和磁能利用系数有关。最大磁能积越大，所用永磁体体积越小；磁能利用系数越大，所用永磁体体积越小，利用率越好。磁能利用系数是电机空载时磁感应强度标幺值与电机短路时退磁磁场强度标幺值的乘积，两者并不是同一工作点。设计时需要根据电机性能的要求，从永磁发电机的实用优化设计出发，选择合适的空载磁感应强度和短路退磁磁场强度。

直驱永磁同步发电机外特性越硬，所需永磁体的体积越大，因此永磁同步发电机的外特性要适当；而且对于不可控整流时其外特性要适合风轮功率的加载特性。在不同转速时，不同功率下对应不同的相电流，而此时转速增加，电流增加，电枢反应形成的去磁作用正好使永磁同步发电机的输出电压变化很小，有利于后面的逆变，这样就形成了适当的外特性。在短路不会退磁的情况下，特性太硬将大大增加永磁材料的用量，而且影响变流器的工作。

永磁体的体积与漏磁成正比，从节约磁性材料来讲应尽量减少漏磁，但是没有漏磁是不可能的，只是从结构上尽可能减少漏磁，有时为了调整输出电压的稳定性还故意增加一些漏磁。

6.3.2　交、直轴电枢反应和电枢反应的电抗

永磁直驱发电机带负载运行时，电枢绕组的电流产生的磁场既影响气隙磁场的

分布和大小，也影响磁体的工作点，影响的程度与转子的磁路、结构有很大关系。永磁直驱风力发电机组的电机一般不是直接并网，而是通过变流器并网。电枢反应和磁极的工作状态和变流器的形式、工作方法状态又有很大的关系，一般不可控整流变流器不能主动控制交轴电抗，而 Boost 升压电路和可控 PWM 整流可以使交轴超前，有增强磁性的作用，而滞后又有弱磁作用，所以永磁直驱发电机的工作状态相当复杂，因而电机在开始设计时就必须有针对性。

对于有极靴的转子，由于钕铁硼磁导率很小，交轴电抗主要经极靴闭合。如果极靴足够电枢反成对磁体几乎没有影响，对气隙磁场的影响是可逆的。当负载去掉后气隙磁场又回到原来的状态。对于无极靴的磁极，交轴电枢反应磁路通过永磁体闭合，使钕铁硼磁极一侧去磁，一侧增磁，因而需要最大工作点校核以防止产生不可逆的退磁。这就必须考虑短路时的大电流所引起的去磁作用，而无极靴的交轴电抗也比有极靴的要小得多。当变流器采用 PWM 可控整流时，对交轴电抗的位置角是可控的。它可以改变对磁极的强磁或弱磁，所以它对磁极是有影响的。但是变流器可能会发生短路故障，所以磁体瞬时短路工作点的校核是必需的。

6.3.3 永磁同步发电机的运行原理

1. 空载运行

风轮拖动永磁同步发电机转子旋转，电枢（定子）绕组开路、电枢电流为零时的运行状态称为空载运行。

空载运行时，由于电枢电流为零，电机内只有由永磁体建立起来的主极磁场，主磁极磁通分为主磁通 Φ_δ 和漏磁通 Φ_σ 两部分。前者穿过气隙与定子绕组和转子永磁体相交链，能在定子绕组中产生感应电动势；后者不通过气隙，主磁通所经过的路径称为主磁路。通常三相电机主磁通包括 2 个空气隙、6 个电枢齿、1 个电枢轭、2 个磁体和转子轭共 5 部分。

当转子旋转时，主极磁场在气隙中形成一个旋转磁场，它切割三相定子绕组后，在定子绕组内感应出频率为 $f = pn/60$（p 为极对数；n 为转速，r/min）的一组三相电动势，忽略高次谐波时感应电动势 E_0 为

$$E_0 = 4.44 N K_n f \Phi \quad (6.13)$$

式中 NK_n——定子每相的有效匝数。

图 6.12 所示为永磁直驱发电机的空载电压曲线，它基本是一条与转速成正比变化的直线，但由于有定子铁芯的涡流，频率高时由于铁损的增加会有一定的弯曲，但是永磁直驱发电机频率很低，一般大型兆瓦级机组只有十几赫兹，中小型机组也不超 50Hz。

空载特性是永磁发电机的基本特性之一，它与其他特性配合使用，用

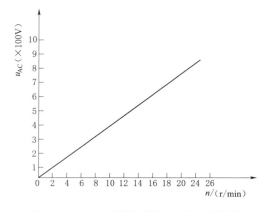

图 6.12 永磁直驱电机的空载电压曲线

来确定电机相关参数和基本运行数据，后面将有详细讨论。

2. 负载时的电枢反应

永磁同步发电机空载运行时，气隙中只有主磁极的励磁磁动势，绕组中无电流就不会产生电枢磁动势，也就无电枢反应。

当永磁发电机带负载运行时，定子绕组有电流，气隙磁场将由电枢磁动势和永磁体的励磁磁动势相互作用，共同产生。而永磁体原有的磁动势是定值，它必然受电枢反应磁动势的影响而发生变化，通常将这种影响称为电枢反应。

电枢反应使气隙磁场发生变化，并直接参与能量转换，最终会对发电机的性能产生重要影响。分析表明，电枢反应的性质有增磁、去磁和交磁。它取决于电枢反应磁动势和永磁磁极磁动势的相对位置，而这一相对位置与永磁励磁电动势 $\dot{E}_0$ 和负载电流之间的相位差 φ（内功率因数角）相关，φ 值不同时电枢磁场对主极磁场的影响也就不同。

3. 三种特殊情况的电枢反应

（1）$\dot{I}$ 与 $\dot{E}_0$ 同相（$\varphi=0$）时的电枢反应。

图 6.13 为一台同步永磁电机的示意图。为简单起见，图中电枢绕组的每一相都用匝数为 $N_1 K_{N1}/p$ 的等效整距集中线圈来表示。这是因为对任何电机，不论其极对数和绕组形式如何，它所产生的基波电动势或磁动势的数值都和匝数为 $N_1 K_{N1}/p$ 的整距集中绕组等效。将转子画成凸极式，只考虑永磁磁动势和电枢磁动势基波，选定 A 相磁电动势取最大值时刻分析，即转子磁极轴线（d 轴）超前 A 相轴线 $90°$。转子磁场在定子三相绕组中感应的对称三相电动势记为 $\dot{E}_{OA}$、$\dot{E}_{OB}$、$\dot{E}_{OC}$，方向由右手定则确定，A 相电动势方向为 X—A，B 相为 B—Y，C 相为 C—Z。选取电动势正方向为绕组尾端朝向首端，则 e_{OA} 为正，e_{OB} 和 e_{OC} 均为负。由于线圈中感应电动势的数值和线圈所处磁场位置有磁，依 A、B、C 三相绕组所处位置在图中所示瞬间，有 $e_{OA}=+E_m$，$e_{OB}=-E_m/2$，$e_{OC}=-E_m/2$。在图中，取 A 相轴线为时间参考轴（时轴），可画出 $\dot{E}_{OA}$、$\dot{E}_{OB}$、$\dot{E}_{OC}$；再根据 $\varphi=I$ 与 E_0 同相，进而画出 $\dot{I}_A$、$\dot{I}_B$ 和 $\dot{I}_C$。由于 A 相励磁电动势为最大值，而 $\varphi=0$，故 A 相电流 I

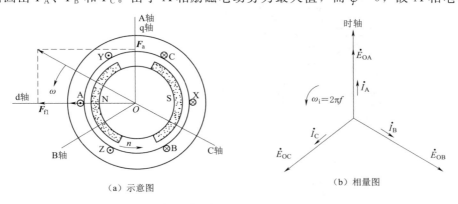

（a）示意图　　　　　　　　（b）相量图

图 6.13 $\dot{I}$ 与 $\dot{E}_0$ 同向（$\varphi=0$）时的电枢反应

也为最大值，三相绕组产生的合成电枢磁动势的基波 $\boldsymbol{F}_\text{a}$ 与转子磁极轴线（d 轴）相差 90°电角度，正好与转子交轴（q 轴）重合。因此把这种电枢反应称为交轴电枢反应，并将此时的电枢磁动势 $\boldsymbol{F}_\text{a}$ 称为交轴电枢磁动势 $\boldsymbol{F}_\text{aq}$。

在图 6.13 中，把两个空间相差 90°的矢量 $\boldsymbol{F}_\text{f1}$ 和 $\boldsymbol{F}_\delta$ 相加得到气隙合成磁动势矢量 $\boldsymbol{F}_\delta$，则 $\boldsymbol{F}_\delta$ 较空载气隙合成磁动势（即励磁磁动势）$\boldsymbol{F}_\text{f1}$ 后移一个锐角，即交轴电枢反应磁动势 $\boldsymbol{F}_\text{aq}$ 起交磁作用，并使气隙合成磁场幅值增加。

（2）$\dot{I}$ 滞后 $\dot{E}_0$ 90°（$\varphi=+90°$）时的电枢反应。图 6.14 为 $\dot{I}$ 滞后 $\dot{E}_0$ 90°时的情况。此时，定子三相电流和励磁电动势的相量图如图 6.14 所示。由图 6.14 可见，电枢磁动势轴线滞后励磁磁动势轴线 180°电角度，即 $\boldsymbol{F}_\text{a}$ 和 $\boldsymbol{F}_\text{f1}$ 的方向相反，两者相减得气隙合成磁动势 $\boldsymbol{F}_\delta$，表明 $\boldsymbol{F}_\text{a}$ 致使气隙磁场减弱。由于此时磁动势 $\boldsymbol{F}_\text{a}$ 位于直轴（d 轴）上，因此也可称为直轴电枢反应磁动势 $\boldsymbol{F}_\text{ad}$，故反相直轴电枢反应只起去磁作用。

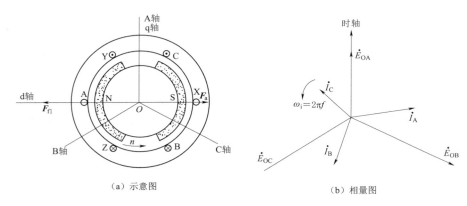

（a）示意图　　　　　　　　　　（b）相量图

图 6.14　$\dot{I}$ 滞后 $\dot{E}_0$ 90°（$\varphi=+90°$）时的电枢反应

（3）$\dot{I}$ 超前 $\dot{E}_0$ 90°（$\varphi=-90°$）时的电枢反应。图 6.15 为 $\dot{I}$ 超前 $\dot{E}_0$ 90°时情况。这时 $\boldsymbol{F}_\text{a}$ 和 $\boldsymbol{F}_\text{f1}$ 的相位相同，两者相加得气隙合成磁动势 $\boldsymbol{F}_\delta$，表明 $\boldsymbol{F}_\text{a}$ 使得气隙磁场增加。由于 $\boldsymbol{F}_\text{a}$ 仍位于直轴（d 轴），因此同相直轴电枢反应起增磁作用。

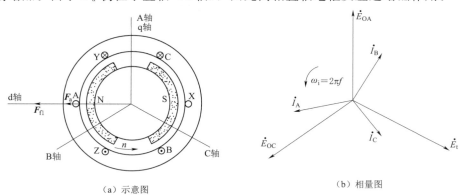

（a）示意图　　　　　　　　　　（b）相量图

图 6.15　$\dot{I}$ 超前 $\dot{E}_0$ 90°（$\varphi=-90°$）时的电枢反应

由于直驱风力发电机向电网输出电能是靠变流器完成的，它在使用可控整流时和上述机理有很大关系。它可以利用可控的导通时间来调控电枢反应，任何一个永磁发电机都可能发生短路，比如变流器故障、线路故障等。但绝不能因此而使磁钢局部失磁或电机结构损坏，而且电枢反应本身也需要电机有相当硬的特性。

4. 电枢反应分析

永磁直驱发电机气隙基本上是均匀的，因磁钢（稀土类）的磁导率和空气的磁导率基本一样，因此交、直轴的磁阻基本相同，电枢反应的大小和功率因数及入流角相关。由于变流器的不同，电枢反应也不同，对电枢反应的要求也不同，给分析计算带来许多不便，为了计算方便，把同步电抗分成交轴电抗和直轴电抗。

采用正交分解法和叠加原理来解决这一问题，分别研究直轴和交轴磁动势的作用，然后叠加，得出合成磁场的作用。

由于永磁直驱风力发电机用的电机除特别小的外，不可能制作成切入式等内置式。一般都为表面粘贴式，这样其磁路就决定了直轴磁阻和交轴磁阻，因此交、直轴的电感基本相等，表现出隐极性质。电感的准确计算关系到电枢反应的电压降，同时也是变流器的所需输入值，使用不同类型的变流器，对电机的影响也不同。电感计算公式为

$$L = \frac{3\pi}{8}\mu_0 \cdot \frac{NL_{ef}r_g}{p^2 L_g} \tag{6.14}$$

式中　r_g——电机气隙半径；

　　　L_{ef}——铁芯长；

　　　p——极对数；

　　　L_g——气隙等效长（空气隙加磁体厚）。

由于背对背的可控整流器器件多，价格高，du/dt 引起的电压尖脉冲也高，而且轴电流也大，所以采用不可控整流器也是一种选择。这就需要将工作电压升到一个合适值，利用电枢反应转速增加载荷增加，使直流母线电压基本不变或变化较小，这样有利于下一步的逆变。而且希望电流波形连续性好，电流不要突变，这样电机是完全可以接受的，因此磁钢的修形非常重要。只要和风轮的速比特性配合，完全能在低于 3m/s 风速时切入发电。

6.3.4　齿槽问题

齿槽转矩是永磁发电机绕组不通电时永磁体和铁芯之间相互作用产生的转矩，是由永磁体与电枢齿间相互作用的切向分量的波动引起的。当定、转子存在相对运动时，极弧部分的电枢齿与永磁体间的磁导大尺度基本不变，因此，这些电枢齿周围的磁场也基本不变。而永磁体的两侧和上面对应的由三个或两个电枢齿所构成的一小段区域内，磁导变化大，引起磁场储能变化，从而产生齿槽转矩。齿槽转矩定义为电机不通电时的磁场能量相对于位置角的变化率。

永磁直驱发电机的齿槽转矩随着永磁材料性能的不断提高而增加。因为永磁直驱发电机磁钢的剩磁的存在使它和齿槽的吸引力越来越大，永磁体和有槽铁芯相互

作用，不可避免地产生齿槽转矩，导致转矩的波动，造成启动转矩大，引起振动和噪声，它们会直接影响永磁直驱风力发电机组的启动和低风速发电。齿槽转矩是永磁电机特有的问题，是高性能永磁电机设计和制造中必须考虑的关键问题之一。本节将分析齿槽转矩，讨论削弱齿槽转矩的措施。

在设计中要求通过绕组的磁通是变化的，各处的 $d\Phi/dt$ 都不是零。但是磁极磁通的总变化率很小，最好是通过磁极的磁通是不变的，使齿槽转矩尽可能小一些，为此一般采用如下方法来解决：

1. 合适的极弧系数

磁路和磁通本身对极弧系数就有要求，一般来讲表面安装磁钢，极弧系数不小于 0.8。根据实际槽口情况选择极齿，对应在旋转过程中磁通面积变化最小，可以确定使用的极弧系数应大于 0.8，即使极弧系数为 1 时对出力也无影响。

2. 槽口

在嵌线允许的条件下，力求槽口小一些，使齿槽和磁极磁通变得尽可能小，必要时可采用磁性槽楔。

3. 斜槽

采用斜槽、斜极也可以有效地降低齿槽力矩，但大型永磁直驱发电机很难采用斜槽，工艺上不易实现，而采用斜极比较容易，但磁性材料消耗大，价格会较高。

齿槽转矩是由电枢开槽引起的，槽口越大，齿槽转矩越大。在工程实际中，槽口宽度取决于导线直径、嵌线工艺等因素。从削弱齿槽转矩的角度来看，应尽可能减少槽口宽度，如果可能，可以采用闭口槽、磁性槽楔或无齿槽铁芯。

4. 斜极

斜极和斜槽的作用原理相同，是削弱齿槽转矩的有效方法之一。两者适用场合不同，由于斜槽工艺复杂，通常采用斜极。当由于工艺等因素的限制无法采用斜槽时，可以采用斜极，斜极是采用多块沿轴向和圆周方向错开的磁极，其优点是工艺简单。若斜一个槽，则所有次数的齿谐波都可被消除，即不存在齿槽转矩。

需要指出是，在工程实际中，即使精确斜槽一个齿距，也不能完全消除齿槽转矩，这是因为在实际生产中，同一台电机中的永磁体材料存在的分散性，以及电机制造工艺可能造成的不一致性，都是无法消除的。

在定、转子相对位置变化一个齿距的范围内，齿槽转矩是周期性变化的，变化的周期数取决于极数和槽数组合，以及对应面积的变化，而变化周期和频率与定子槽和磁极的对应面积变化率和频率相关。

磁钢与齿槽的相对位置变化一个齿距是不同极数和槽数组合所对应的齿槽转矩波形的一个周期。周期数越多，齿槽转矩幅值越小。因此，合理选择极数与槽数组合，使一个齿距内齿槽转矩的周期数较多，可有效削弱齿槽转矩。而永磁直驱风力发电机一般都是短距，绕组的槽数约为极数的 3 倍或 6 倍。大型永磁直驱发电机多为扇形片组合，斜槽比较困难，也有斜极的，但它们的工艺性都不好。

5. 分数槽

采用分数槽是减少齿槽力矩最有效的办法，我们曾经采用分数槽和斜极作对比

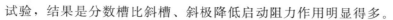

试验，结果是分数槽比斜槽、斜极降低启动阻力作用明显得多。

分数槽绕组的每极每相槽数 q 是一个分数，即

$$q = \frac{Q}{2mp} = b + \frac{c}{d}（每极每相槽数）\tag{6.15}$$

式中　Q——定子槽数；

　　　m——相数；

　　　p——极对数；

　　　b——整数；

　　c/d——不可约的真分数。

但需要说明的是，在选取分数槽槽数时，槽数应该不能被 2 整除，最好是一个除 3 以外不被其他较小数整除的数，分母 d 越大越好，当然这样安排在下线时会有一定的技术难度，但是现代工业已经可以很好地解决。比如有一个电机 14 极 45 槽，齿槽转矩就非常小，是整数槽的 1/10。已经用了分数槽，再用斜槽、斜极效果就很小，启动转矩的数值计算比较困难，准确地计算出分数槽的启动转矩是很难完成的。因为磁钢及其他工艺上误差的影响远大于分数槽的影响，这一点在很多试验中得到证明。真正要推算出启动阻转矩需要有电磁模型，而且单一模型具有离散性，它不像其他特性，如功率特性、空载特性那样容易计算准确。分数槽对谐波的抑制也非常有效，是短距绕组所必需的。

6. 气隙的选取

由于结构磁路及其他一些原因，大型直驱发电机的气隙都比较大，一般大于 5mm。齿槽转矩和气隙的二次方成反比，所以气隙不能小。若气隙较小，磁体的边缘对齿槽边缘会有较大影响。当然气隙太大会影响气隙磁通，因此要综合考虑磁体厚度和气隙大小。

7. 磁钢修形

磁体应采用不等气隙和边角倒圆使转子磁体和齿旋转交错时变化较缓和，这样能使齿磁转矩幅度变化连续而平稳，有利于波形和噪声的减少。

6.3.5　永磁直驱同步发电机的瞬时短路问题

永磁发电机中磁体的抗去磁能力是设计中一个突出的问题，这一问题引起很多人关注，而去磁作用最大的工况是瞬时短路，如果设计不当可能造成磁体局部失磁，从而使电机磁极在短路后无法再提供原有的、必需的磁能，导致电机特性不能满足设计要求。

永磁发电机在突然短路时，电机绕组中会产生很大的瞬时冲击电流，一般可达额定值的 5～8 倍。在电机内产生很大的电磁力和电磁转矩，可能会造成急速停机，所以在结构方面必须能够经受住这样的工况考验。如果设计不当，瞬时大电流因电枢反应的反磁场作用有可能造成不可逆退磁。

由于系统中变流器器件损坏、线路故障、自然灾害等都可能会造成突然短路，机组不能因突然短路而失效，这就需要从结构上和电磁设计上保证永磁体在各种工

况或瞬时短路时都能工作在退磁点以上。要满足最高工作温度下的瞬时短路，新产品应在厂内试验台进行短路试验。

在实际工况下，永磁体位置不同，其工作点也不同，即使在空载情况下，它们也存在着较大差别，因而永磁体工作点具有局部性。通常电磁场数值解能得到的最低局部工作点总是低于由等效电路得到的最低工作点。在设计永磁电机时，要计算在最严重的去磁作用下电机内部的磁场分布，使永磁体内最低局部工作点高于退磁曲线的拐点，才能保证磁极不发生局部失磁。磁体工作温度范围内磁体不能有拐点。

永磁同步发电机的短路状态分为稳态短路和瞬态（冲击）短路。瞬态短路电流通常大于稳态短路电流，但计算比较复杂，工程上常常先求出稳态短路电流倍数 K，无极靴无阻尼径向磁极一般为稳态的 5 倍；然后乘以经验修正系数后得出瞬态短路电流倍数，如图 6.16 所示。由永磁同步发电机稳态短路时（$U=0$）的相量可以推出

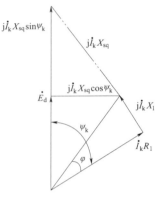

图 6.16　永磁同步发电机稳态短路时（$U=0$）的相量图

$$E_0 = E_d + K I_N X_{ad} \sin \Psi_k \qquad (6.16)$$

$$\psi_k = \arctan \frac{X_q}{R_1}$$

式中　ψ_k——稳态短路时的内功率因数角。

短路电流对永磁体去磁作用的大小除与短路电流倍数有关外，还与转子磁路结构型式和空载漏磁系数的大小有关。

对于有软铁极靴、极间浇铸非磁性材料、转子上安放阻尼笼等具有阻尼系统的磁路结构，瞬态短路电流对永磁体的去磁作用大大减弱，并接近于稳态短路电流的去磁作用。

为了避免永磁体在发电机短路过程中发生不可逆退磁，必须进行最大去磁工作点（B_{mh}，H_{mh}）的校核计算，应保证最高工作温度时此工作点在回复线的线性段或者说应高于回复线的拐点（B_k，H_k）。

6.3.6　永磁直驱同步发电机的绝缘问题

永磁直驱风力发电机组随风速、转速、频率的变化必须通过变流器恒频恒压并网。变流器有很多种，不同种变流器对不同发电机的影响也不同。尤其可控整流和 Boost 电路及矩阵变流器都有 PWM 斩波，它们会给发电机绕组带来高压脉冲。脉冲峰值电压远高于线电压及直流母线电压值，而且频率比较高，可达 2kHz，这样 du/dt 对电机绝缘的影响就不能简单处理。高频脉冲同时会影响轴电流，所以轴承绝缘也成为一个重要问题。

1. 参数

绕组上的尖峰过电压，在 PWM 整流系统中，IGBT 的高开关速度是建立在快

导通和快关断的基础上，反映在输出电压波形上为陡上升沿和陡下降沿，或短上升沿时间和短下降沿时间。通常，IGBT 的上升沿（或下降沿）时间为 $0.1\sim0.5\mu s$，如此陡的上升沿（或下降沿）的电压必然对电机的绝缘产生一定影响。

变流器通过电缆（或电线）把开关作用传输给电机，以实现电机的调制运行。根据传输线理论，电磁波（特别是高频）沿长电缆传播时，在电缆两端产生波的反射和折射，其反射（或折射）程度取决于变流器、电缆和电机的波阻抗，由于电机的波阻抗远大于电缆的波阻抗，因此电磁波在电缆末端（即电机接线端子）发生全反射，产生近似 2 倍的尖峰过电压，并发生高频振荡，如图 6.17 所示。

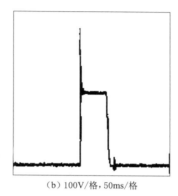
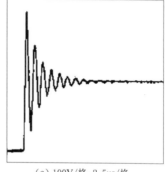

（a）200V/格，2.5ms/格　　　（b）100V/格，50ms/格　　　（c）100V/格，2.5μs/格

图 6.17　PWM 永磁发电机端子上的对地电压波形

当电缆长度达到或超过某一临界长度时，在电机接线端子上产生尖峰过电压的幅值约为 2 倍，电缆临界长度与电磁电缆传播的波速和变流器输出电压的上升（或下降）沿时间有关，即

$$f_v = \frac{v}{4L_n} \tag{6.17}$$

式中　v——沿电缆传播的波速；

　　　L_n——变流器输出电压的上升值。

当 PWM 变流器的输出电压的脉宽很小或过调制时，将发生极性反转和双脉冲效应，这时电机绕组上尖峰过电压的幅值超过 2 倍，失去控制或达到 3 倍。尖峰过电压的影响因素包括：

（1）电源电压脉冲上升沿时间。PWM 变流器的输出电压的上升沿时间对电机端子上过电压的影响很大，特别是在临界电缆长度附近，增大上升沿时间可以显著减小过电压幅值或提高临界电缆长度。图 6.18 为 PWM 整流永磁发电机端子上的过电压幅值与

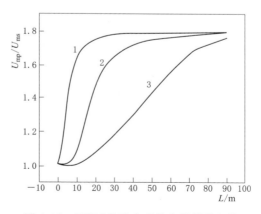

图 6.18　PWM 整流永磁发电机端子上的过电压幅值与电压脉冲上升沿时间的关系

电压脉冲上升沿时间的关系。

在可控整流系统应用中，减少开关时间有利于减小整流器电损耗，以此来提高器件的容量和可靠性；而对于电机，增大开关时间可以减小过电压，以提高电机的寿命和可靠性，两者对电压上升沿时间和要求相反，因此如何权衡两者的关系是可控整流系统应用中的首要问题。

（2）电缆参数。对永磁发电机绕组上电压幅值产生影响的是沿电缆传播的波速 v（图 6.19），其值与电缆参数（包括电缆的单位长度电容 C_0 和单位长度电感 L_0）有关，即

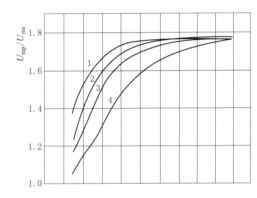

图 6.19　发电机绕组上的过电压幅值与
波速的关系

$$v=\sqrt{\frac{1}{L_0 C_0}}\approx\sqrt{\frac{1}{\mu\varepsilon_r}}\qquad(6.18)$$

式中　ε_r——电缆绝缘的相对电容率；

μ——电缆材料的磁导率。

由式（6.18）可知，电缆的临界长度与沿电缆传播的波速 v 成正比，而波速 v 又与电缆绝缘的相对电容率 $\sqrt{\varepsilon_r}$ 成反比。通用低压电缆（或电线）的绝缘材料为聚乙烯、聚氯乙烯、聚四氟乙烯、氯丁橡胶等，其相对电容率分别为 2.3、5～7、2.2 和 7～9。在无特殊要求的场合下，应优先选择相对电容率较低的绝缘材料的电缆，如聚乙烯绝缘电缆，其临界长度是聚氯乙烯绝缘电缆的 1.5 倍。对于气体绝缘的分离电线（或架空线），其相对电容率近似为 1，其临界长度达到最大，约为聚氯乙烯绝缘电缆的 2.5 倍。

（3）电机功率。PWM 整流变流器输出为陡上升和下降沿的连续方波，这样必然在电缆及其两端产生一系列波过程——行波、波反射、波折射、振荡、衰减和变形等。发生在电缆末端的波反射系数 β 与电缆和电机的波阻抗有关，即

$$\beta=\frac{Z_m-Z_0}{Z_m+Z_0}\qquad(6.19)$$

式中　Z_0——电缆的波阻抗（或特征阻抗），其值近似为 $(L_0/C_0^{1/2})$；

Z_m——电机的波阻抗（或集中阻抗）。

由于电机是电感性负荷，一般小型电机的波阻抗远大于电缆的波阻抗，$\beta=1$，相当于电缆末段近似为开路。随着电机容量（或功率）的增大，其波阻抗减小，$\beta<1$，则电缆末端的波反射不再是全发射，电机端子上的过电压幅值必须小于 2 倍。这样看来，中小型电机端子上的过电压幅值比大型电机的要大，因此对于永磁直驱发电机应特别采取措施来抑制过电压。

2. 绕组上的极不均匀分布电压

由极陡脉冲在电机接线端子上产生的 2～3 倍的尖峰过电压，如果均匀分配在电机定子绕组各匝上，则不足以对匝间绝缘造成损害。但正是由于该尖峰过电压脉

冲的上升沿时间极短，在电机定子绕组造成电压的极不均匀分布，其原因与电机绕组的杂散电容（或分布电容）有关，绕组的匝间电容和匝对地（即电机铁芯或框架）电容是主要的影响因素。

由于 PWM 变流器的整流电压脉冲的上升沿很陡，即在 IGBT 器件开关频率下，电压上升率 $du/dt=6600\text{V}/\mu\text{s}$，而工频正弦电机只有 $0.15\text{V}/\mu\text{s}$。模拟电机定子绕组的测量、分析和仿真表明，在电机定子绕组的首端几匝上承担了约 80% 的过电压幅值，这样绕组首匝处承受的匝间电压超过了 10 倍平均匝间电压加电机端子上约 2 倍的尖峰过电压。由此可见，绕组首匝处承受的匝间电压超过常规匝间电压的 20 倍。绕组首匝附近的匝间绝缘要承受重复性尖峰过电压的冲击，常常引起电机绕组局部绝缘发生击穿，特别是绕组首匝附近的匝间绝缘。表 6.3 为 PWM 整流发电机与一般交流发电机的电压特性对比。

表 6.3 非可控整流发电机与 PWM 整流发电机的电压特性对比

参　　数	非可控整流发电机	PWM 整流发电机
电压基波和谐波成分/Hz	$\dfrac{pn}{60}$	$\dfrac{pn}{60}x$ $x=3\times2\times10^{6}$
电压上升速率/(V/p)	≈0.15	1000～7000
绕组匝间电压/V	2～6	≈80
第一绕组电压/V	≈36	≈450
电压重复频率/次	$\dfrac{pn}{60}$	1000～2000

注：n 为转数，r/min。

尽管由模拟测量极对数 p 和仿真分析可确定电机定子绕组上的电压分布特性，但由于电机的容量从数百瓦到数千千瓦不等，电机的结构、尺寸和参数千差万别，因而要建立一个完全通用的分布参数模型难度很大，特别是大、中型永磁发电机。

由于电机绕组匝间的陡波脉冲放电，以及电容分布问题及绕组的电感、并联支路数导线电感的影响，作用在电机上的脉冲电压也不一定是首匝最高，另外，电机的参数也对脉冲的幅度有影响。

电机绕组局部绝缘击穿与绝缘内部的陡波脉冲有很大的关系。当绕组匝间电压超过其起始放电电压时，则在匝间发生局部放电甚至有刷形放电。由于变流器的开关频率一般都在数千赫范围内，变流器几个小时产生的脉冲冲击数相当于传统正弦电压下约 30 年的冲击数（如断路器产生），在这样连续陡波脉冲放电（简称脉冲）作用下，会加速绝缘的老化，最终导致电机的损坏。脉冲频率越高，脉冲幅值越大，则电机绝缘寿命越短。例如，当一般电机在最高脉冲频率为 20kHz，最短上升时间为 $0.1\mu\text{s}$，最高工作温度为 155℃，电压幅值为 1kV 的条件下工作时，电机绝缘寿命只有几小时。

过去人们对于工频正弦波电压和直流电压下发生的局部放电特性了解很多，对于陡波电压下的放电特性研究很少，陡波放电电流较小，时间很短（1～10ns），且放电主要发生在脉冲上升沿处，对它的测量和辨别都非常困难。因此，人们就把连续陡波脉冲放电称为"电晕放电"，把耐连续陡波脉冲放电材料称为"耐电晕"材料。实际上这里的"电晕"并不贴切，因为：① 与电晕的定义不符合；② 陡波脉冲作用下的放电中很可能含刷形放电、火花放电成分。此外，还有其他区别。

3. 永磁发电机绕组上过电压的抑制方法

为了减小或抑制绕组上尖峰过电压的幅值，在电缆两端加装电抗器（或扼流圈）或滤波器，在一定程度上可减缓电源端输出电压脉冲的上升速度，但对如何选择滤波器参数需要有综合的理论知识。在电缆首端（即变流器输出端）串接电抗器，虽然也能减小发电机端子上尖峰过电压的幅值，但是电抗器的电感与电缆的电容通过电源回路发生谐振，在电缆首端也产生过电压，会损坏变流器的开关器件。在电缆末端并接滤波器被认为是比较适宜的方法，当然这种方法在某些情况下不能被采用，例如变流器厂家不允许再安装附加设备，有些情况下还需要考虑成本因素。另外，在实际应用中，变流器、电缆及电机一般都不是由同一制造商提供的，再加上变流器的开关特性、电机阻抗特性、电缆参数及长度的不确定性，使选择合适的滤波器参数变得很困难。

在电机绕组上安装阻抗匹配器可以很大程度地削弱脉冲电压，最简单的是并联一个与电缆的波阻抗接近的电阻，由于电缆的波阻抗很小，如电力电缆为 $10 \sim 50\Omega$，双绞线为 $100 \sim 200\Omega$，这样在电阻上的功耗很大，达到数百至数千瓦。因此实际中不宜采用纯电阻匹配器，而应采用阻抗匹配和滤波于一体的低通滤波器。为了减小滤波器的尺寸和造价，有效地滤去绕组的对地尖脉冲，宜采用无源一阶低通阻尼滤波器，如图 6.20 所示。

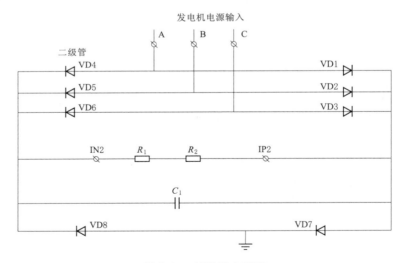

图 6.20　滤波器电路图

利用彼得逊（Petersen）规则，变流器与滤波器、电缆和电机组成了图 6.21 所示的一相等效电路。

其中，$2U_{\mathrm{S}}(t)$ 为等效电源电压 $U_{\mathrm{S}}(t)$ 为变流器输出电压；Z_0 为电缆波阻抗；

R_f 为滤波器电阻；C_f 为滤波器电容；R_{mz} 为电机的高频波阻抗。R_{mz} 和 C_{mz} 对应于电机高频响应参数。R_{mc} 和 L_m 对应于电机低频响应参数，这些参数随电机容量的不同而变化。

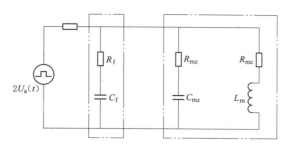

图 6.21　变流器、滤波器、电缆和电机系统中波过程等效电路

在通用 PWM 驱动变流器的载波频率（4～2kHz）下，平均脉冲宽度在数百微秒以上，在脉冲上升沿处的最大波过程时间为 20～30μs，因此在分析 PWM 驱动变流器输出的连续脉冲的波过程时，可用一个梯形波（或斜角波）的波过程来表示，则变流器的输出电压为

$$U_s(t) = \frac{U_0}{T_r}[t \cdot l(t) - (t - T_r) \cdot l(t - T_r)] \tag{6.20}$$

式中　U_0——脉冲幅值；

　　　T_r——波头时间；

　　　$l(t)$——单位阶跃函数。

电缆的波阻抗 Z_0 可通过测量单位长度的电容 C_0 和单位长度电感 L_0 来求得，这里以低压三相 PVC 绝缘护套电缆线为例，其波阻抗 $Z_0 = 100\Omega$。

电机是电感性负荷，小容量电机的波阻抗 Z_m 远大于电缆的波阻抗 Z_0。

对于陡上升沿的电压波来说，滤波器的电容 C_f 可认为是零波阻抗，相当于短路，如果取滤波器电阻 R_f 的阻值与电缆的波阻抗 Z_0 相等，而电机的波阻抗 Z_m 又远大于 R_f 的阻值，则负荷阻抗近似为电阻值，使电缆末端的负荷阻抗与电缆的波阻抗相匹配，那么在电机端就不会产生电压波的全反射，也就不会形成过电压。

原则上滤波器的电容值越大，对阻抗的匹配性就越好，过电压就越小。但是，随着电容值的增大，电阻上的功率损耗增加。在连续矩形脉冲电压下，滤波器电阻的总功耗近似表示为

$$P_f = 3C_f U_0^2 f_s \tag{6.21}$$

式中　f_s——变流器的载波频率，对于普通变流器为 600～5000Hz，而对于特殊变流器可达到 20kHz。

若取 $U_0 = 400V$，$C_f = 0.1\mu F$，$f_s = 10kHz$，则滤波器电阻上的总功耗为 480W。随着滤波器功耗的增大，滤波器元件的尺寸也相应增大，因此在永磁直驱发电机应用中，必须考虑功耗这一因素。

图 6.22 为电机端相间电压上升沿处的波形及幅值与滤波器电阻及电容的关系。其中，电缆长度为 45m，T_r 为 0.5μs。

当滤波器电阻不大于 100Ω 时，滤波器的电容对高频振荡的幅值及波形有显著的影响，随着滤波器电容的减小，高频振荡的幅值增大，滤波效果变差。而当滤波器电阻远大于 100Ω 时，滤波器的电容对高频振荡的幅值及波形的影响很小。

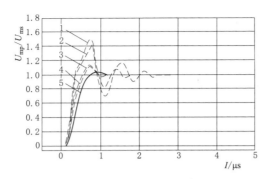

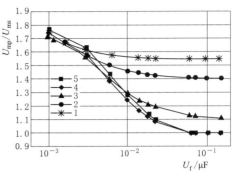

（a）电机端电压上升沿处的波形与滤波器参数的关系　　（b）电机端电压上升沿处的幅值与滤波器参数的关系

图 6.22　电机端相间电压上升沿处的波形及幅值与滤波器电阻及电容的关系
1—600Ω；2—350Ω；3—150Ω；4—100Ω；5—750Ω

　　绝缘系统的特点是：对于受脉冲影响的永磁发电机来说，输出的电流及作用在绕组上的电压不再是恒定频率的真正意义的正弦波，而是以非正弦波形式输出电能，电压中除基波电压外，还有很多谐波分量，而且还会存在高频分量。匝间和主绝缘频频受到冲击电压作用，因此电机的主绝缘和匝间绝缘必须加强。加强发电机的主绝缘和匝间绝缘是关键之一。另一关键之处是减少绕组内部的气隙，由于气隙可造成局部放电，使绕组电气性能下降，减少绕组的寿命。因此永磁直驱发电机如果采用 PWM 可控整流，电机的安全运行在于绝缘材料的选择和绝缘结构的设计。怎样和整机的设计统一考虑并完善，绝缘材料的选择重点在于绕组绝缘层的选择和浸渍树脂的选择，绝缘结构的设计重点在于结构的合理性和工艺的实施。

　　永磁直驱发电机如采用散嵌绕式绕组绝缘结构，定子绕组绝缘系统的设计研究重点是加强定子绕组槽绝缘的匝间绝缘性能和整体绝缘性。由于电机绕组上承受调频电压，有高次谐波，产生的冲击电压波头很陡。为了提高寿命，必须研究材料的兼容性、端部固定、绕组的整体性、槽绝缘与匝绝缘的连续性。

　　主绝缘的选择对于 PWM 可控整流的永磁同步发电机来说就是要获得密实无间隙的耐电压性能好的绝缘。因电机在运行时，过电压下施加在定子绕组上的交变电场会引起绝缘内气隙的游离放电，腐蚀绝缘，导致绝缘丧失介电性能，电机运行对绕组还要承受各种机械应力，风轮不停地增速或减速时会有较强的冲击力和振动，导致线圈变形、磨损等。因此主绝缘不但有优良的电气性能，还要有良好的机械强度。

　　在确定绝缘厚度时，通常按高于额定工作电压一级的考核电压来考虑。

　　PWM 斩波对电机绝缘的影响是多方面的，其中也影响到定子绕组的端部。因为由定子电流产生的机械应力与电流成正比，这些力将在绕组端激发一个两倍于载波频率的径向或切向振动，从而引起端部产生位移、绝缘磨损、绕头开焊等。因此加强端部固定是保证安全运行的重要条件。

　　做电机耐压试验时，电压一定要大于两倍的脉冲电压，690V 的额定电压的耐压试验要超过 3000V，因脉冲单幅就大于 1400V。

永磁电机与电励磁电机的根本区别在于它的励磁磁场是由永磁磁极产生的。永磁体在电机中既是磁源又是磁路的组成部分。永磁体的磁能不但和材料有关，还与制造厂工艺，磁极的大小、结构、布置相关，具体性能有相当的分散性。而永磁体在电机运行中所能提供的磁通量和磁动势还与电机的运行状态相关，使用变流器能调整运行状态。漏磁通和漏磁比例较大，齿磁通密度有时又比较饱和，磁导是非线性的，这些都增加了永磁直驱同步发电机电磁计算的复杂性，在没有经验和电磁模型时计算准确度往往低于电励磁电机。

在永磁直驱发电机内部存在着多种形式的三维交变电磁场，要想弄清楚它的空间分布情况和变化规律，求出其动态特性比较困难。目前，随着计算机技术的进步，电磁场的数值解法有很多，但由于风电机组的基础条件和边界条件不一定相同，所以直接使用商业软件一般来讲需有样机对软件进行验证并对一些参数进行修正。

目前在设计中常采用将空间中实际存在的不均匀磁场转化为多极磁路的计算，然后修正系数，并近似地认为每两磁路的磁位差等于磁场对应点之间的磁位差，这样就大大节约了计算时间，在有经验和电磁模型的条件下，能确定要修正的系数。这个方案更为实用，而且有足够的精度。

因为目前永磁直驱风力发电机大多采用钕铁硼磁钢，尤其是大型机无法使用其他磁材。虽然钐钴铜铁可用，矫顽力很高，温度影响也很小，但价格较高，只有军事上用得比较多，而且剩磁还不如钕铁硼的高，现在用的永磁体 40UH 已经非常适合于永磁直驱风力发电机。所用磁材况且还有 42UH、38UH 可用，如果温度不高还可用 40SH、4.2SH 等，这些磁钢在电机工作温度范围内退磁曲线基本为直线，并与其永磁体充磁直线相重合，在 155T 的 F 级绝缘温度条件下保证工作在工作线的拐点以上，这给其分析计算提供了极大的方便。

6.4　直驱永磁发电机的控制方法

风轮直驱的永磁发电机具有超低转速运行、极数多、结构尺寸大用于恒压充电用或通过双 PWM 变流器与电网相连等特点，其运行特性、参数选择和电磁设计与传统直接并网同步发电机有很大差别。本章首先分析了在 PWM 变流器控制下直驱永磁风力发电机的运行特性，其次讨论了极数、永磁体尺寸和匝数等电磁参数对直驱永磁风力发电机性能的影响，并针对此建立了一种在 PWM 变流器控制下直驱永磁同步发电机的电磁设计方法，和用于非可控整流的设计方法。

对于永磁直驱风电机组，其重要的核心技术特点就是永磁直驱同步发电机。一般来讲发电机又是机组中机体的一部分，对风轮和变流器起到承前启后的作用，不但要和风轮有很好的匹配特性（电机的功率输出能力必须略大于风轮的对应功率输出能力），还必须和后面的变流器相匹配，同时满足变流器的电压和负载要求。若能满足不同变流器的电压和负载更好，一般来讲变流器有升压和功率因数调整能力，但是直驱式永磁发电机如果设计得好，不升压也可以做到低风速、低转速并

直驱永磁
发电机的
控制方法
及示波器
图像

网。利用电枢反应对永磁体磁场的影响，也可以使不可控整流器达到直流母线的电压基本保持稳定。使用背对背可控整流的变流器也有缺点，它是用电机的漏感来升压的，因此 du/dt 比较大。实际上额定电压为 690V 的电机绕组上有 1400V 的脉冲尖峰，如果从塔上到塔下的连接电缆感抗不匹配或反射波叠加，脉冲尖峰可达 2200V（这是在上海万德 1.5MW 机组上用 ABB 变流器时测到的）。它容易导致定子绕组绝缘的老化，对轴承也有疲劳损伤作用。因为作用于永磁发电机的脉冲幅度远大于一般变流器的输出标准，而且又不能随意用电容滤波，增加绝缘厚度也影响导热，增加造价，因此绕组绝缘绝不能按普通电机绝缘设计，而要按强于变频调速电机绝缘来设计。总之，在永磁直驱同步发电机设计中要综合考虑很多因素，它与风轮和变流器的匹配关系到整机的技术路线和价格构成，它与变流器必须相互满足匹配，紧密联系，这与普通永磁同步发电机是不同的。不同变流器的电路拓扑图如图 6.23 所示。

6.4.1　PWM 整流控制下直驱永磁发电机运行特性

1. PWM 变流器对直驱永磁发电机的约束分析

直驱永磁风力发电机定子侧通过一个背靠背的双 PWM 变流器与电网相连，发电机的输出功率受到机侧变流器的控制，网侧变流器维持直流母线电压恒定。在稳态时，发电机传送到直流侧的能量通过网侧变流器的作用可以被迅速稳定地输送到电网，因此直流母线电压波动较小。如果只分析机侧变流器对永磁发电机的作用，那么直流母线环节、网侧变流器以及电容和电网可以等效成一个幅值为 U_d 的很大的直流电源，如图 6.24 所示。

设直驱永磁风力发电机定子线电压有效值为 U_{1L}，由于 PWM 整流器的斩波升压特性，因此 U_{1L} 与直流母线电压 U_d 之间有一定的约束关系，否则 PWM 整流器不能正常工作。U_{1L} 与 U_d 的约束关系为

$$\sqrt{2}U_{1L} \approx U_d \qquad (6.22)$$

那么，发电机相电压有效值 U_1 与直流母线电压 U_d 应满足

$$\sqrt{2}\sqrt{3}U_1 \approx U_d \qquad (6.23)$$

$$U_c \leqslant U_{1\lim} \qquad (6.24)$$

令 $U_{1\lim} = \dfrac{U_d}{\sqrt{6}}$ 为直流母线电压约束下发电机相电压。

设直驱永磁风力发电机的线电流有效值为 I_{1L}，则必须满足以下约束关系

$$I_{1L} \leqslant I_{\lim} \qquad (6.25)$$

式中　$I_{\lim}$——功率器件所能允许的最大电流值。

直驱永磁发电机受到机侧 PWM 变流器整流的控制，主要有 $i_{sd}=0$、恒端电压和单位功率因数控制三种形式，在上述三种控制策略下直驱永磁风力发电机的稳态相量图如图 6.25 所示。以发电机相量图为基础来分析直驱永磁风力发电机在不同控制策略下的稳态运行特性。

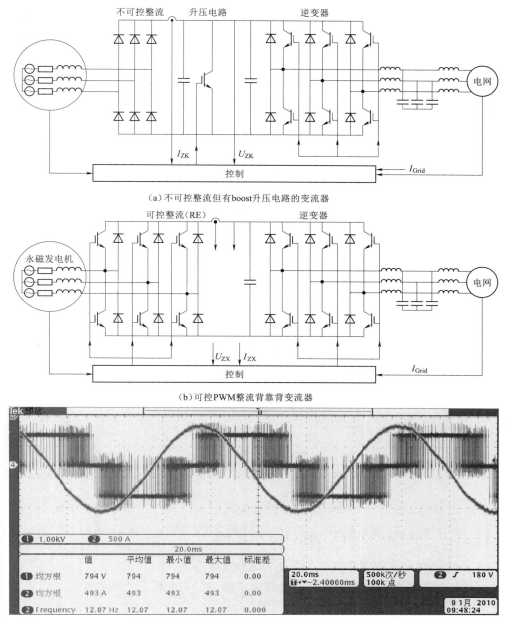

（a）不可控整流但有boost升压电路的变流器

（b）可控PWM整流背靠背变流器

（c）示波器输出的PWM整流控制时机侧的电压电流波形

图 6.23 不同变流器的电路拓扑图

图中，$\dot{U}_1$、$\dot{I}_1$、$\dot{E}_0$ 分别为直驱永磁风力发电机定子相电压、相电流和空载相电动势，X_s 为同步电抗，φ 为定子功率因数角，θ 为定子电压 $\dot{U}_1$ 与空载电动势 $\dot{E}_0$ 的夹角，也称为功率角，$\dot{I}_d$、$\dot{I}_q$ 分别为定子电流 $\dot{I}_1$ 的直轴和交轴分量。

忽略定子电阻 R_1 时，直驱永磁风力发电机的电磁功率 P_e 可以表示为

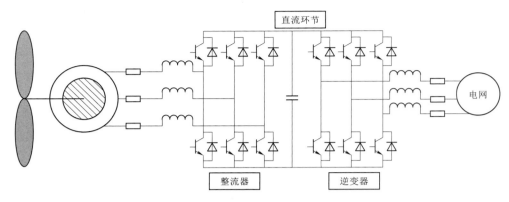

图 6.24　直流电源

$$P_e = 3E_0 I_q = 3U_1 I_1 \cos\varphi \tag{6.26}$$

定子电流 I_1 为

$$I_1 = \sqrt{I_d^2 + I_q^2} \tag{6.27}$$

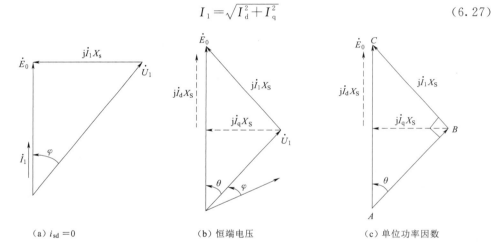

（a）$i_{sd}=0$　　　　　　（b）恒端电压　　　　　　（c）单位功率因数

图 6.25　直驱永磁风力发电机定子相电压、相电流和空载相电动势

2. $i_{sd}=0$ 控制策略下直驱永磁发电机运行特性

由图 6.25（a）可知，采用 $i_{sd}=0$ 控制策略时，发电机定子电流有

$$I_1 = I_q = \frac{P_e}{3E_0} \tag{6.28}$$

定子电压为

$$U_1 = \sqrt{E_0^2 + (I_1^2 X_S)^2} \tag{6.29}$$

将式（6.28）代入式（6.29）有

$$U_1 = \sqrt{E_0^2 + \frac{(P_e X_S)^2}{9E_0^2}} \tag{6.30}$$

功率因数为

$$\cos\varphi=\frac{E_0}{U_1}=\frac{E_0}{\sqrt{E_0^2+(I_1^2 X_S)^2}}=\frac{E_0}{\sqrt{E_0^2+\dfrac{(P_e X_S)^2}{9E_0^2}}} \tag{6.31}$$

当发电机转速一定时，直驱永磁风力发电机的空载电动势 E_0 不变，电磁功率 P_e 的变化曲线，如图 6.26 所示。

综上所述，直驱永磁风力发电机在 $i_{sd}=0$ 控制策略下的运行特性如下：

（1）定子电压相位滞后于定子电流相位，即输出功率因数为超前，输出电压幅值高于空载电动势幅值。

（2）定子电流与电磁功率为线性增大的关系，定子电压随电磁功率的增大而增大。

（3）功率因数随着电磁功率的增大而减小。

将 $U_1=U_{1lim}=\dfrac{U_d}{\sqrt{6}}$ 代入式可求得在极限电压下发电机输出的极限电磁功率为

$$P_{elim}=3E_0\sqrt{\frac{U_d^2-6E_0^2}{6X_S^2}} \tag{6.32}$$

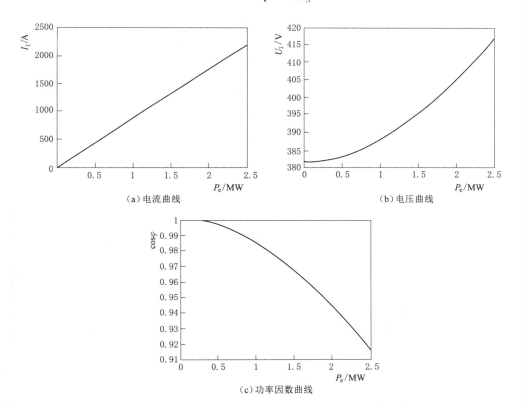

（a）电流曲线　　　　　　　　（b）电压曲线

（c）功率因数曲线

图 6.26　$i_{sd}=0$ 控制策略下直驱永磁风力发电机特性曲线

此时，定子电流为

$$I_1 = \frac{P_{\text{elim}}}{3E_0} = \sqrt{\frac{U_d^2 - 6E_0^2}{6X_S^2}} \tag{6.33}$$

功率因数为

$$\cos\varphi = \frac{E_0}{U_{\text{lim}}} = \frac{\sqrt{6}\,E_0}{U_{\text{dc}}} \tag{6.34}$$

3. 恒端电压控制策略下直驱永磁风力发电机运行特性

设直驱永磁风力发电机相电压控制为 U_c，$U_c \leqslant U_{1\text{lim}}$。由图 6.26（b）可得

$$U_c = \sqrt{(E_0 - I_d X_S)^2 + (I_q^2 X_S)^2} \tag{6.35}$$

求解式（6.35）可得

$$I_d = \frac{E_0 - \sqrt{U_c^2 - (X_S I_q)^2}}{X_S} \tag{6.36}$$

联合式（6.27）～式（6.29）有

$$I_1 = \sqrt{\left(\frac{P_e}{3E_0}\right)^2 + \frac{\left[E_0 - \sqrt{U_c^2 - \left(X_q \dfrac{P_e}{3E_0}\right)}\right]^2}{X_S^2}} \tag{6.37}$$

将式（6.37）代入式（6.26）可得功率因数为

$$\cos\varphi = \frac{P_e}{3U_c \sqrt{\left(\dfrac{P_e}{3E_0}\right)^2 + \dfrac{\left[E_0 - \sqrt{U_c^2 - X_q^2 \left(\dfrac{P_e}{3E_0}\right)^2}\right]^2}{X_d^2}}} \tag{6.38}$$

由图 6.26（b）可得

$$I_q = \frac{U_c \sin\theta}{X_S} \tag{6.39}$$

代入式（6.26）得

$$P_e = 3\frac{E_0 U_c \sin\theta}{X_S} \tag{6.40}$$

则

$$\theta = \arcsin \frac{X_S P_e}{3E_0 U_c} \tag{6.41}$$

当发电机转速一定时，直驱永磁风力发电机的空载电动势 E_0 不变，式（6.37）、式（6.38）和式（6.41）描述了当相电压为 U_c 时发电机定子电流 I_1、功率因数 $\cos\varphi$、相电压 U_c、相位角 θ 与电磁功率 P_e 的关系。利用表 6.1 中的参数，可得 I_1、U_1 和 $\cos\varphi$ 随电磁功率 P_e 的变化曲线，如图 6.27 所示。

综上所述，直驱永磁风力发电机在恒电压 U_c 控制策略下的运行特性如下：

（1）定子电流随着电磁功率的增大而近似按线性规律增大。

（2）功率因数随着电磁功率的增大而增大，并逐步保持恒定。

（3）相位角 θ 随着电磁功率的增大而增大，如图 6.27 所示。

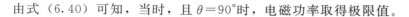

由式（6.40）可知，当时，且 $\theta = 90°$ 时，电磁功率取得极限值。

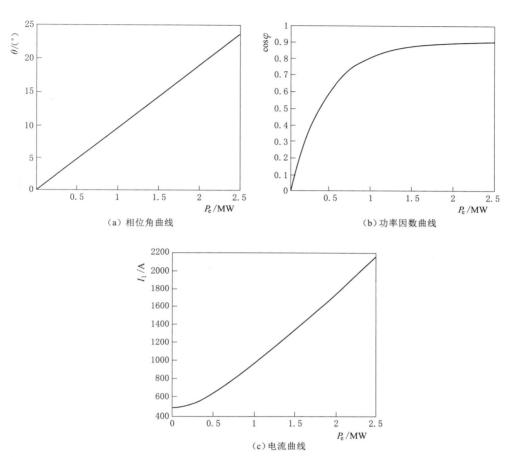

图 6.27　恒端电压控制策略下直驱永磁风力发电机特性曲线

$$P_{\text{elim}} = \frac{3E_0 U_{\text{dc}}}{\sqrt{6} X_{\text{S}}} \tag{6.42}$$

此时

$$I_1 = \frac{\sqrt{E_0^2 + \dfrac{U_{\text{dc}}^2}{6}}}{X_{\text{S}}} \tag{6.43}$$

$$\cos\varphi = \frac{E_0 U_{\text{dc}}}{\sqrt{6E_0^2 + U_{\text{dc}}^2}} \tag{6.44}$$

4. 单位功率因数控制策略下直驱永磁风力发电机运行特性

采用当前永磁同步风力发电机同步上网发电的主要控制策略为单位功率因数控制策略时，$\cos\varphi = 1$，由式（6.26）可得

$$P_{\text{elim}} = 3E_0 I_{\text{q}} = 3U_1 I_1 \tag{6.45}$$

x 由图 6.25（c）可得

$$U_1 = \sqrt{E_0^2 - (I_1 X_S)^2} \tag{6.46}$$

将式（6.46）代入式（6.45）有

$$P_e = 3 I_1 \sqrt{-(I_1 X_S)^2} \tag{6.47}$$

求解式（6.47）可得

$$I_1^2 = \frac{3 E_0^2 - \sqrt{9 E_0^4 - 4 X_S^4 P_e^2}}{6 X_S^2} \tag{6.48}$$

将式（6.48）代入式（6.46）有

$$U_1 = \sqrt{E_0^2 - \frac{3 E_0^2 - \sqrt{9 E_0^4 - 4 X_S^4 P_e^2}}{6}} \tag{6.49}$$

当发电机转速一定时，直驱永磁风力发电机的空载电动势 E_0 不变，式（6.48）、式（6.49）描述了发电机在 $\cos\varphi = 1$ 的条件下定子电流 I_1 和电压 U_1 与电磁功率 P_e 的关系。利用表 6.1 中的参数，可得 I_1、U_1 和 $\cos\varphi$ 随电磁功率 P_e 的变化曲线，如图 6.28 所示。

综上所述，直驱永磁风力发电机在单位功率因数控制策略下的运行特性如下：

（1）定子电压实际值小于空载电动势的值，并且随着电磁功率的增加而减小；而对直流母线的电压脉冲值不变。

（2）定子电流随着电磁功率的增大而增大。

由图 6.25（c）可得

$$I_q = \frac{U_1 \sin\theta}{X_S} \tag{6.50}$$

代入式（6.26）有

$$P_e = 3 \frac{E_0 U_1 \sin\theta}{X_S} \propto E_0 U_1 \sin\theta = \frac{1}{2} S_{\triangle ABC} \tag{6.51}$$

式中　$S_{\triangle ABC}$——直角 $\triangle ABC$ 的面积，由平面几何知识可知，当直角 $\triangle ABC$ 为等腰三角形时，其面积 $S_{\triangle ABC}$ 最大，电磁功率 P_e 取得极限值 P_{elim}，$P_{elim} = \dfrac{3 E_0^2}{2 X_S}$。

6.4.2　直驱永磁发电机参数化分析

电机的电磁设计参数对电机的性能、体积和重量具有重要的影响，直驱永磁风力发电机在电磁参数的选择上具有很大的空间。首先建立了直驱永磁风力发电机的参数化分析解析模型；然后讨论了直驱永磁风力发电机的极数、极槽配合、永磁体尺寸和电机匝数等参数对发电机性能和体积重量的影响。

1. 非 PWM 可控整流（二极管整流）离网运行的永磁直驱同步电机

在边远无电地区、牧区海岛等地区风电机组主要是向蓄电池充电，也可能同时给电器设备供电，有可能是用逆变器工作，如图 6.29 所示，大多为中小型永磁发电机，一般采用不可控的二极管整流。

为了保证蓄电池不会过充，有卸荷稳压电路，有以下两种工作状态：

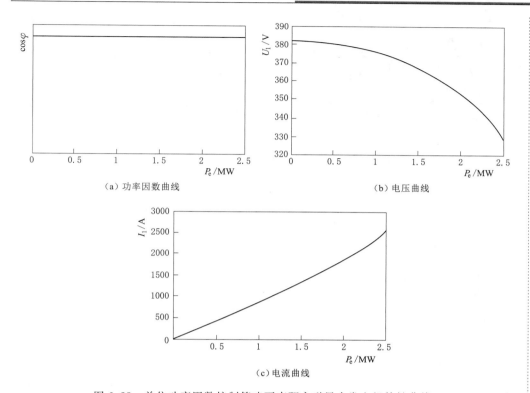

（a）功率因数曲线

（b）电压曲线

（c）电流曲线

图 6.28 单位功率因数控制策略下直驱永磁风力发电机特性曲线

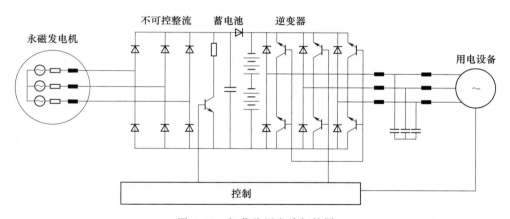

图 6.29 卸荷稳压电路拓扑图

（1）稳压的工作状态，此时风速一般超过额定风速，但风速过大时蓄电池已存满，要有稳压功能、有 PWP 的卸荷器稳定直流且线电压，电池可以吸收发电机输出电流工作在控制要求稳定的直流母线电压，

（2）电池未充满，风速也不高，直流母线电压在蓄电池要求的工作电压范围内是波动的。

单位功率因数控制策略下直驱永磁风力发电机特性曲线实验图如图 6.30 所示。

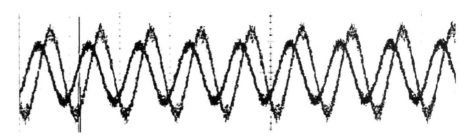

图 6.30　单位功率因数控制策略下直驱永磁风力发电机特性曲线实验图

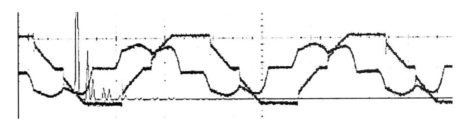

图 6.31　电机侧电压和电流波形实验图

$$U_{\mathrm{d}} = V_1\sqrt{2} \tag{6.52}$$

为有一个强大的蓄电池组，它是一个大的容性载荷，通过它的调节直流母线电压基本稳定，其电抗的电压波形是平顶的。而电机的输出电流是波动的，不具有正弦性。但效率在额定工况下，蓄电池未充满时是高的，由于载荷状态复杂，其功率因数是变化的，但是不低。功角和输出功率，输出电流相关参看后面的分析。其状态基本是恒端电压状态。

图 6.31 中下部为实测的不可控整流的电机的电压和电流波形，上部为逆变输出到用电端的电压和电流波形。

永磁发电机在风轮驱动下旋转时初期低速时有效值电压和转速呈线性上升，达到蓄电池电压时随着转速的增加电压不再呈线性增加。而电流和转速的平方成比例变化，而功角随电流和功率的增加而增加。而功率因数和蓄电池状态，负荷状态相关，发电机不能控制在单位功率因数下，但因简单可靠在中小型乃至大型风力发电机组中仍有大量使用。

一般离网的中小型风电机组都是永磁直驱式，尺寸无太多限制，可以直径大一些，只和轮毂的大小相关。另外和造形的美观相关，一般额定电流密度不超过 5A/mm² 即可。因散热条件比较好，功率大时风速也高，基本都是自然风冷，一般设计的 300kW 以下的机型都不用强制风冷。

2. 永磁同步发电机参数间的影响与关系

风力发电用的直驱式永磁发电机受运输。安装工艺等条件影响，当电机的主要尺寸，永磁体的磁化方向厚度不变，极弧系数不变时，极对数 p 与电机各部分磁密和空载电动势有如下关系：

（1）气隙密度幅值和气隙磁密基波幅值与电机极对数无关。

（2）磁极的气隙磁通与极对数成反比例关系。

（3）定子齿部磁密与极对数无关。

（4）转子及定子轭部磁密与极对数成反比（轭部尺寸已定条件下）。

（5）发电机的转速一定时，空载电动势与极对数无关。

（6）定子轭部厚度一定时，轭部磁密与极对数成反比，说明极对数少时就必须有厚的定子轭部，同时影响了气隙直径，所以永磁直驱发电机多采用短距多级绕组，在结构在结构强度的许可下，尽可能地增加极对数。

（7）由于用于风力发电的直驱式永磁同步发电机对应的风轮越大转速越低，必然用短距绕组，为消除谐波采取分数槽是 $\frac{1}{x}$ 的槽数，x 是分数槽的分母，x 越大谐波越小，则需要设计比较合适的极数。随着极数的增加，气隙磁密几乎不变，现代风电机组用的永磁直驱发电机齿槽比一般在 5：5 到 4.5：5.5，齿磁密度变化也几乎不变。

（8）当保持定转子轭部磁密不变时，电机定子外径变小，转子的内径变大，可能减轻电机的重量。

（9）发电机的铁耗随极数增加而增加，电机的电阻和电抗参数随极数增加而减少。

3. 磁体的形状对永磁直驱发电机的影响

（1）永磁体厚度增加。气隙、磁密、空载电动势和铁损随着永磁体厚度增大而增大，电枢电感随着永磁体厚度增大而减小。

由于空载电动势的增大，因此输出同样功率下，发电机电枢电流可减小，电机的铜耗也减少。这样使得功率提高，发电机的总效率变大，这是由于电枢电感变小，以及铜耗远远大于铁耗。见数据表。

（2）极弧系数的影响。极弧系数的影响包括：①永磁直驱发电机随着极弧系数的增加，气隙磁通增加，空载电动势也增加；②铁耗随极弧系数的增大而增大，铜耗随着极弧系数的增大而减小，电机效率、功率因素随着极弧系数的增大而增大。

当然同样情况下，永磁直驱的同步发电机匝数越多，输出电压就越高。

（3）槽满率大小影响电流密度。过高影响制造难度，一般控制在 0.8～0.85，槽满率太小导线容易松动。

（4）磁密过高会导致发电机磁路饱和，根据不同要求的发电机选择合适的气隙磁密、定子齿部磁密，离网运行的永磁发电机由于采用不可控整流上面磁密可以设计得高一些，转子轭部磁密由于结构原因不会很高。

（5）定子电流密度。定子热负荷是永磁发电机设计中确定发电机发热的主要参数，为了使设计出的电机有较好的热性能，应选择不同的机型，不同环境下的电流密度、热负荷。其兆瓦级以上风电机组的热负荷一般不宜超过 $200 \text{A}^2/\text{mm}^3$，电流密度不超过 $3\text{A}/\text{mm}^2$。

电机的优化是非线性的，在设计中使用了设计软件，但是还是要用人根据原理经验改变参数来校核结果，它是一个不断修正再修正的过程。

思　考　题

1. 试描述电机转子和定子的相互作用产生的剪切力如何形成转矩（简要说明齿槽转矩的成因）。

2. 参考 6.3 节中三种特殊情况的电枢反应，试描述三种状态下电角度及 dq 轴电枢反映的变化，及对电动势和功角的影响。

3. 如图所示，试说明磁力体如何切割和磁通如何变化。动磁场和被动形成的磁场总是相反的，并存有角度差。

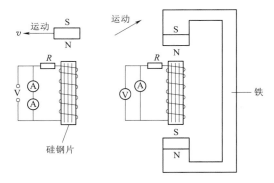

图 6.32　思考题 3 图

附录 *1* 国产钕铁硼材料永磁性能表

类别	性能	剩 磁				磁感应矫顽力 bH$_C$		内禀磁感应矫顽力 iH$_C$		最大磁能积 (BH)$_{max}$				工作温度
		kGs		T		kOe	kA/m	kOe	kA/m	MGOe		kJ/m^3		
		max	min	max	min					max	min	max	min	
N	N54	15.1	14.5	1.51	1.45	≥10.5	≥836	≥11	≥876	55	51	438	406	≥80
	N52	14.8	14.2	1.48	1.42	≥10.5	≥836	≥11	≥876	53	49	422	390	≥80
	N50	14.5	14	1.45	1.4	≥11.0	≥876	≥12	≥955	51	47	406	374	≥80
	N48	14.3	13.7	1.43	1.37	≥11.0	≥876	≥12	≥955	49	45	390	358	≥80
	N45	13.8	13.2	1.38	1.32	≥11.0	≥876	≥12	≥955	46	42	366	334	≥80
	N42	13.5	12.9	1.35	1.29	≥11.0	≥876	≥12	≥955	44	40	350	318	≥80
	N40	13.2	12.6	1.32	1.26	≥11.0	≥876	≥12	≥955	42	38	334	302	≥80
	N38	13	12.2	1.3	1.22	≥11.0	≥876	≥12	≥955	40	36	318	287	≥80
M	N52M	14.8	14.2	1.48	1.42	≥13.3	≥1059	≥14	≥1114	53	49	422	390	≥100
	N50M	14.5	14	1.45	1.4	≥13.1	≥1043	≥14	≥1114	51	47	406	374	≥100
	N48M	14.3	13.7	1.43	1.37	≥12.8	≥1019	≥14	≥1114	49	45	390	358	≥100
	N45M	13.8	13.2	1.38	1.32	≥12.4	≥987	≥14	≥1114	46	42	366	334	≥100
	N42M	13.5	12.9	1.35	1.29	≥12.1	≥963	≥14	≥1114	44	40	350	318	≥100
	N40M	13.2	12.6	1.32	1.26	≥11.8	≥939	≥14	≥1114	42	38	334	302	≥100
	N38M	13	12.2	1.3	1.22	≥11.5	≥915	≥14	≥1114	40	36	318	287	≥100
H	N50H	14.5	14	1.45	1.4	≥12.9	≥1027	≥16	≥1274	51	47	406	374	≥120
	N48H	14.3	13.7	1.43	1.37	≥12.7	≥1011	≥16	≥1274	49	45	390	358	≥120
	N46H	14	13.4	1.4	1.34	≥12.5	≥995	≥17	≥1353	47	43	374	342	≥120
	N44H	13.7	13.1	1.37	1.31	≥12.3	≥979	≥17	≥1353	45	41	358	326	≥120
	N42H	13.5	12.9	1.35	1.29	≥12.1	≥963	≥17	≥1353	44	40	350	318	≥120
	N40H	13.2	12.6	1.32	1.26	≥11.8	≥939	≥17	≥1353	42	38	334	302	≥120
	N38H	13	12.2	1.3	1.22	≥11.5	≥915	≥17	≥1353	40	36	318	287	≥120
	N35H	12.4	11.7	1.24	1.17	≥11.0	≥876	≥17	≥1353	37	33	295	263	≥120

续表

类别	性能	剩　磁				磁感应矫顽力 bH$_C$		内禀磁感应矫顽力 iH$_C$		最大磁能积（BH）$_{max}$				工作温度
		kGs		T		kOe	kA/m	kOe	kA/m	MGOe		kJ/m³		
		max	min	max	min					max	min	max	min	
S H	N46SH	14	13.4	1.4	1.34	≥12.5	≥995	≥20	≥1592	47	43	374	342	≥150
	N44SH	13.7	13.1	1.37	1.31	≥12.3	≥979	≥20	≥1592	45	41	358	326	≥150
	N42SH	13.5	12.9	1.35	1.29	≥12.1	≥963	≥20	≥1592	44	40	350	318	≥150
	N40SH	13.2	12.6	1.32	1.26	≥11.8	≥939	≥20	≥1592	42	38	334	302	≥150
	N38SH	12.9	12.2	1.29	1.22	≥11.5	≥915	≥20	≥1592	40	36	318	287	≥150
	N35SH	12.4	11.7	1.24	1.17	≥11.0	≥876	≥20	≥1592	37	33	295	263	≥150
	N33SH	12.1	11.4	1.21	1.14	≥10.7	≥852	≥20	≥1592	35	31	279	247	≥150
U H	N42UH	13.5	12.9	1.35	1.29	≥12.1	≥963	≥25	≥1990	44	40	350	318	≥180
	N40UH	13.2	12.6	1.32	1.26	≥11.8	≥939	≥25	≥1990	42	38	334	302	≥180
	N38UH	12.9	12.2	1.29	1.22	≥11.5	≥915	≥25	≥1990	40	36	318	287	≥180
	N35UH	12.4	11.7	1.24	1.17	≥11.0	≥876	≥25	≥1990	37	33	295	263	≥180
	N33UH	12.1	11.4	1.21	1.14	≥10.7	≥852	≥25	≥1990	35	31	279	247	≥180
	N30UH	11.6	10.8	1.16	1.08	≥10.2	≥812	≥25	≥1990	32	28	255	223	≥180
E H	N38EH	12.9	12.2	1.29	1.22	≥11.5	≥915	≥30	≥2388	40	36	318	287	≥200
	N35EH	12.4	11.7	1.24	1.17	≥11.0	≥876	≥30	≥2388	37	33	295	263	≥200
	N33EH	12.1	11.4	1.21	1.14	≥10.7	≥851	≥30	≥2388	35	31	279	247	≥200
	N30EH	11.5	10.8	1.15	1.08	≥10.2	≥812	≥30	≥2388	32	28	255	223	≥200

附录 *2* 6MW 永磁同步发电机示例

6MW 风电
机组模型

由于额定转速由风轮确定，现有的风轮制造技术条件限制，额定转速一般为 13～16r/min。同时，一般来讲电机的外径为降低热负荷考虑越大越好，因为受运输条件限制，一般不应该超过 5m 太多。

6MW 永磁直驱风电机组控制电路拓扑图如附图 2.1 所示。

6MW 永磁直驱风电机组有关参数见附表 2.1。

附表 2.1　　　　　　　　　　　6MW 永磁直驱风电机组有关参数

参　　数	数　　值
机组额定功率（机组）/MW	6
过载能力（因电机效率、变流器效率）/MW	6.6
额定转速/(r/min)	12.6
开始发电转速/(r/min)	5
电机外径（加 70mm 散热片）/m	5.6
定子内径/m	5
定子外径/m	5.34
电机外壳外径/m	5.46
槽数	315
极数	104
极弧系数	0.82
相电压/V	400
线电压/V	690
功率因数（可控整流）	1
相电流（额定）/A	1833×3

3 支路，星形接法，星点不共零线

（分 3 个 2MW 可控整流的发电扇形结构，槽数 104＋2×0.5）

双层叠绕组 1 匝，φ1.2mm 漆包线 660 根连续散绕组

槽宽/mm	27.5
节距/mm	49.85
槽深/mm	102

续表

参　数	数　值
磁极厚/mm	20
磁材	N42SH
磁极	表贴式
转子外径/mm	4948
转子轭内径/mm	4840
磁极宽/mm	125
气隙磁密/T	0.786
齿磁密/T	1.8
叠厚/mm	2400
磁极总长/mm	2400
磁极宽及厚/mm	120×20
电流密度/(A/mm^2)	2.7
热负荷/(A^2/mm^3)	199
定子轭磁密/T	1.2
转子轭磁密/T	1.3
槽绝缘	0.2NHN＋3×0.14 环氧亚胺玻纤云母＋0.2NHN
线负荷/(A/cm)	736
单路电阻（单线长 2.88m×35×2＝201m）20℃	0.00525Ω

单匝并连 660 股 ϕ1.2 漆包线
双层迭绕：单槽总线数 1320

槽满率	0.81
温升	100℃
热态额定效率	$\eta \geqslant 0.965$

根据强度和疲劳计算，考虑结构的需要使用外径 ϕ1300mm 内径 ϕ1000mm 内法兰的直驱式发电机主轴。

前轴承为可承受推力和径向力的调心棍子轴承 240/1300 前轴承为定端，后轴承使用 230/1300、前端装短路轴承电刷、后轴承为环氧玻璃钢绝缘套，材料是 F 级。

磁极中间有 M5 不锈钢 304 螺钉固定及定位磁极，磁极之间被拉制成形的铝合金梯形截面管压紧，并有通风冷却磁钢作用，转子外磁极用环氧亚胺玻纤包被，有防止钕铁硼磁极被氧化和固定磁极的作用。

机仓内的风机向气隙处强制通风，加强磁极的冷却和定子的冷却，按温度自动控制进行。

G 可控为低电压穿越，R 为险荷电阻。末端逆变输向电网变压器。

永磁直驱发电机分为三支路，将槽数进行编号，其中编号 1－105，105－210，210－1 实际上是三个发电机，因各支路 Y 接零点相角不同相差 10°电角度不能连

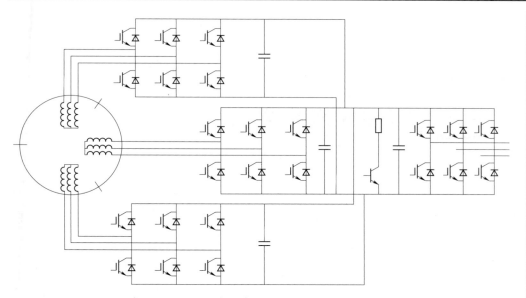

附图 2.1　6MW 永磁直驱风电机组控制电路拓扑图

接。分别三路各自可控整流。直流可汇合，亦可各自逆变上网。

附录 3　1.5MW 双馈异步风力发电机示例

额定功率	$P_N = P_2 = 1500\text{kW}$	备注
额定电压		
额定线电压	$U_N = 690\text{V}$	
额定相电压	$U_1 = U_N/\sqrt{3} = 400\text{V}$	
额定频率	$f = 50\text{Hz}$	
有功电流	$I_{KW} = \dfrac{P_N}{mU_1} = 1250\text{A}$	
预估效率	$\eta' = 96\%$	
预估功率因数	$\cos\varphi' = 0.92$	
极数	$p = 4$	
相数	$m = 3$	
额定同步转速	$n_N = 1500\text{r/min}$	
转速调节范围	$n_{min} \sim n_{max} = 500 \sim 2000\text{r/min}$	
绝缘等级	绝缘结构为 H 级	按 F 级考核
冷却方式	强迫风冷	
防护型式	IP55	
定子铁芯外径	$D_1 = 0.85\text{m}$	
定子铁芯内径	$D_{i1} = 0.544\text{m}$	
气隙长度	$g = 0.0015\text{m}$	
转子铁芯外径	$D_2 = D_{i1} - 2g = 0.541\text{m}$	
转子铁芯内径	$D_{i2} = 0.2593\text{m}$	
定子铁芯长	$L_1 = 0.94\text{m}$	
铁芯有效长	$L_{eff} = L_1 - n_{k1}b'_{k1} = 0.924\text{m}$ n_{k1} 为通风道数 b'_{k1} 为通风道损失宽度	
净铁芯长度	$L_{fe1} = K_{Fe}(L_1 - n_{k1}b_{k1}) = 0.86\text{m}$ K_{Fe} 为铁芯压装系数 b_{k1} 为径向通风管道宽度	

续表

额定功率	$P_N = P_2 = 1500\mathrm{kW}$	备注
定转子槽尺寸		定子采用半开口槽,转子采用斜肩梯形槽
槽绝缘尺寸	绝缘宽度 3.0mm 绝缘深度 8.5mm 槽楔,H 级层压绝缘板	
定转子槽数	$Q_1/Q_2 = 72/60$ 槽	
定子每级槽数	$Q_{p1} = \dfrac{Q_1}{p} = 18$ 槽	
转子每级槽数	$Q_{p2} = \dfrac{Q_2}{p} = 15$ 槽	
极距	$\tau_p = \dfrac{\pi D_{i1}}{p} = 0.4273\mathrm{m}$	
定子齿距	$t_1 = \dfrac{\pi D_{i1}}{Q_1} = 0.02374\mathrm{m}$	
转子齿距	$t_2 = \dfrac{\pi D_2}{Q_2} = 0.02833\mathrm{m}$	
节距	$y = 15$ 槽	
转子斜槽宽	$b_{sk} = t_1 = 0.02374\mathrm{m}$	
每槽导体数	$Z_1 = 4$ 根	略去了预估计算
每槽串联导体数	$Z_{\varphi1} = \dfrac{Q_1 Z_1}{ma} = 24$ 根 a 为并联路数,取 $a = 4$	
绕组线规	$S_1 = 12.7\mathrm{mm}^2$	略去了预估计算
每根导线面积		
并绕根数	$N_1 = 8$	
定子电流密度	$\Delta = \dfrac{I_{Xw}}{a N_1 S_1} = 3.09\mathrm{A/mm}^2$	
绕组系数	$K_{dp1} = K_{d1} K_{p1} = 0.924$	
分布系数	$K_{d1} = \dfrac{\sin\dfrac{\alpha q_1}{2}}{q_1 \sin\dfrac{\alpha}{2}} = 0.956$ $q_1 = \dfrac{Q_1}{mp} = 6$ $\alpha = \dfrac{p \times 180°}{Q_1} = 10°$	
短距系数	$K_{p1} = \sin\beta \times 90° = 0.966$ $\beta = \dfrac{y}{Q_{p1}} = 0.833$	

续表

额定功率	$P_N = P_2 = 1500\text{kW}$	备注
每级磁通	$\Phi = \dfrac{E_1}{2.22 f Z_{vl} K_{dp1}} = 0.1799\text{Wb}$	
预估满载电动势系数	$1 + \varepsilon_1 = 1.11$	
预估满载电动势	$E_1 = (1 + \varepsilon_1) U_1 = 444\text{V}$	
齿部截面积	$S_{T1} = b_{T1} L_{fel} Q_{p1} = 0.1703\text{m}^2$ $S_{T2} = b_{T2} L_{fel} Q_{p2} = 0.1561\text{m}^2$	b_{T1} 为距最窄处 1/3 齿宽 b_{T2} 为平行齿
轭部截面积	$S_{C1} = h_{C1} L_{fel} = 0.08557\text{m}^2$ $S_{C2} = h_{C2} L_{fel} = 0.086\text{m}^2$	
空气隙面积	$S_g = \tau_p L_{eff} = 0.3948\text{m}^2$	
波幅系数	$F_s = 1.47$ 假设饱和系数 $F_T' = 1.25$	
定转子齿磁密	$B_{T1} = \dfrac{F_s \Phi}{S_{T1}} = 1.55\text{T}$ $B_{T2} = \dfrac{F_s \Phi}{S_{T2}} = 1.69\text{T}$	用 DW540-50 硅钢片
定转子轭磁密	$B_{C1} = \dfrac{\Phi}{2 S_{C1}} = 1.042\text{T}$ $B_{C2} = \dfrac{\Phi}{2 S_{T2}} = 1.036\text{T}$	
空气隙磁密	$B_g = \dfrac{F_s \Phi}{S_g} = 0.67\text{T}$	
各部磁路每米安匝数		
定子齿部每米安匝数	$at_{T1} = 1433\text{A/m}$	
转子齿部每米安匝数	$at_{T2} = 4530\text{A/m}$	
定子轭部每米安匝数	$at_{C1} = 145\text{A/m}$	
转子轭部每米安匝数	$at_{C2} = 143\text{A/m}$	
齿部磁路计算长度	$h_{T1} = h_{S1} + h_{S2} = 0.525\text{m}$ $h_{T2} = h_{R1} + h_{R2}\ 0.3885\text{m}$	
轭部磁路计算长度	$l_{c1} = \dfrac{\pi(D_1 - h_{c1})}{2p} = 0.2947\text{m}$ $l_{c2} = \dfrac{\pi(D_{i2} - h_{c2})}{2p} = 0.1411\text{m}$	
有效气隙长度	$K_{g1} = \dfrac{t_1(4.4g + 0.75 b_{01})}{t_1(4.4g + 0.75 b_{01}) - b_{01}^2} = 1.2$ $K_{g2} = \dfrac{t_2(4.4g + 0.75 b_{02})}{t_2(4.4g + 0.75 b_{02}) - b_{02}^2} = 1.03$	
定转子齿部所需安匝数	$AT_{T1} = at_{T1} h_{T1} = 75.23\text{A}$ $AT_{T2} = at_{T2} h_{T2} = 176\text{A}$	
定转子轭部所需安匝数	$AT_{C1} = C_1 at_{C1} l_{c1} = 29.89\text{A}$ $AT_{C2} = C_2 at_{C2} l_{c2} = 14.12\text{A}$	

续表

		备注
额定功率	$P_N = P_2 = 1500\text{kW}$	
轭部磁路校正系数	$C_1 = 0.7 \quad C_2 = 0.7$	均为不饱和磁路
空气隙所需安匝数	$AT_g = B_g g_e \dfrac{1}{\mu_0} = 988.6\text{A}$	
饱和系数	$F_T = \dfrac{AT_{T1} + AT_{T2} + AT_g}{AT_g} = 1.254$	与39项误差应 <1% 否则重新 返工计算
总安匝数	$AT = AT_{T1} + AT_{T2} + AT_{C1} + AT_{C2} + AT_g = 1284\text{A}$	
满载磁化电流	$I_m = \dfrac{2.22AT_{xp}}{mZ_{\varphi1}K_{dp1}} = 171.4\text{A}$	
满载磁化电流标幺值	$\bar{i}_m = \dfrac{I_m}{I_{KW}} = 0.1371$	
激磁电抗标幺值	$\bar{x}_m = \dfrac{1}{\bar{i}_m} = 7.294$	
参数计算		
定子线圈参数	$\tau_Y = \dfrac{\pi\beta[D_{i1} + 2(h_{s0} + h_{s1}) + h_{s2}]}{p} = 0.3942$ $\sin\alpha = \dfrac{b_{s1}}{b_{s1} + 2b_{T1}} = 0.6654$ $C_s = \dfrac{\tau_Y}{2\cos\alpha} = 0.264$ $d_1 = 0.025\text{m}$ $l_B = l + 2d_1 = 0.99\text{m}$ $l_Z = l_B + 2C_s = 1.518\text{m}$	
线圈端部轴向投影长	$f_d = C_s \sin\alpha = 0.1757$	
漏抗系数	$C_x = \dfrac{2.63fP_2 L_{eff}(Z_{\varphi1}K_{dp1})^2}{pU_1^2 \times 1000} = 0.14$	
定子槽单位漏磁导	$\lambda_{s1} = K_{v1}\lambda_{v1} + K_{L1}\lambda_{L1} = 4.646$	
定子槽漏抗	$\bar{x}_{s1} = \dfrac{L_{eff}mp\lambda_{S1}C_x}{L_{eff}L_{dp1}^2 Q_1} = 0.127$	
定子谐波漏抗	$\bar{x}_{d1} = \dfrac{m\tau_p S C_x}{\pi^2 g_e K_{dp1}^2 F_T} = 0.0554$	
定子端部漏抗	$\bar{x}_{e1} = \dfrac{1.2(d_1 + 0.5f_d)G_x}{L_{eff}} = 0.02052$	
定子漏抗	$\bar{x}_1 = \bar{x}_{g1} + \bar{x}_{d1} + \bar{x}_{e1} = 0.2029$	
转子槽单位漏磁导	$\lambda_{v2} = \dfrac{h_{R0}}{b_{02}} = 0.67$ $\lambda_{L2} = \dfrac{2h_{R1}}{b_{02} + b_{R1}} + 0.75 = 1.19$ $\lambda_{S2} = \lambda_{U2} + \lambda_{L2} = 1.856$	
转子槽漏抗	$\bar{x}_{S2} = \dfrac{l_1 mp\lambda_{S2}C_x}{L_{eff}Q_2} = 0.052$	

续表

额定功率	$P_N = P_2 = 1500\text{kW}$	备注
转子谐波漏抗	$\overline{x_{d2}} = \dfrac{m\tau_p RC_x}{\pi^2 g_e F_T} = 0.03098$	
转子端部漏抗	$l_B = L_2 + 2 \times 0.03 = 1.00\text{m}$ $\overline{x_{e2}} = \dfrac{0.757}{L_{eff}}\left(\dfrac{l_B - L_2}{1.13} + \dfrac{D_R}{p}\right)C_x = 0.02045$	
转子斜槽漏抗	$\overline{x_{sk}} = 0.5\left(\dfrac{b_{sk}}{t_2}\right)^2 \overline{x_{d2}} = 0.01088$	
转子漏抗	$\overline{x_2} = \overline{x_{sk}} + \overline{x_{e2}} + \overline{x_{d2}} + \overline{x_{S2}} = 0.1353$	
总漏抗	$\overline{x} = \overline{x_1} + \overline{x_2} = 0.3382$	
定子相电阻	$R_1 = \dfrac{0.0245 \times l_2 \times Z_{\varphi1}}{aS_1 N_1} = 0.0022\Omega$	
定子相电阻标幺值	$\overline{r_1} = \dfrac{R_1 I_{KW}}{U_1} = 0.006895$	
每台定子导线重	$G_{Cu} = 1.05 \times l_z Q_1 S_1 N_1 \times 8.9 \times 10^{-3} = 413.2\text{kg}$	
每台硅钢片重	$G_{Fe} = K_{Fe} L_2 (D_1 + 0.005)^2 \times 7.8 \times 10^3 = 5091.88\text{kg}$	
转子导条和端环电阻	$K = m(Z_{\not{z}1} K_{dp1})^2 = 1475$	
转子导条面积	$S_B = 520\text{mm}^2$	
端环截面积	$S_R = 2281\text{mm}^2$	
紫铜型材电阻率	$\rho_B = \rho_R = 0.0314\Omega\text{mm}^2/\text{m}$	
导条电阻	$R_B = \dfrac{Kl_B \rho_B}{Q_2 S_B} = 0.001484\Omega$	
端环电阻	$R_h = \dfrac{2KD_R \rho_R}{S_R \pi p^2} = 0.000404\Omega$	
转子导条电阻标幺值	$\overline{r_B} = \dfrac{R_B I_{KW}}{U_1} = 0.004638$	
转子端环电阻标幺值	$\overline{r_R} = \dfrac{R_R I_{KW}}{U_1} = 0.001263$	
转子电阻标幺值	$\overline{r_2} = \overline{r_B} + \overline{r_R} = 0.0059$	
满载电流有功部分	$\overline{i_p} = \dfrac{1}{\eta'} = 1.04$	
满载电抗电流	$K_m = 1 + \overline{i_m x_1} = 1.028$ $\overline{I_x} = K_m \overline{x} \overline{i_P}^2 [1 + (K_m \overline{x} \overline{i_P})^2] = 0.4252$	
满载电流无功部分	$\overline{i_R} = \overline{i_m} + \overline{i_x} = 0.5623$	
满载电动势系数	$E_{11} = 1 + \varepsilon_L = 1 + \overline{i_p r_1} + \overline{i_R x_1} = 1.12$	
空载电动势系数	$E_{10} = 1 + \varepsilon_0 = 1 + \overline{i_m x_1} = 1.025$	
定子电流	$\overline{i_1} = \sqrt{\overline{i_p}^2 + \overline{i_R}^2} = 1.175$ $I_1 = \overline{i_1} I_{KW} = 1468\text{A}$	

续表

额定功率	$P_N = P_2 = 1500\text{kW}$	备注
定子电流密度	$\Delta_1 = \dfrac{I_1}{N_1 S_1 a} = 3.613\text{A/mm}^2$	
线负荷	$A_1 = \dfrac{mZ_{\varphi1}I_1}{\pi D_{i1}} = 61846\text{A/m}$	
转子电流	$\overline{i_2} = \sqrt{i_P^2 + \overline{i_x}^2} = 1.123$ $I_2 = \overline{i_2} I_{KW} \dfrac{mZ_{\varphi1}K_{dpl}}{Q_2} = 1557\text{A}$	
导条电流		
端环电流	$I_R = I_2 \dfrac{Q_2}{\pi p} = 7434\text{A}$	
转子电流密度	$\Delta B = \dfrac{I_2}{S_B} = 2.994\text{A/mm}^2$ $\Delta R = \dfrac{I_R}{S_R} = 3.258\text{A/mm}^2$	
定子铜耗	$\overline{P_{Cu1}} = \overline{i_1}^2 \overline{r_1} = 0.00952$ $P_{Cu1} = \overline{P_{Cu1}} P_N = 14.28\text{kW}$	
转子铜耗	$\overline{P_{Cu2}} = \overline{i_2}^2 \overline{r_2} = 0.00744$ $P_{Cu2} = \overline{P_{Cu2}} P_N = 11.16\text{kW}$	
杂散损耗	$P_s = \overline{P_s} P_N = 7.5\text{kW}$	
机械损耗	$P_{fw} = \left(\dfrac{6}{p}\right)^2 (10D_1)^4 = 11.75\text{kW}$ $\overline{P_{fw}} = \dfrac{P_{fw}}{P_N} = 0.00783$	
铁耗	$V_{T1} = pS_{T1}h_{T1} = 0.0395\text{m}^3$ $V_{C1} = 2pS_{C1}l_{C1} = 0.2017\text{m}^3$ $p_{T1} = 36.43\text{kW/m}^3$ $p_{C1} = 15.73\text{kW/m}^3$ $P_{T1} = V_{TL}p_{T1} = 1.44\text{kW/m}^3$ $P_{C1} = V_{C1}p_{C1} = 3.17\text{kW/m}^3$ $P_{Fe} = 2.5P_{T1} + 2P_{C1} = 9.945\text{kW}$ $\overline{P_{Fe}} = \dfrac{P_{Fe}}{p_N} = 0.00663$	
总损耗	$\overline{P} = \overline{P_{Cu1}} + \overline{P_{Cu2}} + \overline{P_0} + \overline{P_{fw}} + \overline{P_{Fe}} = 0.03642$	
输入功率	$\overline{P} = 1 + \overline{P} = 1.03642$	
效率	$\eta = 1 - \dfrac{\overline{P}}{P} = 0.9649$	
转差率	$S_n = \dfrac{\overline{P_{Cu2}}}{1 + \overline{P_{Cu1}} + \overline{P_{Fe}}} = 0.00733$	

续表

额定功率	$P_N = P_2 = 1500\text{kW}$	备注
转速	$n = \dfrac{120f(1-s_n)}{p} = 1511\text{r/min}$	
转子绕组电压	$\dfrac{U_2^1}{s_n} = E_{11} + \dfrac{\overline{i_2 r_2}}{s_n} = 2.024$	
短路电流倍数	$I_{K1} = \dfrac{U_2'/s_n}{\sqrt{(\overline{r_1+r_2})^2 + (\overline{x_1+x_2})^2}} = 5.98$	
电压调整率	$U_b = \dfrac{E_{11} - E_{10}}{E_{11}} = 8.318\%$	